中文版

# AutoCAD 2013
## 机械设计经典 228 例

麓山文化 编著

机械工业出版社

本书根据中文版 AutoCAD 2013 软件功能和机械设计行业特点，精心设计了 228 个经典实例，循序渐进地讲解了使用 AutoCAD 2013 进行机械制图所需的全部知识和常用机械图形的绘制方法。使读者迅速积累实战经验，提高技术水平，从新手成长为设计高手。

本书共 17 章，分为 4 大篇，第 1 篇为 AutoCAD 基础篇，从 AutoCAD 基本功能出发，分别讲解了基本图形绘制、快速编辑、高效绘制与编辑、管理、共享、创建文字、字符与表格、尺寸的标注、协调与管理等功能，使读者快速熟悉并掌握 AutoCAD 的基本功能和操作，；第 2 篇为零件视图篇，介绍了轴、套、杆、盘、盖、座等不同零件类型的基本视图、剖面图、断面图、局部放大等不同表达方式的零件视图的绘制方法和技巧；第 3 篇为零件装配和轴测图篇，介绍了零件图的装配、分解、标注与输出，零件轴测图的绘制方法和技巧；第 4 篇为三维机械篇，介绍了零件表面模型绘制、实心体模型绘制、曲面模型及工业产品设计、零件模型的装配、分解、标注与输出等内容。

本书附赠 1 张 DVD 光盘，包含了书中 228 个经典实例、长达 22 小时的高清语音视频教学内容以及实例文件、素材文件，读者可以书盘结合，轻松学习。

本书内容丰富、结构清晰、技术全面、通俗易懂，适用于机械设计相关专业大中专院校师生、机械设计相关行业的工程技术员，也可作为各类相关专业培训机构和学校的教学参考书。

## 图书在版编目（CIP）数据

中文版 AutoCAD 2013 机械设计经典 228 例／簏山文化编著. —3 版. —北京：机械工业出版社，2012. 11（2014. 1 重印）
ISBN 978-7-111-40382-1

Ⅰ.①中…　Ⅱ.①簏…　Ⅲ.①园林设计—AutoCAD 软件
Ⅳ.①TU986. 2-39

中国版本图书馆 CIP 数据核字（2012）第 269230 号

机械工业出版社（北京市百万庄大街22 号　邮政编码100037）
策划编辑：曲彩云　责任编辑：曲彩云
责任印制：杨　曦
北京中兴印刷有限公司印刷
2014 年 1 月第 3 版第 2 次印刷
184mm×260mm · 27. 75 印张 · 683 千字
3 001—4 000 册
标准书号：ISBN 978-7-111-40382-1
　　　　　ISBN 978-7-89433-700-9（光盘）
定价：69. 00 元（含 1DVD）

前言
PREFACE

### 1. 本书内容

AutoCAD 是美国 Autodesk 公司开发的专门用于计算机绘图和设计工作的软件。自 20 世纪 80 年代 Autodesk 公司推出 AutoCAD R1.0 以来，由于其具有简便易学、精确高效等优点，一直深受广大工程设计人员的青睐。迄今为止，AutoCAD 历经了十余次的扩充与完善，如今它已经在航空航天、造船、建筑、机械、电子、化工、美工、轻纺等很多领域得到了广泛应用。

本书是一本 AutoCAD 2013 的机械绘图实例教程，通过将软件功能融入实际应用，使读者在学习软件操作的同时，还能够掌握机械设计的精髓和积累行业工作经验，为用而学，学以致用。

本书共 17 章，分为 4 大篇，第 1 篇为 AutoCAD 基础篇，从 AutoCAD 基本功能出发，分别讲解了基本图形绘制、快速编辑、高效绘制与编辑、管理、共享、创建文字、字符与表格、尺寸的标注、协调与管理等功能，使读者快速熟悉并掌握 AutoCAD 的基本功能和操作，为后续学习打下坚实的基础；第 2 篇为零件视图篇，介绍了轴、套、杆、盘、盖、座等不同零件类型、基本视图、剖面图、断面图、局部放大等不同表达方式的零件视图的绘制方法和技巧；第 3 篇为零件装配和轴测图篇，介绍了零件图的装配、分解、标注与输出，零件轴测图的绘制方法和技巧；第 4 篇为三维机械篇，介绍了零件表面模型绘制、实心体模型绘制、曲面模型及工业产品设计、零件模型的装配、分解、标注与输出等内容。

本书附赠 DVD 学习光盘，配备了多媒体教学视频，可以在家享受专家课堂式的讲解，成倍提高学习兴趣和效率。

### 2. 本书特点

本书专门为机械设计初学者细心安排、精心打造，总的来说，具有如下特点：

| 1. 循序渐进　通俗易懂 | 2. 案例丰富　技术全面 |
| --- | --- |
| 全书完全按照初学者的学习规律，精心安排各章内容，由浅到深、由易到难，可以让初学者在实战中逐步学习到机械绘图的所有知识和操作技巧，成长为一个机械绘图的高手 | 本书的每一章都是一个小专题，每一个案例都是一个知识点，涵盖了机械绘图的绝大部分技术。读者在掌握这些知识点和操作方法的同时，还可以举一反三，掌握实现同样图形绘制的更多方法 |
| 3. 技巧提示　融会贯通 | 4. 视频教学　学习轻松 |
| 本书在讲解基本知识和操作方法的同时，还穿插了很多的技巧提示，及时、准确地为您释疑解惑、点拨提高，使读者能够融会贯通，掌握机械绘图的精髓 | 本书配备了 22 个小时的高清语音视频教学内容，老师手把手地细心讲解，可使读者领悟到更多的方法和技巧，感受到学习效率的成倍提升 |

### 3. 本书作者

本书由麓山文化编著，具体参加图书编写的有：陈志民、陈运炳、申玉秀、李红萍、李红艺、李红术、陈云香、陈文香、陈军云、彭斌全、林小群、刘清平、钟睦、刘里锋、朱海涛、廖博、喻文明、易盛、陈晶、张绍华、黄柯、何凯、黄华、陈文轶、杨少波、杨芳、刘有良、刘珊、赵祖欣、齐慧明等。

由于作者水平有限，书中错误、疏漏之处在所难免。在感谢您选择本书的同时，也希望您能够把对本书的意见和建议告诉我们。

售后服务 E-mail:lushanbook@gmail.com

麓山文化

# 目录
## CONTENTS

# 第 2 篇 零件视图篇

# 第 3 篇　零件装配和轴测图篇

# 第 4 篇　三维机械篇

# 第 1 章

# 二维基本图形绘制

## 本章导读

在 AutoCAD 中，任何一个复杂的图形，都可以分解成点、直线、圆、圆弧、多边形等基本的二维图形，也就是说一个复杂的图形都是由点、线、圆、弧等一些基本图元拼接和组合而成的。万丈高楼平地起，只有熟练掌握它们的绘制方法和技巧，才能够更好地绘制复杂的图形。

本章将通过 18 个典型实例，学习 AutoCAD 点的定位、辅助精确绘图工具以及常用图形结构的绘制方法，为后续章节的学习奠定坚实的基础。

## 效果展示

# 001 绝对直角坐标绘图

绝对直角坐标是指相对于坐标原点的坐标，可以使用分数、小数或科学计数等形式表示点的 X、Y、Z 坐标值，坐标中间用逗号隔开。本实例使用绝对直角坐标绘制图形，学习掌握其定位方法和技巧。

| | 文件路径： | DVD\实例文件\第 1 章\实例 001.dwg |
|---|---|---|
| | 视频文件： | DVD\AVI\第 1 章\实例 001.avi |
| | 播放时长： | 0:03:17 |

**01** 双击桌面 AutoCAD 快捷方式图标，或选择桌面菜单【开始】|【所有程序】|【Autodesk】|【AutoCAD2013 –Simplified Chinese】中的 AutoCAD 2013 选项，启动 AutoCAD 2013 软件。

**02** 启动 AutoCAD 2013 软件后，选择 "AutoCAD 经典" 作为初始工作空间，即可进入如图 1-1 所示的空间界面。

> **提示**：AutoCAD 2013 提供了【草图与注释】、【三维基础】、【三维建模】和【AutoCAD 经典】共 4 种工作空间模式。展开快速访问工具栏工作空间列表、单击状态栏切换工作空间按钮或选择【工具】|【工作空间】菜单项，在弹出的列表中可以选择所需的工作空间。为了方便读者使用其他版本学习本书，这里以 "AutoCAD 经典" 绘图空间进行讲解。

**03** 单击【工具选项板】窗口上的【关闭】按钮，将工具选项板窗口关闭，以增大绘图空间。

**04** 单击状态栏上的 按钮，关闭【动态输入】功能。

**05** 绘制图形。选择菜单【绘图】|【直线】命令，或单击【绘图】工具栏中的 按钮，启动【直线】命令，配合绝对直角坐标点的输入功能绘图。命令行操作过程如下：

```
命令: _line
指定第一点: 0, 0↙              //指定坐标原点为第 1 点
指定下一点或 [放弃(U)]:0, 70↙    //输入绝对直角坐标定位第 2 点
指定下一点或 [放弃(U)]:75, 70↙   //输入绝对直角坐标定位第 3 点
指定下一点或 [放弃(U)]:75, 30↙   //输入绝对直角坐标定位第 4 点
指定下一点或 [放弃(U)]:125, 30↙  //输入绝对直角坐标定位第 5 点
指定下一点或 [放弃(U)]:125, 70↙  //输入绝对直角坐标定位第 6 点
指定下一点或 [放弃(U)]:155, 70↙  //输入绝对直角坐标定位第 7 点
指定下一点或 [放弃(U)]:155, 40↙  //输入绝对直角坐标定位第 8 点
指定下一点或 [放弃(U)]:170, 40↙  //输入绝对直角坐标定位第 9 点
指定下一点或 [放弃(U)]:170, 0↙   //输入绝对直角坐标定位第 10 点
指定下一点或 [放弃(U)]:110, 0↙   //输入绝对直角坐标定位第 11 点
指定下一点或 [放弃(U)]:110, 15↙  //输入绝对直角坐标定位第 12 点
指定下一点或 [放弃(U)]:60, 15↙   //输入绝对直角坐标定位第 13 点
指定下一点或 [放弃(U)]:60, 0↙    //输入绝对直角坐标定位第 14 点
```

指定下一点或 [闭合(C)/放弃(U)]:c↙　　　//闭合图形，如图 1-2 所示

图 1-1　AutoCAD 2013 经典工作界面

图 1-2　绘制的图形

# 002　绝对极坐标绘图

绝对极坐标以原点为极点，通过极半径和极角来确定点的位置。极半径是指该点与原点间的距离，极角是该点与极点连线与 X 轴正方向的夹角，逆时针方向为正，输入格式：极半径＜极角。本实例通过使用绝对极坐标绘图，以掌握其表示方法和定位技巧。

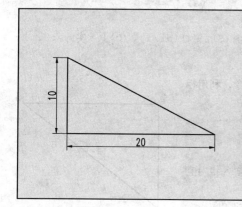

| 文件路径： | DVD\实例文件\第 1 章\实例 002.dwg |
| --- | --- |
| 视频文件： | DVD\AVI\第 1 章\实例 002.avi |
| 播放时长： | 0:00:53 |

**01** 选择菜单【文件】|【新建】命令，新建一个空白文件。

**02** 单击【绘图】工具栏中的 ╱ 按钮，激活【直线】命令，利用绝对极坐标绘制图形。命令操作过程如下：

```
命令: _line
    指定第一点: 0, 0↙          //指定坐标原点
为第 1 点
    指定下一点或 [放弃(U)]: 20<0↙     //输入绝对极坐
标定位第 2 点
    指定下一点或 [放弃(U)]: 10<90↙    //输入绝对极坐
标定位第 3 点
    指定下一点或 [闭合(C)/放弃(U)]:c↙ //闭合图形，如图
1-3 所示
```

图 1-3　最终结果

**技 巧**：当结束某个命令时，按回车键可以重复执行该命令。另外用户也可以在绘图区单击右键，从弹出的右键快捷菜单中选择刚执行过的命令。

# 003 相对直角坐标绘图

在绘图过程中，仅使用绝对坐标并不太方便。相对直角坐标以上一点为参考点，然后输入相对的位移坐标值来确定输入点的坐标。它与坐标的原点位置无关。

| | | |
|---|---|---|
| 文件路径： | DVD\实例文件\第 1 章\实例 003.dwg | |
| 视频文件： | DVD\AVI\第 1 章\实例 003.avi | |
| 播放时长： | 0:02:11 | |

**01** 选择菜单【文件】|【新建】命令，或单击"快速访问"工具栏中的 □ 按钮，新建空白文件。

**02** 使用快捷键 "Z" 激活视窗的缩放功能，将当前视口放大 5 倍显示。命令行操作过程如下：

```
命令：z↙          ZOOM
指定窗口的角点，输入比例因子 (nX 或 nXP)，或者
[全部(A)/中心(C)/动态(D)/范围(E)/上一个(P)/比例(S)/窗口(W)/对象(O)] <实时>:S↙
输入比例因子 (nX 或 nXP)：5x↙
```

**03** 单击【绘图】工具栏中的 / 按钮，激活【直线】命令，利用相对直角坐标定位功能绘制图形。命令行操作过程如下：

图1-4  最终结果

```
命令：L↙  LINE
指定第一点：0,0↙
指定下一点或 [放弃(U)]：@0,30↙          //输入相对直
角坐标定位第 2 点
指定下一点或 [放弃(U)]：@40,0↙          //输入绝对直
角坐标定位第 3 点
指定下一点或 [闭合(C)/放弃(U)]：C↙      //闭合图形，
如图 1-4 所示
```

# 004 相对极坐标绘图

相对极坐标与绝对极坐标类似，不同的是，相对极坐标是输入点与前一点的相对距离和角度，同时在极坐标值前加上 "@" 符号。

| | | |
|---|---|---|
| 文件路径： | DVD\实例文件\第 1 章\实例 004.dwg | |
| 视频文件： | DVD\AVI\第 1 章\实例 004.avi | |
| 播放时长： | 0:02:55 | |

**01** 选择菜单【文件】|【新建】命令，或单击"快速访问"工具栏中的 □ 按钮，新建空白文件。

**02** 单击【绘图】工具栏中的 / 按钮，激活【直线】命令，使用相对极坐标定位功能绘制外框。命令行操作过程如下：

| | |
|---|---|
| 命令：l LINE 指定第一点： | //在绘图区任意拾取一点作为第 1 点 |
| 指定下一点或 [放弃(U)]：@120<0✓ | //输入相对极坐标定位第 2 点 |
| 指定下一点或 [放弃(U)]：@70<120✓ | //输入相对极坐标定位第 3 点 |
| 指定下一点或 [闭合(C)/放弃(U)]：@85<180✓ | //输入相对极坐标定位第 4 点 |
| 指定下一点或 [闭合(C)/放弃(U)]：C✓ | //闭合图形，结果如图 1-5 所示 |

**03** 在命令行中输入"UCS"后按回车键，定义用户坐标系。命令行操作过程如下：

命令：UCS✓

当前 UCS 名称：世界

指定 UCS 的原点或 [面(F)/命名(NA)/对象(OB)/上一个(P)/视图(V)/世界(W)/X/Y/Z/Z 轴(ZA)] <世界>：ob✓　　//选择"对象(OB)"选项

选择对齐 UCS 的对象：　　//在下侧水平线上单击左键，创建如图 1-6 所示的用户坐标系

> **技 巧**：AutoCAD 2013 UCS 坐标夹点功能，选择 UCS 坐标图标，单击坐标原点夹点并移动鼠标，即可将 UCS 坐标定位到需要的位置。

**04** 单击【绘图】工具栏中的 / 按钮，激活【直线】命令，使用相对极坐标定位功能绘制梯形。命令操作如下：

| |
|---|
| 命令：l LINE 指定第一点：20,10✓ |
| 指定下一点或 [放弃(U)]：@35<0✓ |
| 指定下一点或 [放弃(U)]：@40<72✓ |
| 指定下一点或 [闭合(C)/放弃(U)]：@-61<0✓ |
| 指定下一点或 [闭合(C)/放弃(U)]：c✓　　//绘制结果如图 1-7 所示 |

图 1-5　绘制外轮廓

图 1-6　创建用户坐标系

图 1-7　绘制等腰梯形

# 005 对象捕捉辅助绘图

使用对象捕捉可以精确定位现有图形对象的特征点，例如直线的中点、圆的圆心等，从而为精确绘图提供了条件。

| | | |
|---|---|---|
| 文件路径： | DVD\实例文件\实例文件\第 1 章\实例 004.dwg | |
| 视频文件： | DVD\AVI\第 1 章\实例 005.avi | |
| 播放时长： | 0:03:40 | |

**01** 选择菜单【文件】|【打开】命令，或单击"快速访问"工具栏中的 按钮，激活打开命令。

**02** 在弹出的【选择文件】的对话框中，选择随书光盘中的"\素材文件\第 1 章\实例 005.dwg"文件。

**03** 单击【选择文件】对话框右下角的 打开(O) 按钮，即可将选择的图形文件打开，如图 1-8 所示。

**04** 在状态栏中的 按钮上单击右键，从弹出的按钮菜单中选择"设置（S）"选项，如图 1-9 所示。

**05** 在系统弹出的【草图设置】对话框中，勾选"启用对象捕捉"复选项，同时将当前点的捕捉模式设置为"端点"、"交点"、"延长线"、"中点"和"圆心"5 种，如图 1-10 所示。

图 1-8　打开结果　　　　　图 1-9　对象捕捉按钮菜单　　　　　图 1-10　设置对象捕捉模式

**技 巧**：在设置了对象捕捉模式之后，不要忘记勾选"启用对象捕捉"复选框，以打开对象捕捉功能。如果不慎忘记勾选此功能，可以直接按下 F3 键功能键开启。在命令行直接输入 OSNAP 或 OS 命令，可以直接打开【草图设置】对话框。

**06** 单击【草图设置】对话框中的 确定 按钮，结束捕捉模式的设置过程，同时关闭该对话框。

**07** 单击【绘图】工具栏中的 按钮，激活【直线】命令，配合【对象捕捉】和点的输入功能，绘制零件主视图。命令行操作过程如下：

```
命令：_line
指定第一点：                        //以圆弧的中点作为延伸点，当引出如图 1-11 所示
的对象延伸虚线时，在适当位置单击左键，拾取一点
指定下一点或 [放弃(U)]:20↙         //垂直向上移动光标输入 20，定位第二点
指定下一点或 [放弃(U)]:             //捕捉第二点和下端图形右上角端点，当引出如图
1-12 所示的延伸虚线交点时，单击左键定位第三点
指定下一点或 [放弃(U)]:             //以第三点作为延伸点，当引出如图 1-13 所示的延
伸虚线交点时，单击左键点位第四点
指定下一点或 [闭合(C)/放弃(U)]:c↙  //闭合图形
```

图 1-11　定位第一点　　　　　图 1-12　定位第三点　　　　　图 1-13　定位第四点

**08** 按回车键，重复执行【直线】命令，绘制内部的垂直轮廓线。命令行操作过程如下：

命令：✓　　　　　　　　　　　　//按回车键，重复执行【直线】命令

Line指定第一点：10✓　　　　　　//以刚才绘制的外轮廓左下角点为延伸点，引出水平延伸虚线

（如图1-14所示）时，输入10，定位起点

指定下一点或 [放弃(U)]：　　　//在第一点引出垂直延伸虚线，当绘图区的动态标注为 20、角

度标注为 90° 时（如图1-15所示），单击左键定位第二点

指定下一点或 [放弃(U)]：✓　　　//按回车键，结束命令，绘制结果如图1-16所示

图 1-14 引出对象延伸虚线

图 1-15 定位第二点

**09** 参照本例第8步操作，绘制另一条垂直轮廓线，并将其设置为虚线，结果如图1-17所示。

图 1-16 绘制结果

图 1-17 最终结果

# 006 对象捕捉追踪辅助绘图

　　对象捕捉追踪是在对象捕捉功能基础上发展起来的，该功能可以使光标从对象捕捉点开始，沿着对齐路径进行追踪，并找到需要的精确位置。对象捕捉追踪应与对象捕捉功能配合使用。使用对象捕捉追踪功能之前，必须先设置好对象捕捉点。

| 文件路径： | DVD\实例文件\第 1 章\实例 006.dwg |
| --- | --- |
| 视频文件： | DVD\AVI\第 1 章\实例 006.avi |
| 播放时长： | 0:03:20 |

**01** 单击"快速访问"工具栏上的 按钮，打开"选择文件"对话框。

**02** 在对话框中选择随书光盘中的"\素材文件\第 1 章\实例 006.dwg"文件，然后单击 **打开(0)** 打开按钮，即可将选择的图形文件打开，如图 1-18 所示。

**03** 在状态栏的 按钮上单击右键，从弹出的按钮菜单中选择"设置（S）"选项，打开【草图设置】对话框，分别勾选"启用对象捕捉"和"启用对象捕捉追踪"功能选项，并设置捕捉模式，如图 1-19 所示。

图 1-18　打开的图形　　　　　　　　　　　　　　图 1-19　设置捕捉追踪参数

**04** 单击【绘图】工具栏中的 按钮，激活【直线】命令，配合端点捕捉和对象追踪功能，绘制内轮廓。命令行操作过程如下：

```
命令: _line
指定第一点://通过图形左下角点和左边中点引出如图 1-20 所示追踪虚线，定位交点为第 1 点
指定下一点或 [放弃(U)]：　//引出如图 1-21 所示的水平和垂直两条追踪虚线定位第 2 点
指定下一点或 [放弃(U)]：　//引出如图 1-22 所示的水平和垂直两条追踪虚线定位第 3 点
指定下一点或 [放弃(U)]：　//引出如图 1-23 所示的水平和垂直两条追踪虚线定位第 4 点
指定下一点或 [闭合(C)/放弃(U)]：c✓　//闭合图形，结果如图 1-24 所示
```

图 1-20　定位第 1 点位置　　　　图 1-21　定位第 2 点位置　　　　图 1-22　定位第 3 点位置

**05** 参照以上步骤操作，配合端点、交点、中点和对象追踪功能，绘制右侧轮廓，最终结果如图 1-25 所示。

**提 示**：将光标放在如图 1-20 所示的点上稍停留，至端点标记符号内出现"+"符号时，表示系统已经拾取到该端点作为对象追踪点，此时垂直移动光标，即可引出一条垂直追踪虚线。

图 1-23　定位第 4 点位置

图 1-24　绘制结果

图 1-25　最终结果

# 007　正交模式辅助绘图

　　正交模式功能开启后，系统自动将光标强制性地定位在水平或垂直位置上，在引出的追踪线上，直接输入一个数值即可定位目标点，而不再需要输入完整的相对坐标了。

| 文件路径： | DVD\实例文件\第 1 章\实例 007.dwg |
| --- | --- |
| 视频文件： | DVD\AVI\第 1 章\实例 007.avi |
| 播放时长： | 0:02:10 |

**01** 执行【新建】命令，新建空白文件。

**02** 单击状态栏中的 按钮，或按 "F8" 功能键，激活【正交】功能。

**03** 单击【绘图】工具栏中的 按钮，激活【直线】命令，配合【正交】功能，绘制图形。命令行操作过程如下：

```
命令：_line
指定第一点：                    //在适当位置单击左键，拾取一点作为起点
指定下一点或 [放弃(U)]:60↙//向上移动光标，引出 90° 的正交追踪线，如图 1-26 所示，此时
输入 60，定位第 2 点
指定下一点或 [放弃(U)]:30↙//向右移动光标，引出 0° 正交追踪线，如图 1-27 所示，输入 30，
定位第 3 点
指定下一点或 [放弃(U)]:30↙//向下移动光标，引出 270° 正交追踪线，输入 30，定位第 4 点
指定下一点或 [放弃(U)]:35↙//向右移动光标，引出 0° 正交追踪线，输入 35，定位第 5 点
指定下一点或 [放弃(U)]:20↙//向上移动光标，引出 90° 正交追踪线，输入 20，定位第 6 点
指定下一点或 [放弃(U)]:25↙//向右移动光标，引出 0° 的正交追踪线，输入 25，定位第 7 点
```

**04** 根据以上方法，配合【正交】功能绘制其他线段，最终的结果如图 1-28 所示。

图 1-26　引出 90° 正交追踪线　　　图 1-27　引出 0° 正交追踪线　　　图 1-28　最终结果

# 008　极轴追踪辅助绘图

极轴追踪功能是一个非常重要的辅助工具，此工具可以在任何角度和方向上引出角度矢量，从而可以很方便地精确定位角度方向上的任何一点。

| | | |
|---|---|---|
| 文件路径： | DVD\实例文件\第 1 章\实例 008.dwg | |
| 视频文件： | DVD\AVI\第 1 章\实例 008.avi | |
| 播放时长： | 0:02:56 | |

**01** 执行【文件】|【新建】命令，创建一张空白文件。

**02** 使用快捷键 "Z" 激活视窗的缩放功能，将当前视口放大 5 倍显示。

**03** 选择【工具】|【绘图设置】命令，在打开的对话框中勾选 "启用极轴追踪" 功能，并将当前的增量角设置为 60，如图 1-29 所示。

图 1-29　设置极轴追踪参数　　　　　　　图 1-30　引出 90° 的极轴追踪虚线

　　**04** 单击【绘图】工具栏中的 ╱ 按钮，激活【直线】命令，配合【极轴追踪】功能，绘制外框轮廓线。命令行操作过程如下：

```
命令: _line
指定第一点:                    //在适当位置单击左键，拾取一点作为起点
指定下一点或 [放弃(U)]:60↙    //垂直向下移动光标，引出 270° 的极轴追踪虚线，如图 1-30
所示，此时输入 60，定位第 2 点
```

指定下一点或 ［放弃(U)］:20✓    //水平向右移动光标，引出 0° 的极轴追踪虚线，如图 1-31 所示，输入 20，定位第 3 点

图 1-31  引出 0° 的极轴追踪虚线

图 1-32  引出 90° 的极轴追踪虚线

**技 巧**：【草图与注释】、【三维建模】等工作空间默认状态下不会显示菜单栏，单击快速访问工具栏右侧下拉按钮▼，在下拉菜单中选择【显示菜单栏】/【隐藏菜单栏】，可以控制菜单栏的显示和隐藏。

指定下一点或 ［放弃(U)］:20✓    //垂直向上移动光标，引出 90° 的极轴追踪线，如图 1-32 所示，输入 20，定位第 4 点

指定下一点或 ［放弃(U)］:20✓    //移动光标，在 60° 方向上引出极轴追踪虚线，如图 1-33 所示，输入 20，定位定第 5 点

**05** 根据以上方法，配合【极轴追踪】功能绘制其他线段，绘制结果如图 1-34 所示。

图 1-33  60° 的极轴追踪虚线

图 1-34  最终结果

**技 巧**：当设置了极轴角（即增量角）并启用极轴追踪功能后，随着光标的移动，系统将在极轴角或其倍数方向上自动出现极轴追踪虚线，定位角度矢量。

## 009 临时追踪点辅助绘图

临时追踪点并非真正确定一个点的位置，而是先临时追踪到该点的坐标，然后在该点基础上再确定其他点的位置。当命令结束时，临时追踪点也随之消失。

| 文件路径： | DVD\实例文件\第 1 章\实例 009.dwg |
|---|---|
| 视频文件： | DVD\AVI\第 1 章\实例 009.avi |
| 播放时长： | 0:07:29 |

**01** 选择菜单【文件】|【新建】命令，作为空白文件。

**02** 选择菜单【工具】|【绘图设置】命令，在弹出的【草图设置】对话框中设置捕捉模式。

**03** 单击【绘图】工具栏中的 ✏ 按钮，激活【直线】命令，配合点的精确输入功能，绘制外轮廓线。命令行操作过程如下：

```
命令: _line
指定第一点:                      //在绘图区单击左键，任意拾取一点作为起点
指定下一点或 [放弃(U)]:@70,0↙      //输入第 2 点的相对直角坐标
指定下一点或 [放弃(U)]: @0,40↙     //输入第 3 点的相对直角坐标
指定下一点或 [放弃(U)]: @-70,0↙    //输入第 4 点的相对直角坐标
指定下一点或 [闭合(C)/放弃(U)]:c↙  //闭合图形，如图 1-35 所示
```

**04** 按下 "F12" 功能键，关闭状态栏上的【动态输入】功能。

**05** 按回车键，重复执行【直线】命令，配合【端点捕捉】和【临时追踪点】功能，绘制倾斜轮廓线。命令行操作过程如下：

图 1-35　绘制外轮廓线

图 1-36　激活 "临时追踪点" 功能

```
命令: _line
指定第一点:                      //按住 "Ctrl" 键单击右键，选择右键快捷菜单中的【临时追踪点】
功能，如图 1-36 所示。
_tt 指定临时对象追踪点:   //捕捉外轮廓线的左下角点作为临时追踪点
指定第一点: //向右移动光标，引出如图 1-37 所示的临时追踪虚线，然后输入 10，定位起点
指定下一点或 [放弃(U)]:  //再次激活【临时追踪点】功能
_tt 指定临时对象追踪点:   //再次捕捉轮廓线左下角点作为临时追踪点
指定下一点或 [放弃(U)]:  //垂直向上移动光标，引出一条垂直的临时追踪虚线，如图 1-38 所
示，然后输入 17，定位第二点
指定下一点或 [放弃(U)]:↙ //结束命令，结果如图 1-39 所示。
```

图 1-37 引出水平追踪虚线

图 1-38 垂直追踪虚线

图 1-39 绘制结果

**06** 重复执行第 5 步操作，分别以外轮廓图的其他三个角点作为临时追踪点，配合【临时追踪点】和【端点捕捉】功能，绘制其他三条倾斜轮廓线，结果如图 1-40 所示。

**07** 单击【绘图】工具栏上的 ⊙ 按钮，激活【圆】命令，配合【临时追踪点】和【中点捕捉】功能，绘制内部的大圆。命令行操作过程如下：

```
命令: circle
指定圆的圆心或 [三点(3P)/两点(2P)/切点、切点、半径(T)]:
                                    //单击【对象捕捉】工具栏上的 ✎ 按钮
_tt 指定临时对象追踪点:                //捕捉如图 1-41 所示的中点
指定圆的圆心或 [三点(3P)/两点(2P)/切点、切点、半径(T)]:12↙  //垂直向下移动光标，引出
如图 1-42 所示的垂直追踪虚线，然后输入 12，定位圆心
```

图 1-40 绘制倾斜轮廓线

图 1-41 捕捉中点

图 1-42 引出临时追踪虚线

```
指定圆的半径或 [直径(D)]: D↙        //输入 d，激活"直径"选项
指定圆的直径: 12↙                   //输入圆的直径 12，绘制结果如图 1-43 所示
```

图 1-43 绘制大圆

图 1-44 绘制小圆

**08** 按回车键，重复执行【圆】命令，配合【临时追踪点】和【中点捕捉】功能，绘制如图 1-44 所示的小圆。命令行操作过程如下：

```
命令: circle
指定圆的圆心或 [三点(3P)/两点(2P)/切点、切点、半径(T)]:  //单击【对象捕捉】工具栏上的
✎ 按钮
_tt 指定临时对象追踪点:  //捕捉如图 1-45 所示的中点作为临时追踪点
指定圆的圆心或 [三点(3P)/两点(2P)/切点、切点、半径(T)]:  //水平向右移动光标，引出如图
1-46 所示的临时追踪虚线，输入 12，定位圆心。
```

指定圆的半径或 [直径(D)]4↙　　　//输入半径 4，结束命令，结果如图 1-47 所示

图 1-45　捕捉斜边中点作为临时追踪点　　图 1-46　引出水平的临时追踪虚线　　图 1-47　最终结果

**技　巧：** 当引出临时追踪虚线时，一定要注意当前光标的位置，它决定了目标点的位置。如果光标位于临时追踪点的下端，那么所定位的目标点也位于追踪点的下端，反之，目标点会位于临时追踪点的上端。

# 010 绘制圆结构

圆在 AutoCAD 中的使用与直线一样，非常频繁，在工程制图中常用来表示柱、孔、轴等基本构件。所以掌握圆的绘制方法是非常必要的。

| | | |
|---|---|---|
| 文件路径： | DVD\实例文件\第 1 章\实例 010.dwg | |
| 视频文件： | DVD\AVI\第 1 章\实例 010.avi | |
| 播放时长： | 0:03:58 | |

**01** 选择菜单【文件】|【新建】命令，新建空白文件。

**02** 选择菜单【工具】|【绘图设置】命令，在打开的对话框中设置捕捉模式。

**03** 单击【绘图】工具栏中的 ⊙ 按钮，激活画圆命令，绘制直径为 32 的圆。命令行操作如下：

```
命令: circle
指定圆的圆心或 [三点(3P)/两点(2P)/切点、切点、半径(T)]://在适当位置选择一点作为圆心
指定圆的半径或 [直径(D)]:D↙              //激活直径选项
指定圆的直径:32↙                        //输入直径 32，如图 1-48 所示
```

**04** 按回车键，重复执行【圆】的命令，绘制半径为 10 的同心圆。命令行操作过程如下：

```
命令: ↙               //按回车键，重复圆命令
Circle
指定圆的圆心或 [三点(3P)/两点(2P)/切点、切点、半径(T)]:  //捕捉到刚绘制的圆的圆心
指定圆的半径或 [直径(D)]:10↙              //输入半径 10，如图 1-49 所示
```

**05** 单击状态栏中的 └ 按钮，打开"正交模式"开关。

**06** 单击【绘图】工具栏中的 ⊙ 按钮，激活画圆命令，配合【正交追踪模式】功能，绘制直径为 32 和半径为 10 的同心圆，两同心圆之间的水平距离为 100，结果如图 1-50 所示。

图 1-48 绘制直径 32 的圆

图 1-49 绘制 "半径 10" 的同心圆

图 1-50 绘制同心圆

**07** 重复执行第 5 步和第 6 步的操作，配合【正交追踪模式】功能，绘制直径为 32 和半径为 10 的同心圆，两同心圆的垂直距离为 90，结果如图 1-51 所示。

**08** 关闭【圆心捕捉】功能，然后选择菜单【绘图】|【直线】命令，配合【捕捉切点】功能，绘制圆的外公切线。命令行操作过程如下：

```
命令: _line
指定第一点:            //放置光标在左侧同心圆的左边，然后拾取切点，如图 1-52 所示
```

图 1-51 绘制圆

图 1-52 定位第一点

图 1-53 定位第二点

```
指定下一点或 [放弃(U)]:        //把光标放在另一同心圆的左侧，拾取切点，如图 1-53 所示
指定下一点或 [放弃(U)]:↙       //按回车键结束命令
命令: ↙                       //按回车键重复执行命令
指定第一点:                    //把光标放在左侧同心圆的下侧，然后拾取切点，如图 1-54 所示
指定下一点或 [放弃(U)]:        //把光标放在右侧同心圆的下侧，拾取切点如图 1-55 所示
指定下一点或 [放弃(U)]:        //结束命令，绘制结果如图 1-56 所示
```

图 1-54 定位第一点

图 1-55 定位第二点

图 1-56 绘制切线

**09** 按回车键，重复执行【直线】命令，配合【捕捉切点】功能，绘制右侧的外公切线，结果如图 1-57 所示。

**10** 选择菜单【修改】|【修剪】命令，以 4 条公切线作为边界，对两端的圆图形进行修剪，命令行操作过程如下：

```
命令: _trim
```

当前设置:投影=UCS,边=无

选择剪切边...

选择对象或 <全部选择>　　　　　//依次选择 3 条公切线,如图 1-58 所示

图 1-57　绘制切线

图 1-58　选择修剪边界

图 1-59　指点修剪位置

选择要修剪的对象,或按住"Shift" 键选择要延伸的对象,或

[栏选(F)/窗交(C)/投影(P)/边(E)/删除(R)/放弃(U)]:　　//指定修剪位置,如图 1-59 所示

选择要修剪的对象,或按住"Shift" 键选择要延伸的对象,或

[栏选(F)/窗交(C)/投影(P)/边(E)/删除(R)/放弃(U)]:　　//指定修剪位置,如图 1-60 所示

选择要修剪的对象,或按住"Shift" 键选择要延伸的对象,或

[栏选(F)/窗交(C)/投影(P)/边(E)/删除(R)/放弃(U)]:　　//指定修剪位置,如图 1-61 所示

选择要修剪的对象,或按住"Shift"键选择要延伸的对象,或[栏选(F)/窗交(C)/投影(P)/边(E)/

删除(R)/放弃(U)]:↙　　　　　//按回车键结束命令,修剪结果如图 1-62 所示

图 1-60　指点修剪位置

图 1-61　指点修剪位置

图 1-62　修剪结果

## 011　绘制弧结构

圆弧即圆的一部分曲线,是与其半径相等的圆周的一部分。本实例介绍圆弧的绘制方法。

| 文件路径: | DVD\实例文件\第 1 章\实例 011.dwg |
| --- | --- |
| 视频文件: | DVD\AVI\第 1 章\实例 011.avi |
| 播放时长: | 0:04:31 |

**01** 选择菜单【文件】|【新建】命令,创建空白文件。

**02** 单击【绘图】工具栏中的 ∕ 按钮,激活【直线】命令,绘制中心线。命令行操作过程如下:

```
命令:_line
指定第一点:150,120↙
指定下一点或 [放弃(U)]:@0,130↙
指定下一点或 [放弃(U)]:↙                    //按回车键结束命令
命令:↙                                      //按回车键重复直线命令
line 指定第一点: 82,185↙
指定下一点或 [放弃(U)]:@130,0↙
指定下一点或 [放弃(U)]:↙                    //按回车键结束命令,结果如图 1-63 所示
```

　提 示:AutoCAD 一共有 4 种常用的命令调用方式:菜单调用、工具栏调用、功能区面板和命令行输入,其中命令行输入是普通 Windows 所不具备的。

**03** 单击【绘图】工具栏中的 ⊘ 按钮,激活画圆命令,捕捉中心线交点为圆心,绘制半径为 42.5 的圆,结果如图 1-64 所示。

**04** 单击【绘图】工具栏中的 ⊘ 按钮,激活画圆命令,绘制半径为 60 的大圆,结果如图 1-65 所示。

**05** 继续捕捉交点绘制半径为 10 的两个小圆,如图 1-66 所示。

图 1-63　绘制中心线　　　　图 1-64　绘制中心线圆　　　图 1-65　绘制大圆　　　　图 1-66　绘制小圆

**06** 选择【绘图】|【圆弧】|【圆心、起点、角度】命令,绘制圆弧。命令行操作如下:

```
命令:_arc
指定圆弧的起点或 [圆心(C)]: _c 指定圆弧的圆心:              //捕捉垂直中心线与中心
线圆在上侧的交点
指定圆弧的起点:@7.5<-90↙
指定圆弧的端点或 [角度(A)/弦长(L)]:_a 指定包含角:180↙      //结果如图 1-67 所示
命令:↙                                                    //重复圆弧命令
_arc 指定圆弧的起点或 [圆心(C)]: _c 指定圆弧的圆心:        //捕捉水平中心线与中心
圆在左侧的交点
指定圆弧的起点:@7.5<180↙
指定圆弧的端点或 [角度(A)/弦长(L)]:_a 指定包含角:180      //结果如图 1-68 所示
```

　技 巧:"起点、圆心、角度"画弧方式需要定位出弧的起点和圆心,然后指定弧的角度,就可以精确画弧。另外用户也可以使用快捷键或单击工具栏上的按钮激活此种画弧方式,不过操作过程比较繁琐。

**07** 选择【绘图】|【圆弧】|【起点、圆心、端点】命令,绘制圆弧。命令行操作过程如下:

```
命令:_arc
指定圆弧的起点或 [圆心(C)]:                      //捕捉位于上侧的半圆的上端点
指定圆弧的第二个点或 [圆心(C)/端点(E)]: _c 指定圆弧的圆心:   //捕捉大圆的圆心
指定圆弧的端点或 [角度(A)/弦长(L)]://捕捉位于左侧的半圆左端点,结果如图 1-69 所示
```

命令：✓                    //重复圆弧命令

指定圆弧的起点或 [圆心(C)]：         //捕捉位于上侧的半圆的下端点

指定圆弧的第二个点或 [圆心(C)/端点(E)]：_c 指定圆弧的圆心： //捕捉大圆的圆心

指定圆弧的端点或 [角度(A)/弦长(L)]：    //捕捉位于左侧的半圆右端点，结果如图 1-70 所示

图 1-67　绘制圆弧 1　　　　图 1-68　绘制圆弧 2　　　　图 1-69　绘制圆弧 3　　　　图 1-70　绘制圆弧 4

## 012　绘制椭圆结构

椭圆是特殊样式的圆，与圆相比，椭圆的半径长度不一，其形状由定义其长度和宽度的两条轴决定，较长的轴称为长轴，较短的轴称为短轴。

| | |
|---|---|
| 文件路径 | DVD\实例文件\第 1 章\实例 012.dwg |
| 视频文件 | DVD\AVI\第 1 章\实例 012.avi |
| 播放时长 | 0:03:16 |

**01** 选择菜单【文件】|【新建】命令，创建空白文件。

**02** 使用快捷键"Z"激活视窗的缩放功能，将当前视口放大 6 倍显示。

**03** 单击【绘图】工具栏上的 ⬭ 按钮，或选择菜单【绘图】|【椭圆】|【轴、端点】命令，绘制长轴为 100，短轴为 60 的椭圆。命令行操作过程如下：

命令：_ellipse

指定椭圆的轴端点或 [圆弧(A)/中心点(C)]：    //拾取一点作为轴的端点

指定轴的另一个端点：@100,0✓         //输入相对直角坐标，定位轴的另一侧端点

指定另一条半轴长度或 [旋转(R)]：30✓    //输入半轴长度，绘制结果如图 1-71 所示

**04** 选择菜单【绘图】|【椭圆】|【圆心】命令，以刚绘制的椭圆中心点为中心，绘制长轴为 30、短轴为 12 的同心椭圆，绘制结果如图 1-72 所示。

图 1-71　"轴端点"绘制椭圆　　　图 1-72　绘制内部椭圆　　　图 1-73　绘制第一个圆

技 巧："轴端点"方式是默认画椭圆的方式，通过指定一条轴的两个端点，然后输入另一条轴的半长，就可以精确绘制所需的椭圆。另外，用户也可以在命令行输入"Ellipse"或使用快捷键"EL"，快速激活【椭圆】命令。

**05** 单击【绘图】工具栏中的 ⊘ 按钮，激活画圆命令，配合【正交追踪】功能，绘制半径为 5 的圆。命令行操作过程如下：

```
命令：_circle
指定圆的圆心或 [三点(3P)/两点(2P)/切点、切点、半径(T)]：      //将光标移至椭圆的圆
心，引出 180° 的正交追踪虚线，此时输入 30，定位圆心
指定圆的半径或 [直径(D)]:5↙                               //结果如图 1-73 所示
命令：↙                                                  //按回车键重复圆命令
circle 指定圆的圆心或 [三点(3P)/两点(2P)/切点、切点、半径(T)]：   //将光标移至椭圆的圆
心，引出 90° 的正交追踪虚线，此时输入 20，定位圆心
指定圆的半径或 [直径(D)]:5↙                               //绘制结果如图 1-74 所示
```

**06** 根据第 5 步的方法，配合【正交追踪模式】功能绘制其他的圆。绘制结果如图 1-75 所示。

图 1-74　绘制第二个圆

图 1-75　绘制结果

# 013　绘制平行线结构

| | 多线是一种由多条平行线组成的组合图形对象。它可以由 1~16 条平行直线组成，每一条直线都称为多线的一个元素。使用多线可以轻松绘制平行线结构。 |
|---|---|
| 文件路径： | DVD\实例文件\第 1 章\实例 013.dwg |
| 视频文件： | DVD\AVI\第 1 章\实例 013.avi |
| 播放时长： | 0:03:11 |

**01** 执行【文件】|【新建】命令，创建空白文件。

**02** 按下"F8"功能键，打开状态栏上的【正交】功能。

**03** 选择菜单【格式】|【多线样式】命令，打开【多线样式】对话框。

**04** 单击对话框中的 新建(N)... 按钮，在【名称】文本中输入"样式 1"文字，作为新的名称，结果如图 1-76 所示。

**05** 单击对话框中的 继续 按钮，打开【新建多线样式：样式 1】对话框。

**06** 在【封口】选项组中，勾选【直线】右侧的"起点"和"端点"两个复选项，使用线段将多段线两端封闭，如图 1-77 所示。

图 1-76 新建样式

图 1-77 设置封口形式

**07** 单击【新建多样式：样式 1】对话框中的 ____确定____ 按钮，返回【多线样式】对话框，并将"样式 1"设置为当前，完成新样式参数设置，结果如图 1-78 所示。

**08** 选择【绘图】|【多线】命令，或使用快捷键"ML"激活【多线】命令，绘制图形的轮廓线。命令行操作过程如下：

```
命令: ml MLINE
当前设置: 对正 = 上，比例 = 20.00，样式 = 样式一
指定起点或 [对正(J)/比例(S)/样式(ST)]:J↙          //输入 J，激活【对正】选项
输入对正类型 [上(T)/无(Z)/下(B)] <上>:Z↙         //输入 Z，设置对正方式
当前设置: 对正 = 无，比例 = 20.00，样式 = 样式一
指定起点或 [对正(J)/比例(S)/样式(ST)]:S↙          //输入 S，激活【比例】选项
输入多线比例 <20.00>:2.5↙                         //设置多线比例
当前设置: 对正 = 无，比例 = 2.50，样式 = 样式一
指定起点或 [对正(J)/比例(S)/样式(ST)]:              //在绘图区拾取一点
指定下一点:  <正交 开>@0, 21.5↙
指定下一点或 [放弃(U)]: ↙                          //按回车键，结束命令，结果如图 1-79 所示
```

**09** 重复【多线】命令，配合【捕捉中点】捕捉功能绘制如图 1-80 所示的多线。

图 1-78 设置当前样式

图 1-79 绘制多线

21.5

图 1-80 绘制结果

# 014　绘制正多边形结构

正多边形是由 3 条或 3 条以上长度相等的线段首尾相接形成的闭合图形，其边数范围在 3~1024 之间。

| | 文件路径: | DVD\实例文件\第 1 章\实例 014.dwg |
|---|---|---|
| | 视频文件: | DVD\AVI\第 1 章\实例 014.avi |
| | 播放时长: | 0:07:03 |

**01** 单击 "快速访问" 工具栏中的 □ 按钮，创建空白文件。

**02** 使用快捷键 "Z" 激活视窗的缩放功能，将当前视口放大 6 倍显示。

**03** 单击【绘图】工具栏中的 ╱ 按钮，激活【直线】命令，绘制图形外轮廓，结果如图 1-81 所示。

**04** 单击修改工具栏中的 □ 按钮，启动【圆角】命令，对外轮廓圆角。命令行操作过程如下：

```
命令: _fillet
当前设置: 模式 = 修剪，半径 = 10.0000
选择第一个对象或 [放弃(U)/多段线(P)/半径(R)/修剪(T)/多个(M)]:R↙//激活 "半径" 选项
指定圆角半径 <10.0000>:10↙
选择第一个对象或 [放弃(U)/多段线(P)/半径(R)/修剪(T)/多个(M)]: //分别选择四条边，绘
制结果如图 1-82 所示
```

**05** 单击【绘图】工具栏中的 ╱ 按钮，激活【直线】命令，配合【正交追踪模式】功能，绘制内轮廓辅助线。命令行操作过程如下：

```
命令: _line
指定第一点: //以外轮廓左边线上的端点为参照点，向右移动光标，引出 0° 的正交追踪虚线，输
入 30，定位第一点，如图 1-83 所示
```

图 1-81　绘制外轮廓

图 1-82　绘制圆角

图 1-83　定位第一点

```
指定下一点或 [放弃(U)]: //向上移动光标，引出 90° 的正交追踪虚线，适当拾取一点，定位第
二点，如图 1-84 所示
指定下一点或 [放弃(U)]:↙           //回车结束命令，绘制结果如图 1-85 所示。
命令: ↙                            //按回车键，重复画线命令
_line 定第一点:                     //以外轮廓下边线上的端点照为参点，向上移动光标，引
```

出 90° 的正交追踪虚线，输入 30，定位第 1 点，如图 1-86 所示

图 1-84　定位第二点　　　　　　　图 1-85　绘制结果　　　　　　　图 1-86　定位第一点

指定下一点或 [放弃(U)]:　　　　　　　//向右移动光标,引出 0° 的正交追踪虚线,适当拾取一点,
定位第二点，如图 1-87 所示

指定下一点或 [放弃(U)]:↙　　　　　　//按回车键结束命令,绘制结果如图 1-88 所示

**06** 单击【绘图】工具栏上的 ⊘ 按钮，激活【圆】命令，捕捉辅助线交点为圆心，绘制半径为 11 的圆，绘制结果如图 1-89 所示。

图 1-87　定位第二点　　　　　　　图 1-88　绘制结果　　　　　　　图 1-89　绘制圆

**07** 选择菜单【绘图】|【正多边形】命令，或单击【绘图】工具栏中的 ⬡ 按钮，激活【正多边形】命令，绘制边长为 20 的正六边形。命令行操作过程如下：

命令: _polygon

输入边的数目 <4>:6↙

指定正多边形的中心点或 [边(E)]:　　　　　　　//选择圆的圆心

输入选项 [内接于圆(I)/外切于圆(C)] <I>:c↙　　　//激活"外切于圆"选项

指定圆的半径:20↙　　　　　　　　　　　　　　//输入半径,绘制结果如图 1-90 所示

**08** 根据第 5 步的操作，配合【正交追踪模式】功能，绘制其余辅助线，如图 1-91 所示。

**09** 根据第 6 步和第 7 步的操作，调用【圆】命令和【正多边行】命令，绘制其余内轮廓，如图 1-92 所示。

图 1-90　绘制正六边形　　　　　　图 1-91　绘制辅助线　　　　　　图 1-92　绘制内轮廓

**技 巧**：正多边形也是基本的图元之一，它是由多条直线元素组合而成的单个封闭图形，除了本步骤中的两种命令执行方式之外，还有另外两种方式，即快捷键"POL"和命令"polygon"。

# 015 绘制矩形结构

矩形就是通常所说的长方形，是通过输入矩形的任意两个对角点位置确定的。在 AutoCAD 中绘制矩形可以分别为其设置倒角、圆角以及宽度和厚度值。

| | | |
|---|---|---|
| 文件路径： | DVD\实例文件\第 1 章\实例 015.dwg | |
| 视频文件： | DVD\AVI\第 1 章\实例 015.avi | |
| 播放时长： | 0:03:57 | |

**01** 执行【文件】|【新建】命令，快速创建空白文件。

**02** 选择菜单【绘图】|【矩形】命令，或单击【绘图】工具栏中的 □ 按钮，激活【矩形】命令，绘制长为 100、宽为 140 的圆角矩形。命令行操作过程如下：

```
命令：_rectang
指定第一个角点或 [倒角(C)/标高(E)/圆角(F)/厚度(T)/宽度(W)]:F↙
指定矩形的圆角半径 <0.0000>:5↙              //设置圆角半径为 5
指定另一个角点或 [面积(A)/尺寸(D)/旋转(R)]:D↙   //选择"尺寸(D)"选项
指定矩形的长度<10.0000>:100↙
指定矩形的宽度<10.0000>:140↙              //圆角矩形绘制结果如图 1-93 所示。
```

**技 巧**：用户也可以使用快捷键"REC"或在命令行输入"Rectangle"，按回车键，快速激活【矩形】命令。

**03** 选择菜单【视图】|【缩放】|【窗口】命令，将刚绘制的矩形放大显示。

**04** 选择【绘图】工具栏中的 □ 按钮，激活【矩形】命令，配合【捕捉自】功能，绘制长为 80、宽为30 的矩形。命令行操作过程如下：

```
命令：_rectang
当前矩形模式：圆角=5.0000
指定第一个角点或 [倒角(C)/标高(E)/圆角(F)/厚度(T)/宽度(W)]:F↙
指定矩形的圆角半径 <0.0000>:0↙              //恢复默认的圆角半径 0
指定第一个角点或 [面积(A)/尺寸(D)/旋转(R)]:      //单击鼠标右键，激活【自】选项
_from 基点：                               //选择左上角圆角与直线的交点，如图 1-94 所示
<偏移>:@5,-12↙
指定另一个角点或 [面积(A)/尺寸(D)/旋转(R)]:D↙
指定矩形的长度 <100.0000>:80↙
指定矩形的宽度 <140.0000>:30↙              //绘制结果如图 1-95 所示
```

**技 巧**：在完成了某一项操作以后，如果希望将该步操作取消，就要用撤销命令。在命令行输入 UNDO，或者其简写形式 U 后回车，可以撤销刚刚执行的操作。另外，单击"标准"工具栏的"放弃"工具按钮，也可以启动 UNDO 命令。如果单击该工具按钮右侧下拉箭头，还可以选择撤销的步骤。

| 图 1-93 绘制圆角矩形 | 图 1-94 捕捉参照基点 | 图 1-95 绘制矩形 |

**05** 单击【绘图】工具栏上的 ⊙ 按钮，激活【圆】命令，绘制圆。命令行操作过程如下：

```
命令：_circle
指定圆的圆心或 [三点(3P)/两点(2P)/切点、切点、半径(T)]：   //激活【捕捉自】功能
_from 基点：                                //选择右下角圆与直线的交点，如图 1-96 所示
<偏移>：@-50, 36                            //输入相对直角坐标
指定圆的半径或 [直径(D)] <1.0000>:10↙       //绘制结果如图 1-97 所示
命令：↙                                     //按回车键，重复画圆命令
circle 指定圆的圆心或 [三点(3P)/两点(2P)/切点、切点、半径(T)]：   //单击鼠标右键，激活
【捕捉自】功能
_from 基点：                                //选择第一个圆的圆心，如图 1-98 所示
<偏移>:@0, 40↙
指定圆的半径或 [直径(D)] <1.0000>:10↙       //最终结果如图 1-99 所示
```

| 图 1-96 捕捉参照基点 | 图 1-97 绘制圆 | 图 1-98 捕捉参照基点 | 图 1-99 最终结果 |

**技 巧**：撤销操作是在命令结束之后进行的操作，如果在命令执行过程当中需要终止该命令的执行，按 "Esc" 键即可。

# 016　绘制曲线结构

样条曲线是经过或接近一系列给定点的平滑曲线，它能够自由编辑，可以控制曲线与交点的拟合程度。

| | 文件路径： | DVD\实例文件\第 1 章\实例 016.dwg |
|---|---|---|
| | 视频文件： | DVD\AVI\第 1 章\实例 016.avi |
| | 播放时长： | 0:04:14 |

**01** 选择菜单【文件】|【新建】命令，创建空白文件。

**02** 单击 "标准" 工具栏中的按钮🦢，按住左键不放，将坐标系图标移至窗口中央。

**03** 按下 "F12" 功能键，关闭状态栏上的【动态输入】功能。

**04** 选择【绘图】|【样条曲线】命令，或者单击 "绘图" 工具栏中的～按钮，激活【样条曲线】命令，绘制图形。命令行操作过程如下：

```
命令：_spline
指定第一个点或[方式(M)/节点(K)/对象(O)]：-130, 0↙            //输入第 1 点坐标
指定下一点[起点切向(T)/公差(L)]：-215, 97↙                  //输入第 2 点坐标
指定下一点或[端点相切(T)/公差(L)/放弃(U)]<起点切向>:-163, 215↙   //输入第 3 点坐标
指定下一点或[端点相切(T)/公差(L)/放弃(U)/闭合(C)]<起点切向>:-39, 477↙
      //输入第 4 点坐标
指定下一点或[端点相切(T)/公差(L)/放弃(U)/闭合(C)]<起点切向>:-70, 765↙
      //输入第 5 点坐标
指定下一点或 [端点相切(T)/公差(L)/放弃(U)/闭合(C)]<起点切向>:↙
      //按回车键，完成坐标的输入
```

**05** 根据第 4 步的操作方法，重复执行【样条曲线】命令，绘制图形的另一半，各点的坐标分别为（130,0）、（215, 97）、（163、215）、（39, 477）、（70, 765），结果如图 1-100 所示。

图 1-100　绘制另一样条线

图 1-101　绘制一条直线

图 1-102　最终结果

> **技 巧**：样条曲线有拟合和控制点两种绘制方式，其中拟合点通过样条曲线，控制点不通过样条曲线，在【绘图】|【样条曲线】子菜单，或命令行选择 "方式(M)" 选项，可选择这两种绘制方式。

**06** 单击【绘图】工具栏中的✏按钮，激活【直线】命令，绘制两条直线，结果如图 1-101 所示和图 1-102 所示。

技 巧：样条曲线绘制完成后，可通过 SPLINEDIT 编辑样条曲线命令或使用夹点编辑的方式调整曲线的形状。

## 017 绘制闭合边界

边界命令是用于从多个相交对象中提取一个或多个闭合的多段线边界，也可提取面域。

| | | |
|---|---|---|
| 文件路径 | DVD\实例文件\第 1 章\实例 017.dwg | |
| 视频文件 | DVD\AVI\第 1 章\实例 017.avi | |
| 播放时长 | 0:04:40 | |

01 选择菜单【文件】|【新建】命令，创建一张空白文件。

02 右键单击状态栏中的□按钮，选择【设置】命令选项，设置捕捉模式为"圆心捕捉"和"象限点捕捉"。

03 选择【绘图】工具栏上的⊙按钮，激活【圆】命令，绘制半径为 25 的圆，绘制结果如图 1-103 所示。

04 选择菜单【绘图】|【正多边形】命令，或单击【绘图】工具栏中的⬡按钮，激活【正多边形】命令，以圆的上侧象限点为中心，绘制边长为 3 的正八边形，绘制结果如图 1-104 所示。

图 1-103　绘制圆

图 1-104　绘制正八边形

05 选择菜单【修改】|【阵列】命令，使用环形阵列方式复制 8 个多边形：

```
命令：AR↙   ARRAY
选择对象：找到 1 个                                          //选择绘制的多边形
选择对象： 输入阵列类型 [矩形(R)/路径(PA)/极轴(PO)] <矩形>：PO↙  //选择环形阵列方式
类型 = 极轴  关联 = 是
指定阵列的中心点或 [基点(B)/旋转轴(A)]：                      //捕捉圆心为阵列中心点
输入项目数或 [项目间角度(A)/表达式(E)]<4>：8↙                 //设置阵列数量为 8
指定填充角度(+=逆时针、-=顺时针)或 [表达式(EX)] <360>：↙ //默认阵列总角度为 360°
按 Enter 键接受或 [关联(AS)/基点(B)/项目(I)/项目间角度(A)/填充角度(F)/行(ROW)/层
(L)/旋转项目(ROT)/退出(X)]<退出>：AS↙                       //选择"关联(AS)"选项
创建关联阵列 [是(Y)/否(N)] <是>：N↙                         //使阵列对象不关联
```

**06** 环形阵列结果如图 1-105 所示。

**07** 选择菜单【绘图】|【边界】命令，打开如图 1-106 所示的【边界创建】对话框。

**08** 对话框中的设置采用默认的设置，单击左上角的 "拾取点" 按钮，返回绘图区，在命令行 "拾取内部点的：" 的提示下，在圆的内部拾取一点，此时系统自动分析出一个闭合的虚线边界，如图 1-107 所示。

图 1-105　阵列结果　　　　图 1-106　【边界创建】对话框　　　　图 1-107　创建虚线边界

**09** 在命令行 "拾取内部点：" 的提示下，按回车键结束命令，结果创建出一个闭合的多段线边界。

**10** 使用快捷键 "M" 激活【移动】命令，使用 "点选" 的方式选择刚创建的闭合边界，将其外移，结果如图 1-108 所示。

**11** 选择菜单【绘图】|【面域】命令，或单击【绘图】工具栏上的按钮，激活【面域】命令，将 9 个图形转换为 9 个面域。命令行操作过程如下：

```
命令： _region
选择对象：　//选择如图 1-109 所示的 9 个图形
选择对象：　　　　　　　　　//按回车键，结果选择的 9 个图形被转换为 9 个面域
已提取 9 个环
已创建 9 个面域
```

**12** 选择菜单【修改】|【实体编辑】|【并集】命令，将刚刚创建的 9 个面域进行合并。命令行操作过程如下：

```
命令： _union
选择对象：　　　　　　　　//使用框选选择 9 个面域
选择对象： ↙　　　　　　　//按回车键，结束命令，合并结果如图 1-110 所示
```

图 1-108　移出边界　　　　图 1-109　框选结果　　　　图 1-110　并集结果

提 示：【边界】命令是用于从多个相交对象中提取一个或多个闭合的多段线边界，也可以提取面域。此命令的快捷键为 "BO"。

# 018 绘制图案填充

在 AutoCAD 中，创建填充图案需要指定填充区域，然后才能对图形进行图案的填充。在"图案填充和渐变色"对话框中单击"图案填充"选项卡，在其"边界"选项区域可以进行填充区域的创建；左侧的选项区域可以进行填充图案的创建。

| | 文件路径： | DVD\实例文件\第 1 章\实例 018.dwg |
|---|---|---|
| | 视频文件： | DVD\AVI\第 1 章\实例 018.avi |
| | 播放时长： | 0:04:57 |

**01** 打开随书光盘中的"\素材文件\实例 018.dwg"文件，如图 1-111 所示。

**02** 选择菜单【绘图】|【图案填充】命令，或单击【绘图】工具栏上的 按钮，打开如图 1-112 所示的【图案填充和渐变色】对话框。

**03** 单击"图案"文本框右端的 ... 按钮，打开【填充图案选项板】对话框，在"ANSI"选项卡中选择"ANSI31"图案，如图 1-113 所示。

图 1-111 素材文件　　　　图 1-112 【图案填充和渐变色】对话框　　　　图 1-113 选择"ANSI 31"图案

**04** 单击 确定 按钮，返回【图案填充和渐变色】对话框，结果该图案被设置为当前图案，同时设置填充角度为 0，填充比例为 1.2，如图 1-114 所示。

**05** 单击对话框右上侧的 "添加：拾取点"按钮，返回绘图区，拾取填充区域。命令行操作过程如下：

```
命令：_bhatch
拾取内部点或 [选择对象(S)/删除边界(B)]：        //选取如图 1-115 所示的区域为填充区域
```

**06** 按回车键，返回【图案填充和渐变色】对话框，单击 确定 按钮，填充结果如图 1-116 所示。

图 1-114　设置填充参数

图 1-115　选取填充区域

图 1-116　填充 "ANSI31" 图案效果

**07** 重复执行【图案填充】命令，在 "类型" 下拉列表中设置图案类型为 "用户定义"，并设置填充角度和比例参数，如图 1-117 所示。

**08** 单击对话框中的 ⊞ "添加：拾取点" 按钮，返回绘图区，分别拾取如图 1-118 所示的区域作为填充区域，填充结果如图 1-119 所示。

图 1-117　设置用户定义图案

图 1-118　拾取填充区域

图 1-119　填充用户定义图案效果

**09** 重复执行【图案填充】命令，在【图案填充和渐变色】对话框中单击 "图案" 文本框右端的 ... 按钮，打开【填充图案选项板】对话框，在 "其他预定义" 选项卡中选择 "LINE" 图案，如图 1-120 所示。

**10** 单击 ▢ 确定 ▢ 按钮，返回【图案填充和渐变色】对话框，设置角度和填充比例参数，如图 1-121 所示。

图 1-120　选择 "LINE" 图案

图 1-121　设置 "LINE" 图案参数

**11** 单击对话框中的 ⊞ "添加: 拾取点" 按钮, 返回绘图区, 在如图 1-122 所示的虚线区域内拾取一点, 指定填充区域, 填充结果如图 1-123 所示。

图 1-122　拾取填充区域

图 1-123　填充 "LINE" 图案效果

**12** 重复【图案填充】命令, 设置图案类型和填充参数, 如图 1-124 所示, 为如图 1-125 所示的虚线区域填充图案, 填充结果如图 1-126 所示。

图 1-124　设置填充图案及参数

图 1-125　拾取填充区域

**13** 再次执行【图案填充】命令, 根据第 12 步设置图案类型和填充参数, 填充效果如图 1-127 所示。

图 1-126　填充结果

图 1-127　填充结果

# 第 **2** 章

# 二维图形快速编辑

## 本章导读

　　任何一个符合尺寸和结构要求的零件图，都不可能通过一些点、线、圆等基本图元简单地拼接组合而成，而是在这些基本图元的基础上，经过众多修改编辑工具的编辑细化，进一步处理为符合设计意图和现场加工要求的图样。

　　本章通过 11 个典型实例，介绍修剪、延伸、打断、连接、拉长、拉伸、旋转、缩放、倒角、圆角、对齐等常用编辑工具的用法和使用技巧。

## 效果展示

# 019 修剪图形

修剪工具是将超出边界的多余部分修剪删除掉。使用该工具时，需要首先选择修剪边界，修剪的对象必须与修剪边界相交，才可以进行修剪。

| | | |
|---|---|---|
| 文件路径: | DVD\实例文件\第 2 章\实例 019.dwg |
| 视频文件: | DVD\AVI\第 2 章\实例 019.avi |
| 播放时长: | 0:04:40 |

**01** 选择菜单【文件】|【新建】命令，创建一张空白文件。

**02** 打开状态栏上【对象捕捉】功能，将捕捉模式设置为"捕捉圆心"。

**03** 单击【绘图】工具栏中的 ⊘，激活【圆】命令，绘制直径分别为 50 和 30 的同心圆，如图 2-1 所示。

**04** 重复执行【圆】命令，配合【对象追踪】功能，绘制直径分别为 36 和 20 的同心圆。命令行操作过程如下：

```
命令: _circle
指定圆的圆心或 [三点(3P)/两点(2P)/切点、切点、半径(T)]:75↙    //以刚绘制的同心圆为参
照基点，引出垂直追踪虚线，输入 75，定位圆心，结果如图 2-2 所示
指定圆的半径或 [直径(D)]: D↙         //激活直径选项
指定圆的直径:36↙                    //输入圆的直径按回车键，绘制结果如图 2-3 所示
命令:↙                             //按回车键重复画圆命令
CIRCLE 指定圆的圆心或 [三点(3P)/两点(2P)/切点、切点、半径(T)]:
                                    //捕捉绘制的直径为 36 的圆的圆心为圆心
指定圆的半径或 [直径(D)]: D↙
指定圆的直径:20↙                    //输入圆的直径，结果如图 2-4 所示
```

图 2-1  绘制同心圆　　　图 2-2  定位圆心　　　图 2-3  绘制直径为 36 的圆　　　图 2-4  绘制同心圆

**05** 以类似的方法，绘制各辅助圆，如图 2-5 所示。半径为 60 和 80 的两个圆应通过选择圆命令的"相切、相切、半径"选项绘制，半径为 72 的圆则通过指定圆心与半径的方法绘制。

**06** 绘制切线。执行【直线】命令，配合【捕捉切点】功能，绘制在右侧与直径 50 和 36 的圆相切的

公切线，如图 2-6 所示。

图 2-5　绘制辅助圆

图 2-6　绘制切线

**07** 单击【修改】工具栏中的 ✁ 按钮，或选择【修改】|【修剪】命令，对图形进行【修剪】。命令行操作过程如下：

> 命令：_trim
>
> 当前设置：投影=UCS，边=无
>
> 选择剪切边...
>
> 选择对象或 <全部选择>：　　　　　　　　　　　//选择直径为 50 和 36 的两个圆
>
> 选择要修剪的对象，或按住"Shift"键选择要延伸的对象，或[栏选(F)/窗交(C)/投影(P)/边(E)/删除(R)/放弃(U)]：　　　　　　　　　　//选择半径为 80 圆（在右侧拾取该圆）作为被修剪对象，修剪结果如图 2-7 所示

**08** 重复【修剪】命令，对图形进行进一步的修剪。命令行操作过程如下：

> 命令：trim
>
> 当前设置：投影=UCS，边=无
>
> 选择剪切边...
>
> 选择对象或 <全部选择>：　　　　　　　　　　//选择直径为 50 和 20 的圆
>
> 选择要修剪的对象，或按住"Shift"键选择要延伸的对象，或[栏选(F)/窗交(C)/投影(P)/边(E)/删除(R)/放弃(U)]：　　　　　　　　//在右侧拾取半径为 72 的圆作为被修剪对象，结果如图 2-8 所示

**09** 以同样类似的方法，对图形进行修剪，得到如图 2-9 所示的结果。

图 2-7　修剪 1

图 2-8　修剪 2

图 2-9　绘制切线

**技 巧**：【修剪】命令是以指定的修剪边界作为剪切边，将对象位于剪切边一侧的部分修剪掉，此命令快捷键为"TR"。

# 020 延伸图形

延伸命令是将没有和边界相交的部分延伸补齐，它和修剪命令是一组相对的命令。在命令执行过程中，需要设置的参数有延伸边界和延伸对象两类。

| | | |
|---|---|---|
| 文件路径： | DVD\实例文件\第 2 章\实例 020.dwg |
| 视频文件： | DVD\AVI\第 2 章\实例 020.avi |
| 播放时长： | 0:01:18 |

**01** 打开随书光盘中的"素材文件\第 2 章\实例 020.dwg"文件，如图 2-10 所示。

**02** 选择菜单【修改】|【延伸】命令，或单击【修改】工具栏中的 按钮，激活【延伸】命令，对图形进行延伸。命令行操作过程如下：

```
命令：_extend
当前设置：投影=UCS，边=无
选择边界的边...
选择对象或 <全部选择>：          //选择如图 2-11 所示的线段作为延伸边界
选择对象：                      //按回车键，结束边界的选择
选择要延伸的对象，或按住"Shift"键选择要修剪的对象，或
[栏选(F)/窗交(C)/投影(P)/边(E)/放弃(U)]：    //在如图 2-12 所示的位置单击左键
选择要延伸的对象，或按住"Shift"键选择要修剪的对象，或
[栏选(F)/窗交(C)/投影(P)/边(E)/放弃(U)]：    //在如图 2-13 所示的位置单击左键
选择要延伸的对象，或按住"Shift"键选择要修剪的对象，或
[栏选(F)/窗交(C)/投影(P)/边(E)/放弃(U)]：    //在如图 2-14 所示的位置单击左键
选择要延伸的对象，或按住"Shift"键选择要修剪的对象，或
[栏选(F)/窗交(C)/投影(P)/边(E)/放弃(U)]：    //在如图 2-15 所示的位置单击左键
选择要延伸的对象，或按住"Shift"键选择要修剪的对象，
或[栏选(F)/窗交(C)/投影(P)/边(E)/放弃(U)]：↙
        //按回车键结束延伸对象选择，延伸结果如图 2-16 所示
```

| 图 2-10  素材文件 | 图 2-11  选择延伸边界 | 图 2-12  指定延伸对象 | 图 2-13  指定延伸对象 |
|---|---|---|---|

**03** 重复执行【延伸】命令，用同样的方法完成其他线段的延伸，最终结果如图 2-17 所示。

图 2-14　指定延伸对象　　　图 2-15　指定延伸对象　　　图 2-16　延伸结果　　　图 2-17　最终结果

> **技 巧：**【延伸】命令是用于将选择的对象延伸到指定的边界上。此命令的快捷键为"EX"。自 AutoCAD 2002 开始，修剪和延伸功能已经可以联用。在修剪命令中可以完成延伸操作，在延伸命令中也可以完成修剪操作。在修剪命令中，选择修剪对象时按住 Shift 键，可以将该对象向边界延伸；在延伸命令中，选择延伸对象时按住 Shift 键，可以将该对象超过边界的部分修剪删除。

## 021 打断图形

打断命令用于将直线或弧段分解成多个部分，或者删除直线或弧段的某个部分。被打断的线条只能是单独的线条，不能打断组合形体，如图块等。

| | |
|---|---|
| 文件路径： | DVD\实例文件\第 2 章\实例 021.dwg |
| 视频文件： | DVD\AVI\第 2 章\实例 021.avi |
| 播放时长： | 0:02:54 |

**01** 打开随书光盘中的 "\素材文件\第 2 章\实例 021.dwg" 文件，如图 2-18 所示。

图 2-18　素材文件

图 2-19　捕捉第一个断点

**02** 选择菜单【修改】|【打断】命令，或单击【修改】工具栏中的 按钮，激活【打断】命令，删除圆上的部分轮廓。命令行操作过程如下：

```
命令：_break
选择对象：                              //选择圆作为打断对象
指定第二个打断点 或 [第一点(F)]:F↙      //激活"第一点"选项
指定第一个打断点：                      //捕捉如图 2-19 所示的交点作为打断第一点
指定第二个打断点：                      //捕捉如图 2-20 所示的交点作为打断第二点，位于
两个交点之间的圆弧部分被删除，结果如图 2-21 所示
```

>  **提 示：**AutoCAD 将按逆时针方向删除圆上第一点到第二点之间的部分。

**03** 重复执行【打断】命令，使用同样的方法，继续删除右侧的圆弧，结果如图 2-22 所示。

图 2-20　捕捉第二个断点　　　　图 2-21　打断结果　　　　图 2-22　最后结果

**04** 单击【修改】工具栏中的 ⊏ （打断于点）按钮，将线段打断。命令行操作过程如下：

```
命令：_break
选择对象：                          //选择如图 2-23 所示的直线
指定第二个打断点 或 [第一点(F)]:F↙   //激活"第一点"选项
指定第一个打断点：                  //捕捉如图 2-24 所示的交点作为打断第一点
指定第二个打断点：                  //按回车结束命令，直线从交点处被分为两部分，此
```
时可以单独选择下侧线段，如图 2-25 所示

图 2-23　选择打断对象　　　　图 2-24　定位断点　　　　图 2-25　选择对象

> **注意：**【打断于点】命令是用于将单个对象从某点位置打断为两个相连的对象，它不能删除对象上的一部分，只能将对象打断为两部分。

**05** 单击【修改】工具栏中的 ⊏ 按钮，将打断后的下侧垂直线段截为两部分。命令行操作过程如下：

```
指定第二个打断点 或 [第一点(F)]: _f
指定第一个打断点：                  //捕捉如图 2-26 所示的交点
指定第二个打断点：
指定第二个打断点: @                 //系统自动结束命令，直线从交点处被分为两部分
```

**06** 使用相同的方法，将其他线段打断，选择打断后的线段，使其夹点显示，如图 2-27 所示。

**07** 打开【图层】下拉列表，将当前图层切换为"中心线"层，最终效果如图 2-28 所示

图 2-26　定位断点　　　　图 2-27　对象夹点显示　　　　图 2-28　设置线型

# 022 合并图形

合并命令是指将相似的图形对象合并为一个整体。它可以将多个对象进行合并，对象包括圆弧、椭圆弧、直线、多段线和样条曲线等。

| | | |
|---|---|---|
| | 文件路径： | DVD\实例文件\第 2 章\实例 022.dwg |
| | 视频文件： | DVD\AVI\第 2 章\实例 022.avi |
| | 播放时长： | 0:01:34 |

**01** 打开光盘中的 "\素材文件\第 2 章\实例 022.dwg" 文件。

**02** 选择菜单【修改】|【合并】命令，或单击【修改】工具栏中的 ⊷ 按钮，激活【合并】命令，将两端圆弧连接为一个对象。命令行操作过程如下：

```
命令：_join
选择源对象或要一次合并的多个对象：：        //选择如图 2-29 所示的圆弧
找到 1 个
选择要合并的对象：                         //选择如图 2-30 所示的圆弧
选择要合并的对象：↙      //回车结束选择，所选择的两端圆弧被连接为一条圆弧，如图 2-31 所示
找到 1 个，总计两个
两条圆弧已合并为 1 条圆弧
```

**03** 使用同样的方法，重复执行【合并】命令，将剩下的圆弧进行合并，结果如图 2-32 所示。

图 2-29　选择源对象

图 2-30　选择目标对象

图 2-31　连接结果

图 2-32　最终结果

**技 巧：**【合并】命令就是用于将直线或圆弧等对象进行合并，以形成一个完整的对象。其命令表达式为 "Join"，快捷键为 "J"。

## 023 拉长图形

使用拉长命令可以拉长或缩短线段以及改变圆弧的圆心角。

| | | |
|---|---|---|
| 文件路径： | DVD\实例文件\第 2 章\实例 023.dwg |
| 视频文件： | DVD\AVI\第 2 章\实例 023.avi |
| 播放时长： | 0:00:45 |

**01** 打开随书光盘中的 "\素材文件\第 2 章\实例 023.dwg" 文件，如图 2-33 所示。

**02** 选择菜单【修改】|【拉长】命令，或在命令行中输入 "lengthen" 后按回车键，激活【拉长】命令，对图形拉长。命令行操作过程如下：

```
命令: _lengthen
选择对象或 [增量(DE)/百分数(P)/全部(T)/动态(DY)]:DE↙     //激活 "增量" 选项
输入长度增量或 [角度(A)] <1.0>: 5↙                      //设置增量长度为 5
选择要修改的对象或 [放弃(U)]:                            //选择如图 2-34 所示的
边，进行拉长操作，拉长结果如图 2-35 所示
选择要修改的对象或 [放弃(U)]:↙                          //按回车键结束命令
```

图 2-33  素材文件　　　　　图 2-34  选择拉长对象　　　　　图 2-35  拉长结果

## 024 拉伸图形

拉伸命令 STRETCH 通过沿拉伸路径平移图形夹点的位置，使图形产生拉伸变形的效果。所谓夹点指的是图形对象上的一些特征点，如端点、顶点、中点、中心点等，图形的位置和形状通常是由夹点的位置决定的。

| | | |
|---|---|---|
| 文件路径： | DVD\实例文件\第 2 章\实例 024.dwg |
| 视频文件： | DVD\AVI\第 2 章\实例 024.avi |
| 播放时长： | 0:00:55 |

**01** 打开随书光盘中的 "\素材文件\第 2 章\实例 024.dwg" 文件，如图 2-36 所示。

**02** 选择菜单【修改】|【拉伸】命令，或单击【修改】工具栏中的 按钮，激活【拉伸】命令，将图

形拉伸。命令行操作过程如下：

```
命令：_stretch
以交叉窗口或交叉多边形选择要拉伸的对象...
选择对象：                              //从如图 2-37 所示的第一点向左下拉出矩形选择
框，然后在第二点位置单击左键，以交叉窗口选择的方式选择拉伸的对象
选择对象：↙                            //按回车键，结束选择
指定基点或 [位移(D)] <位移>：          //在任意位置单击左键，拾取一点作为拉伸基点
指定第二个点或 <使用第一个点作为位移>： //如图 2-38 所示向下拉出追踪虚线，然后输入 20
并按回车键，结果如图 2-39 所示
```

图 2-36 素材文件　　　图 2-37 拉出窗交选择框　　　图 2-38 引出追踪虚线　　　图 2-39 最终结果

> **技 巧**：拉伸遵循以下原则：通过单击选择和窗口选择获得的拉伸对象将只被平移，不被拉伸；通过交叉选择获得的拉伸对象，如果所有夹点都落入选择框内，图形将发生平移；如果只有部分夹点落入选择框，图形将沿拉伸位移拉伸；如果没有夹点落入选择窗口，图形将保持不变。

# 025　旋转图形

旋转命令 ROTATE 是将图形对象围绕着一个固定的点(基点)旋转一定的角度。在命令执行过程中，需要确定的参数有旋转对象、基点位置和旋转角度。逆时针旋转的角度为正值，顺时针旋转的角度为负值。

| | 文件路径： | DVD\实例文件\第 2 章\实例 025.dwg |
|---|---|---|
| | 视频文件： | DVD\AVI\第 2 章\实例 025.avi |
| | 播放时长： | 0:01:06 |

**01** 打开随书光盘中的 "\素材文件\第 2 章\实例 025.dwg" 文件，如图 2-40 所示。

**02** 选择菜单【修改】|【旋转】命令，或单击【修改】工具栏中的◌ 按钮，激活【旋转】命令，将上面同心圆部分旋转复制 63°。命令行操作过程如下：

```
命令：_rotate
UCS 当前的正角方向： ANGDIR=逆时针  ANGBASE=0
```

| 选择对象： | //选择上面同心圆部分和中心线 |
| 指定基点： | //使用"圆心"捕捉功能，选择大圆圆心， |

作为旋转基点，如图 2-41 所示

| 指定旋转角度，或 [复制(C)/参照(R)] <0>:C↙ | //激活"复制"选项 |
| 指定旋转角度，或 [复制(C)/参照(R)] <0>:63↙ | //输入旋转角度，结果如图 2-42 所示 |

> **技 巧**：AutoCAD 的窗选分为窗口选择和交叉选择两种方式。在窗口选择方式中，从左往右拉出选择框，只有全部位于矩形窗口中的图形对象才会被选中；交叉选择方式与窗口包容选择方式相反，从右往左拉出选择框，无论是全部还是部分位于选择框中的图形对象都将被选中。

图 2-40　素材文件

图 2-41　选择旋转基点

图 2-42　旋转结果

> **提 示**：【旋转】命令用于将图形进行角度旋转，在旋转的同时可以对其复制。另外用户也可以在命令行输入 "Rotate" 或使用快捷键 "RO"。

## 026　缩放图形

缩放命令是将已有图形对象以基点为参照，进行等比缩放，它可以调整对象的大小，使其在一个方向上按要求增大和缩小一定的比例。

| 文件路径： | DVD\实例文件\第 2 章\实例 026.dwg |
| 视频文件： | DVD\AVI\第 2 章\实例 026.avi |
| 播放时长： | 0:01:06 |

**01** 打开光盘中的 "\素材文件\第 2 章\实例 026.dwg"，如图 2-43 所示。

**02** 选择菜单【修改】|【缩放】命令，或单击【修改】工具栏中的 按钮，激活【缩放】命令，对图形中的内轮廓缩放，命令行操作过程如下：

```
命令: _scale
选择对象:                                      //选择如图 2-44 所示图形对象
指定基点:                                      //捕捉圆的圆心，如图 2-45 所示
指定比例因子或 [复制(C)/参照(R)] <0>:R↙         //激活"参照"选项
指定参照长度 <0>:                              //选择多边形的一条边的长度作为参照长度
指定新的长度或 [点(P)] <0>:5↙                  //设置新长度为 5，最终结果如图 2-46 所示
```

图 2-43　素材文件

图 2-44　选择结果

图 2-45　拾取基点

图 2-46　缩放结果

提 示：使用【缩放】命令后的对象形状保持不变，尺寸发生改变。

# 027　倒角图形

倒角与圆角是机械设计中常用的工艺，可使工件相邻两表面在相交处以斜面或圆弧面过渡。以斜面形式过渡的称为倒角，以圆弧面形式过渡的称为圆角。

倒角命令用于将两条非平行直线或多段线做出有斜度的倒角。

| | | |
|---|---|---|
| 文件路径： | DVD\实例文件\第 2 章\实例 027.dwg | |
| 视频文件： | DVD\AVI\第 2 章\实例 027.avi | |
| 播放时长： | 0:02:45 | |

**01** 打开光盘中的 "\素材文件\第 2 章\实例 027.dwg" 文件，如 2-47 所示。

**02** 选择菜单【修改】|【倒角】命令，或单击【修改】工具栏中的 ◯ 按钮，激活【倒角】命令，对图形倒角。命令行操作过程如下：

```
命令：_chamfer
（"修剪" 模式）当前倒角长度 = 1.0，角度 = 45
选择第一条直线或 ［放弃(U)/多段线(P)/距离(D)/角度(A)/修剪(T)/方式(E)/多个(M)］:D↙
                                            //激活 "距离" 选项
指定第一个倒角距离：5↙                        //设置第一个倒角长度为 5
指定第二个倒角距离 <3.0>:4↙                    //设置第二个倒角长度为 4
选择第一条直线或 ［放弃(U)/多段线(P)/距离(D)/角度(A)/修剪(T)/方式(E)/多个(M)］:
```

//选择如图 2-48 所示的边

选择第二条直线，或按住 Shift 键选择要应用角点的直线： //选择如图 2-49 所示的边，结果如图 2-50 所示

图 2-47 素材文件

图 2-48 选择第一条直线

图 2-49 选择第二条直线

**03** 按回车键，重复执行【倒角】命令，对其他轮廓进行倒角。命令行操作过程如下：

```
命令：_chamfer
（"修剪"模式）当前倒角距离 1 = 5.0，距离 2 = 4.0
选择第一条直线或 [放弃(U)/多段线(P)/距离(D)/角度(A)/修剪(T)/方式(E)/多个(M)]：A↙
                                          //激活"角度"选项
指定第一条直线的倒角长度 <0.0>:5↙        //指定倒角长度为 5
指定第一条直线的倒角角度 <0>:45↙         //指定倒角角度为 45
选择第一条直线或 [放弃(U)/多段线(P)/距离(D)/角度(A)/修剪(T)/方式(E)/多个(M)]：
                                          //选择如图 2-51 所示的边
选择第二条直线，或按住 Shift 键选择要应用角点的直线： //选择如图 2-52 所示的边，结果如
图 2-53 所示
```

图 2-50 倒角结果

图 2-51 选择第一条直线　　图 2-52 选择第二条直线

**04** 根据第 3 步的操作，重复执行【倒角】命令，设置倒角参数不变，继续对其他外轮廓边进行倒角，结果如图 2-54 所示。

图 2-53 倒角结果

图 2-54 倒角结果

**05** 按回车键，继续重复【倒角】命令，对内轮廓边倒角，命令行操作过程如下：

```
命令：_chamfer
（"修剪"模式）当前倒角距离 1 = 5.0，距离 2 = 4.0
选择第一条直线或 [放弃(U)/多段线(P)/距离(D)/角度(A)/修剪(T)/方式(E)/多个(M)]：A↙
                                          //激活"角度"选项
a 指定第一条直线的倒角长度 <0.0>:2↙       //指定倒角长度为 2
```

指定第一条直线的倒角角度 <0>:45↙　　　　　　　　//指定倒角角度为 45

选择第一条直线或 [放弃(U)/多段线(P)/距离(D)/角度(A)/修剪(T)/方式(E)/多个(M)]:M↙

　　　　　　　　　　　　　　　　　　　　　　　　//输入 m,激活"多个"选项

第一条直线或 [放弃(U)/多段线(P)/距离(D)/角度(A)/修剪(T)/方式(E)/多个(M)]:

　　　　　　　　　　　　　　　　　　　　　　　　//选择如图 2-55 所示的轮廓边 1

第二条直线,或按住 Shift 键选择要应用角点的直线: //选择轮廓边 2

第一条直线或 [放弃(U)/多段线(P)/距离(D)/角度(A)/修剪(T)/方式(E)/多个(M)]:

　　　　　　　　　　　　　　　　　　　　　　　　//选择如图 2-55 所示的轮廓边 2

第二条直线,或按住 Shift 键选择要应用角点的直线: //选择轮廓边 3

第一条直线或 [放弃(U)/多段线(P)/距离(D)/角度(A)/修剪(T)/方式(E)/多个(M)]:

　　　　　　　　　　　　　　　　　　　　　　　　//选择如图 2-55 所示的轮廓边 3

第二条直线,或按住 Shift 键选择要应用角点的直线: //选择轮廓边 4

第一条直线或 [放弃(U)/多段线(P)/距离(D)/角度(A)/修剪(T)/方式(E)/多个(M)]:

　　　　　　　　　　　　　　　　　　　　　　　　//选择如图 2-55 所示的轮廓边 3

第二条直线,或按住 Shift 键选择要应用角点的直线: //选择轮廓边 4

第一条直线或 [放弃(U)/多段线(P)/距离(D)/角度(A)/修剪(T)/方式(E)/多个(M)]:

　　　　　　　　　　　　　　　　　　　　　　　　//选择如图 2-55 所示的轮廓边 4

第二条直线,或按住 Shift 键选择要应用角点的直线: //选择轮廓边 1,结果如图 2-56 所示

**06** 根据第 5 步的操作,重复【倒角】命令,对其他内轮廓倒角,设置倒角长度为 1,倒角角度为 45,结果如图 2-57 所示。

图 2-55　定位倒角边　　　　　　图 2-56　倒角结果　　　　　　图 2-57　最终结果

注 意:AutoCAD 2013 有倒角和圆角预览功能,在分别选择了倒角或圆角边后,倒角位置会出现相应的最终倒角或圆角效果预览,以方便用户查看操作结果。

# 028 圆角图形

　　　　　圆角与倒角类似,它是将两条相交的直线通过一个圆弧连接起来。

| | |
|---|---|
| 文件路径: | DVD\实例文件\第 2 章\实例 028.dwg |
| 视频文件: | DVD\AVI\第 2 章\实例 028.avi |
| 播放时长: | 0:01:54 |

**01** 打开随书光盘中的 "\素材文件\第 2 章\实例 028.dwg" 文件，如图 2-58 所示。选择菜单【修改】|【圆角】命令，或单击【修改】工具栏中的◯按钮，激活【圆角】命令，对图形的外轮廓圆角。命令行操作过程如下：

```
命令: _fillet
当前设置: 模式 = 修剪, 半径 = 0.5
选择第一个对象或 [放弃(U)/多段线(P)/半径(R)/修剪(T)/多个(M)]:R↵    //输入半径选项
指定圆角半径 <0.5>:1↵                                    //设置圆角半径为1
选择第一个对象或 [放弃(U)/多段线(P)/半径(R)/修剪(T)/多个(M)]:      //选择如图 2-59 所
示的轮廓边 1
选择第二个对象, 或按住 Shift 键选择要应用角点的对象:              //选择如图 2-59 所
示的轮廓边 2, 结果如图 2-60 所示
```

图 2-58 素材文件

图 2-59 选择圆角边

**02** 按回车键，重复执行【圆角】命令，设置圆角半径保持不变，分别对其他外轮廓边圆角。命令行操作过程如下：

```
命令: FILLET
当前设置: 模式 = 修剪, 半径 = 1.0
选择第一个对象或 [放弃(U)/多段线(P)/半径(R)/修剪(T)/多个(M)]:m↵  //输入 m, 激活 "多
个" 选项
选择第一个对象或 [放弃(U)/多段线(P)/半径(R)/修剪(T)/多个(M)]:      //选择轮廓边 2
选择第二个对象, 或按住 Shift 键选择要应用角点的对象:             //选择轮廓边 3
选择第一个对象或 [放弃(U)/多段线(P)/半径(R)/修剪(T)/多个(M)]:      //选择轮廓边 3
选择第二个对象, 或按住 Shift 键选择要应用角点的对象:             //选择外轮廓 4
选择第一个对象或 [放弃(U)/多段线(P)/半径(R)/修剪(T)/多个(M)]:      //选择轮廓边 4
选择第二个对象, 或按住 Shift 键选择要应用角点的对象:             //选择外轮廓 1
```

**03** 圆角结果如图 2-61 所示。重复执行【圆角】命令，设置圆角半径为 0.5，对内轮廓进行圆角，结果如图 2-62 所示。

图 2-60 圆角结果

图 2-61 圆角结果

图 2-62 圆角结果

**技 巧**:巧妙使用 "多个" 选项，可以一次为多个对象圆角。

# 029 对齐图形

　　对齐命令在操作的过程中，需要在源对象上拾取 3 个用于对齐的源点，在目标对象上拾取相应的 3 个对齐目标点，另外对齐命令不仅适应与二维平面图形对齐，同样也适应于三维对齐。

| | | |
|---|---|---|
| 文件路径： | DVD\实例文件\第 2 章\实例 029.dwg |
| 视频文件： | DVD\AVI\第 2 章\实例 029.avi |
| 播放时长： | 0:01:20 |

**01** 打开随书光盘中的 "\素材文件\第 2 章\实例 029.dwg" 文件，如图 2-63 所示。

**02** 在命令行中输入命令 "ALIGN" 并按回车键，激活【对齐】命令，将图形对齐。命令行操作过程如下：

| | |
|---|---|
| 命令: align | //启动【对齐】命令 |
| 选择对象: | //选择如图 2-64 所示的图形 |
| 指定第一个源点: | //捕捉如图 2-65 所示的端点作为对齐的第一个源点 |

图 2-63　素材文件　　　　图 2-64　选择对象　　　　图 2-65　定位第一个源点

| | |
|---|---|
| 指定第一个目标点: | //捕捉如图 2-66 所示的端点作为第一个目标点 |
| 指定第二个源点: | //捕捉如图 2-67 所示的端点作为对齐的第二个源点 |
| 指定第二个目标点: | //捕捉如图 2-68 所示的端点作为对齐的第二个目标点 |

图 2-66　定位第一个目标点　　　图 2-67　定位第二个源点　　　图 2-68　定位第二个目标点

指定第三个源点或 <继续>:↙                       //按回车键结束选择

是否基于对齐点缩放对象？〔是(Y)/否(N)〕<否>:↙     //对齐结果如图 2-69 所示

**03** 根据第 2 步的操作，重复【对齐】命令，将另一个图形对齐，结果如图 2-70 所示。

图 2-69   对齐结果                              图 2-70   最后结果

 **注 意**：对齐对象时，用于对齐的 3 个源点或 3 个目标点不能处在同一水平或垂直位置上。

# 第 **3** 章

# 图形的高效绘制与编辑

本章导读

通过前面两章的学习，我们掌握了一些基本图元的绘制和编辑方法。本章主要学习在机械制图领域内，一些典型图形结构的具体创建方法和技巧。例如平行、均布、聚心、对称、垂直、锥度和斜度等常见图形结构。掌握这些典型图形结构的创建方法和技巧，是我们高质量绘制机械零件图的关键，不仅能大大减少绘图时间，还能提高绘图的效率和质量。

**效果展示**

## 030 偏移图形

偏移命令是一种特殊的复制对象的方法，它是根据指定的距离或通过点，建立一个与所选对象平行的形体，从而使对象数量得到增加。可以进行偏移的图形对象包括直线、曲线、多边形、圆、弧等。

| | 文件路径： | DVD\实例文件\第 3 章\实例 030.dwg |
|---|---|---|
| | 视频文件： | DVD\AVI\第 3 章\实例 030.avi |
| | 播放时长： | 0:01:18 |

**01** 打开随书光盘中的"素材文件\第 3 章\实例 030.dwg"文件，如图 3-1 所示。

**02** 选择菜单【修改】|【偏移】命令，或单击【修改】工具栏中的 按钮，激活【偏移】命令，将外轮廓向内偏移 3 个绘图单位。命令行操作过程如下：

```
命令：OFFSET↙
当前设置：删除源=否    图层=源    OFFSETGAPTYPE=0
指定偏移距离或 [通过(T)/删除(E)/图层(L)] <5.0>:3↙          //输入 3，指定偏移的距离
选择要偏移的对象，或 [退出(E)/放弃(U)] <退出>:              //选择如图 3-2 所示的一条边
指定要偏移的那一侧上的点，或 [退出(E)/多个(M)/放弃(U)] <退出>:    //在选择的边的左侧
单击左键
选择要偏移的对象，或 [退出(E)/放弃(U)] <退出>:↙          //偏移结果如图 3-3 所示
```

图 3-1　素材文件

图 3-2　选择偏移的对象

图 3-3　偏移结果

> **提 示：** 偏移命令需要输入的参数有需要偏移的源对象、偏移距离和偏移方向。偏移时，可以向源对象的左侧或右侧、上方或下方、外部或内部偏移。只要在需要偏移的一侧的任意位置单击即可确定偏移方向，也可以指定偏移对象通过已知的点。

**03** 根据第 2 步操作，重复执行【偏移】命令，偏移距离不变，对其他外轮廓进行偏移，结果如图 3-4 所示。

> **技 巧：**【偏移】命令用于将对象按照指定的间距或通过点进行偏移。此命令还有另外两种启动方式，即输入命令"OFFSET"和快捷键"O"。

**04** 按回车键，重复执行【偏移】命令，使用距离偏移功能将圆向外偏移 5 个绘图单位。命令行操作过程如下：

```
命令：OFFSET↙
```

当前设置：删除源=否　图层=源　OFFSETGAPTYPE=0
指定偏移距离或 ［通过(T)/删除(E)/图层(L)］ <3.0>:5↙　　　//输入偏移的距离
选择要偏移的对象，或 ［退出(E)/放弃(U)］ <退出>:　　　　　//选择圆，如图 3-5 所示
指定要偏移的那一侧上的点，或 ［退出(E)/多个(M)/放弃(U)］ <退出>://在圆外侧单击左键
选择要偏移的对象，或 ［退出(E)/放弃(U)］ <退出>:↙　　　　//偏移结果如图 3-6 所示

图 3-4　偏移结果

图 3-5　选择偏移对象

图 3-6　偏移结果

## 031　复制图形

复制命令是指在不改变图形大小和方向的前提下，重新生成一个或多个与原对象一模一样的图形。在命令执行过程中，需要确定的参数有复制对象、基点和第二点。

| | 文件路径： | DVD\实例文件\第 3 章\实例 031.dwg |
| --- | --- | --- |
| | 视频文件： | DVD\AVI\第 3 章\实例 031.avi |
| | 播放时长： | 0:01:52 |

**01** 打开随书光盘中的 "\素材文件\第 3 章\实例 031.dwg" 文件，如图 3-7 所示。

图 3-7　素材文件

图 3-8　捕捉基点

**02** 选择菜单【修改】|【复制】命令，或单击【修改】工具栏上的 按钮，激活【复制】命令，对圆进行多重复制。命令行操作过程如下：

命令：CO↙COPY
选择对象：找到 1 个　　　　　　　　　　　　　//选择圆作为复制对象
选择对象：　　　　　　　　　　　　　　　　　//按回车键，结束选择
当前设置：　复制模式 = 多个
指定基点或 ［位移(D)/模式(O)］ <位移>:　　　 //捕捉圆心作为复制基点，如图 3-8 所示
指定第二个点或 ［阵列(A)］ <使用第一个点作为位移>:A↙　//选择 "阵列(A)" 选项
输入要进行阵列的项目数:5↙　　　　　　　　　 //选择阵列数量（包含源对象）

指定第二个点或 [布满(F)]：　　　　　　　　　//捕捉如图 3-9 所示中心线交点作为第二个点
指定第二个点或 [阵列(A)/退出(E)/放弃(U)] <退出>:↵　//复制结果如图 3-10 所示

图 3-9　捕捉交点

图 3-10　复制结果

**03** 打开【对象捕捉】功能，设置捕捉模式，如图 3-11 所示。

图 3-11　设置捕捉模式

图 3-12　指点基点

**04** 按回车键，重复执行【复制】命令，对矩形进行复制，命令行操作过程如下：

命令：_copy
选择对象：　　　　　　　　　　　　　　　　　//选择矩形作为复制对象
选择对象:↵　　　　　　　　　　　　　　　　//按回车键，结束选择
指定基点或 [位移(D)/模式(O)] <位移>：　　　//捕捉如图 3-12 所示的端点作为复制基点
指定第二个点或 [阵列(A)]<使用第一个点作为位移>：　//如图 3-13 所示指定第二个点
指定第二个点或 [退出(E)/放弃(U)] <退出>:↵　//按回车键，最终结果如图 3-14 所示

图 3-13　指定第二点

图 3-14　最终结果

技 巧：AutoCAD 2013 为复制命令增加了 "[阵列(A)]" 选项，在 "指定第二个点或[阵列(A)]" 命令行提示下输入 "A"，即可以线性阵列的方式快速大量复制对象，从而大大提高了效率。

# 032　镜像图形

镜像命令可以生成与所选对象相对称的图形。在命令执行过程中，需要确定的参数有需要镜像复制的对象及对称轴。对称轴可以是任意方向的，所选对象将根据该轴线进行对称复制，并且可以选择删除或保留源对象。

| 💿 文件路径： | DVD\实例文件\第 3 章\实例 032.dwg |
| --- | --- |
| 🎬 视频文件： | DVD\AVI\第 3 章\实例 032.avi |
| 🎬 播放时长： | 0:01:04 |

**01** 打开随书光盘中的 "\素材文件\第 3 章\实例 032.dwg." 文件，如图 3-15 所示。

图 3-15　素材文件

图 3-16　拉出窗交选择框

**02** 选择菜单【修改】|【镜像】命令，或单击【修改】工具栏中的 ⚒ 按钮，激活【镜像】命令，将图形进行镜像。命令行操作过程如下：

```
命令：_mirror
选择对象：                    //拉出如图 3-16 所示的窗交选择框
选择对象：↙                  //按回车键，结束选择
指定镜像线的第一点：          //捕捉如图 3-17 所示的端点
指定镜像线的第二点：          //捕捉如图 3-18 所示端点
```

图 3-17　定位第一点

图 3-18　定位第二点

```
要删除源对象吗？[是(Y)/否(N)] <N>：↙    //镜像结果如图 3-19 所示
```

图 3-19　镜像结果

# 033 矩形阵列图形

矩形阵列就是将图形呈矩形一样地进行排列，用于多重复制呈行列状排列的图形。

| | 文件路径： | DVD\实例文件\第 3 章\实例 033.dwg |
| --- | --- | --- |
| | 视频文件： | DVD\AVI\第 3 章\实例 033.avi |
| | 播放时长： | 0:01:47 |

**01** 打开随书光盘中的 "\素材文件\第 3 章\实例 033.dwg." 文件，如图 3-20 所示。

**02** 选择菜单【修改】|【阵列】命令，或单击【修改】工具栏中的 按钮，激活【阵列】命令，命令行操作如下：

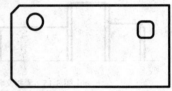

命令：AR↙    ARRAY
选择对象：找到 1 个    //如图 3-21 所示选择圆作为阵列对象
选择对象：  输入阵列类型 ［矩形 (R) /路径 (PA) /极轴 (PO)］ ＜
矩形＞:R↙                   //选择矩形阵列方式
类型 = 矩形  关联 = 是
为项目数指定对角点或 ［基点 (B) /角度 (A) /计数 (C)］ ＜计数＞:
↙                    //选择默认的计数选项
输入行数或 ［表达式 (E)］ ＜4＞:3↙
输入列数或 ［表达式 (E)］ ＜4＞:3↙
指定对角点以间隔项目或 ［间距 (S)］ ＜间距＞:↙
指定行之间的距离或 ［表达式 (E)］ ＜3＞:-3↙
指定列之间的距离或 ［表达式 (E)］ ＜3＞:3↙
按 回车 键接受或 ［关联 (AS) /基点 (B) /行 (R) /列 (C) /层 (L) /退出 (X)］ ＜退出＞:↙

图 3-20  素材文件

**03** 阵列结果如图 3-22 所示。

**04** 根据以上步骤的操作，重复执行【阵列】命令，对其他图形进行阵列，设置阵列行数为 "2"，列数为 "2"，行偏移为 "-3"，列偏移为 "-3"，阵列结果如图 3-23 所示。

图 3-21  选择阵列对象

图 3-22  阵列结果

图 3-23  阵列结果

# 034 环形阵列图形

环形阵列可将图形以某一点为中心点进行环形复制，阵列结果是使阵列对象沿中心点的四周均匀排列成环形。

| | 文件路径： | DVD\实例文件\第 3 章\实例 034.dwg |
|---|---|---|
| | 视频文件： | DVD\AVI\第 3 章\实例 034.avi |
| | 播放时长： | 0:01:22 |

**01** 打开随书光盘中的 "\素材文件\第 3 章\实例 034.dwg" 文件，如图 3-24 所示。

**02** 单击【修改】工具栏中的阵列按钮 ，在命令行进行如下操作：

```
命令:AR↙        ARRAY
选择对象：指定对角点:找到 6 个                      //选择如图 3-25 所示的图形
选择对象:输入阵列类型[矩形(R)/路径(PA)/极轴(PO)] <矩形>:PO↙
                                                 //选择环形阵列方式

类型 = 极轴   关联 = 是
指定阵列的中心点或 [基点(B)/旋转轴(A)]：            //捕捉同心圆圆心为阵列中心点
输入项目数或 [项目间角度(A)/表达式(E)] <4>:6↙      //设置阵列数量为 6
指定填充角度(+=逆时针、-=顺时针) 或 [表达式(EX)] <360>:↙
按 回车 键接受或 [关联(AS)/基点(B)/项目(I)/项目间角度(A)/填充角度(F)/行(ROW)/层
(L)/旋转项目(ROT)/退出(X)] <退出>:↙              //阵列结果如图 3-26 所示
```

图 3-24　素材文件

图 3-25　选择阵列对象

图 3-26　环形阵列结果

**提示：** 在 AutoCAD 2013 中，阵列后的所有图形将作为一个整体对象，并设置了对象特性、夹点等编辑功能，可使用 ARRAYEDIT、"特性" 选项板或夹点等方式编辑阵列的数量、间距、源对象等。

# 035 路径阵列图形

路径阵列可沿曲线阵列复制图形，通过设置不同的基点，能得到不同的阵列结果。

| | | |
|---|---|---|
| 文件路径： | DVD\实例文件\第 3 章\实例 035.dwg | |
| 视频文件： | DVD\AVI\第 3 章\实例 035.avi | |
| 播放时长： | | |

**01** 打开随书光盘中的 "\素材文件\第 3 章\实例 035.dwg" 文件，如图 3-27 所示。

**02** 单击【绘图】工具栏中的路径阵列按钮 ，在命令行进行如下操作：

```
命令:AR↙        ARRAY
             //调用【阵列】命令
选择对象：指定对角点：找到 1 个
             //选择如图 3-28 所示的图形
选择对象：  输入阵列类型 〔矩形 (R)/路径
(PA)/极轴(PO)〕<矩形>:PA↙
             //选择路径阵列方式
类型 = 路径  关联 = 是
```

图 3-27 素材文件

```
选择路径曲线：                                    //选择圆弧为路径阵列曲线
    选择夹点以编辑阵列或 〔关联(AS)/方法(M)/基点(B)/切向(T)/项目(I)/行(R)/层(L)/对齐项
目(A)/Z 方向(Z)/退出(X)〕<退出>: M↙              //选择阵列方法
    输入路径方法 〔定数等分(D)/定距等分(M)〕<定距等分>: D↙    //选择 "定数等分(D)" 选项
    选择夹点以编辑阵列或 〔关联(AS)/方法(M)/基点(B)/切向(T)/项目(I)/行(R)/层(L)/对齐项
目(A)/Z 方向(Z)/退出(X)〕<退出>: I↙              //选择项目数
    输入沿路径的项目数或 〔表达式(E)〕<14>: 6↙     //输入阵列数目
    选择夹点以编辑阵列或 〔关联(AS)/方法(M)/基点(B)/切向(T)/项目(I)/行(R)/层(L)/对齐项
目(A)/Z 方向(Z)/退出(X)〕<退出>:              //按回车键结束路径阵列，得到
如图 3-29 所示的结果
```

图 3-28 选择阵列对象

图 3-29 路径阵列结果

## 036 夹点编辑图形

当选择一个对象后，即可进入夹点编辑模式。在夹点模式下，图形对象以虚线显示，图形上的特征点(如端点、圆心、象限点等)将显示为蓝色的小方框，这样的小方框称为夹点。使用夹点，可以对图形对象进行拉伸、平移、复制、缩放和镜像等操作。

| | | |
|---|---|---|
| 文件路径： | DVD\实例文件\第 3 章\实例 036.dwg | |
| 视频文件： | DVD\AVI\第 3 章\实例 036.avi | |
| 播放时长： | 0:07:30 | |

**01** 选择菜单【文件】|【新建】命令，创建空白文件。

**02** 使用快捷键 "Z" 激活视窗的缩放功能，将当前视口放大 5 倍显示。

**03** 单击【绘图】工具栏中的 ⊘ 按钮，激活【圆】命令，绘制半径分别为 50、64 和 20 的三个同心圆，如图 3-30 所示。选择菜单【绘图】|【直线】命令，配合 "象限点" 自动捕捉功能，绘制圆的中心线。命令行操作过程如下：

```
命令: _line
指定第一点:              //按住 shift 键单击右键，从弹出的临时捕捉菜单中选择 "象限点" 选项
_qua 于                 //在图 3-31 所示的圆的位置单击左键，拾取象限点
指定下一点或 [放弃(U)]:   //按住 shift 键单击右键，从临时捕捉菜单中选择 "象限点"
_qua 于                 //在如图 3-32 所示的圆的位置单击左键，拾取象限点
指定下一点或 [放弃(U)]: ✓ //按回车键结束命令，绘制直线如图 3-33 所示
```

图 3-30　绘制同心圆

图 3-31　捕捉象限点

图 3-32　捕捉象限点

**04** 使用同样的方法捕捉象限点绘制水平中心线，如图 3-34 所示。

**05** 选择菜单【修改】|【旋转】命令，将垂直中心线旋转 60° 复制，绘制辅助线。命令行操作过程如下：

```
命令: _rotate
UCS 当前的正角方向: ANGDIR=逆时针  ANGBASE=0
选择对象:                        //选择垂直中心线
选择对象: ✓                      //按回车键，结束对象的选择
指定基点:                        //指定圆的圆心为旋转基点
```

指定旋转角度，或 [复制(C)/参照(R)] <0>:C✓    //输入 C，激活 "复制" 选项

指定旋转角度，或 [复制(C)/参照(R)] <0>:60✓   //输入旋转角度，结果如图 3-35 所示

图 3-33　绘制垂直中心线

图 3-34　绘制水平中心线

图 3-35　绘制辅助线

**06** 选择菜单【绘图】|【圆】命令，绘制半径为 12 的圆，结果如图 3-36 所示。选择菜单【绘图】|【多边形】命令，绘制正 6 边形。命令行操作过程如下：

命令：_polygon

输入边的数目 <4>:6✓             //输入多边形的边数

指定正多边形的中心点或 [边(E)]：     //指定刚才绘制的小圆的圆心为中心点

输入选项 [内接于圆(I)/外切于圆(C)] <I>:✓   //按回车键，选择默认的 "内接于圆" 选项

指定圆的半径：6✓              //绘制结果如图 3-37 所示

**07** 选择菜单【修改】|【圆角】命令，对半径为 12 和 50 的圆圆角，圆角半径为 7，如图 3-38 所示。

图 3-36　绘制圆

图 3-37　绘制多边形

图 3-38　圆角

**08** 选择菜单【修改】|【修剪】命令，修剪半径为 12 的圆，如图 3-39 所示。

**09** 使用快捷键 "LEN" 激活【拉长】命令，将绘制的两条中心线拉长 4 个单位，如图 3-40 所示，将辅助线两端拉长 20 个单位，如图 3-41 所示。

图 3-39　修剪图形

图 3-40　拉长中心线

图 3-41　拉长辅助线

**10** 选择菜单【格式】|【线型】命令，加载名为 "C 回车" 的线型，并设置线型比例为 0.25，如图 3-42 所示。

**11** 在无命令执行的前提下，选择两条中心线、辅助线和半径为 64 的圆，使其呈现夹点显示，如图 3-43 所示。

图 3-42 加载线型并设置比例

图 3-43 夹点显示

**12** 单击【对象特性】工具栏上的【线型控制】列表框，在展开的下拉列表内选择加载的线型，如图 3-44 所示。

**13** 按下 "Esc" 键取消对象的夹点显示，结果如图 3-45 所示。

图 3-44 更改中心线线型

图 3-45 对象的最终显示

**14** 在无命令执行的情况下，选择如图 3-46 所示的对象，作为夹点编辑的对象。

**15** 单击其中的一个夹点，进入夹点编辑模式。

**16** 单击右键，打开如图 3-47 所示的夹点编辑菜单，选择 "旋转" 命令，激活夹点旋转功能。

**17** 打开夹点编辑菜单，选择快捷菜单中的 "基点" 选项，然后在命令行 "指定基点:" 提示下，捕捉同心圆的圆心作为旋转基点，如图 3-48 所示。

图 3-46 选择对象

图 3-47 夹点编辑菜单

图 3-48 重新定位基点

**18** 单击右键打开夹点编辑菜单，选择菜单中的 "复制" 选项，此时在命令行 "** 旋转 (多重) ** 指定旋转角度或 [基点(B)/复制(C)/放弃(U)/参照(R)/退出(X)]:" 提示下，输入 -90 并按回车键，将对象旋转复制，如图 3-49 所示。

**19** 在命令行 "** 旋转 (多重) ** 指定旋转角度或 [基点(B)/复制(C)/放弃(U)/参照(R)/退出(X)]:" 提示下，按回车键退出夹点编辑模式。

**20** 按下 "Esc" 键，取消对象的夹点显示，结果如图 3-50 所示。

**21** 选择菜单【修改】|【修剪】命令，对图形进行修剪，修剪结果如图 3-51 所示。

图 3-49  夹点旋转

图 3-50  退出夹点显示

图 3-51  修剪结果

## 037  创建表面粗糙度图块

块是一个或多个图形元素的集合，是 AutoCAD 图形设计中的一个重要概念，常用于绘制复杂、重复的图形。可以根据需要为块创建属性和各种信息，也可以使用外部参照功能，把已有的图形文件以外部参照的形式插入到当前图形中。

| | |
|---|---|
| 文件路径： | DVD\实例文件\第 3 章\实例 037.dwg |
| 视频文件： | DVD\AVI\第 3 章\实例 037.avi |
| 播放时长： | 0:02:32 |

**01** 打开随书光盘中的 "\素材文件\第 3 章\实例 037.dwg" 文件，如图 3-52 所示。

**02** 选择菜单【格式】|【文字样式】命令，将文字样式 "工程字-35" 设置为当前样式，将文字图层设置为当前层，如图 3-53 所示。

**03** 选择菜单【绘图】|【块】|【定义属性】命令，弹出 "属性定义" 对话框，在对话框中进行对应的属性设置，如图 3-54 所示。

图 3-52  素材文件

图 3-53  设置【文字样式】参数

图 3-54  设置块的属性

**04** 单击图 3-54 所示对话框中的 ▢ 确定 ▢ 按钮，在要标注表面粗糙度的对应位置拾取一点，插入块属性，如图 3-55 所示。

**05** 选择菜单【绘图】|【块】|【创建】命令，或单击【绘图】工具栏中的 🔲 按钮，即执行【创建块】命令，弹出"块定义"对话框，在该对话框中进行相关设置，如图 3-56 所示。

**06** 将图块名称设置为"CCD"，单击如图 3-56 所示中的 🔲 按钮，拾取下端点为块基点，如图 3-57 所示。

图 3-55　定义属性　　　　　　　　图 3-56　定义块　　　　　　　　图 3-57　指点基点

**07** 单击图 3-56 中的拾取对象按钮 🔲，选择所有块对象，如图 3-58 所示。

**08** 单击如图 3-56 所示上的 ▢ 确定 ▢ 按钮，完成块的定义，同时弹出如图 3-59 所示的"编辑属性"对话框。

**09** 在如图 3-59 所示的"编辑属性"对话框中单击 ▢ 确定 ▢ 按钮，属性块创建完成，如图 3-60 所示。

图 3-58　选择对象　　　　　　　图 3-59　"编辑属性"对话框　　　　　　图 3-60　最终结果

## 038　高效绘制倾斜结构

在绘制倾斜结构时，我们可以通过极轴追踪和对象捕捉功能来绘制。

| | | |
|---|---|---|
| 🔵 文件路径： | DVD\实例文件\第 3 章\实例 038.dwg | |
| 🎞 视频文件： | DVD\AVI\第 3 章\实例 038.avi | |
| 🎬 播放时长： | 0:04:46 | |

**01** 选择菜单【文件】|【新建】命令，创建空白文件。

**02** 选择菜单【工具】|【绘图设置】命令，设置当前的极轴追踪功能以及增量角参数，如图 3-61 所示。

**03** 激活【对象捕捉】选项卡，打开对象捕捉功能，并设置对象捕捉模式，如图 3-62 所示。

图 3-61 设置极轴追踪参数

图 3-62 设置对象捕捉参数

**04** 选择菜单【绘图】|【直线】命令，配合正交或极轴追踪功能，绘制外侧的垂直结构轮廓图，如图 3-63 所示。

图 3-63 绘制外轮廓　　　　　　　图 3-64 选择偏移边　　　　　　　图 3-65 偏移结果

**05** 选择菜单【修改】|【偏移】命令，选择如图 3-64 所示的边，将其向右偏移 3 个单位，如图 3-65 所示。使用同样的方法，选择如图 3-66 所示的边，将其向下偏移 5 个单位，如图 3-67 所示。

**06** 选择【绘图】|【圆】命令，捕捉偏移线段交点为圆心，绘制半径为 2 的圆，如图 3-68 所示。

**07** 选择菜单【修改】|【删除】命令，删除两辅助线，结果如图 3-69 所示。

图 3-66 选择偏移边　　　　　　　图 3-67 偏移结果　　　　　　　图 3-68 绘制圆

**08** 选择【绘图】|【直线】命令，配合极轴追踪功能，绘制内部的倾斜结构。命令行操作过程如下：

```
命令: _line
指定第一点:                    //将光标移至圆心处，然后垂直往下移动光标，出现如图 3-70
所示两追踪虚线的交点，定位第一点
指定下一点或 [放弃(U)]:          //打开【极轴追踪】功能
<极轴 开> 5↙                    //引出如图 3-71 所示的极轴虚线，输入 5
指定下一点或 [放弃(U)]:2↙        //引出如图 3-72 所示的极轴追踪虚线，输入 2
指定下一点或 [放弃(U)]:5↙        //引出如图 3-73 所示的极轴追踪虚线，输入 5
指定下一点或 [放弃(U)]:C↙        //输入 C，闭合图形，结果如图 3-74 所示
```

图 3-69　删除辅助线

图 3-70　指定第一点

图 3-71　引出 30° 的极轴追踪虚线

图 3-72　引出 300° 的极轴追踪虚线

图 3-73　引出 150° 的极轴追踪虚线

图 3-74　绘制结果

## 039　高效绘制相切结构

在绘制相切结构过程中，主要综合使用半径画圆、直径画圆、相切圆以及偏移和修剪等工具，创建出图形的内外切结构。

| | | |
|---|---|---|
| 文件路径: | DVD\实例文件\第 3 章\实例 039.dwg | |
| 视频文件: | DVD\AVI\第 3 章\实例 039.avi | |
| 播放时长: | 0:07:09 | |

**01** 选择菜单【文件】|【新建】命令，创建空白文件。

**02** 选择菜单【绘图】|【直线】命令，绘制长为 140 的两条中心线，结果如图 3-75 所示。

**03** 选择菜单【绘图】|【圆】命令,以中心线的交点为圆心,分别绘制半径为 18 和 8 的同心圆,结果如图 3-76 所示。

**04** 按回车键,重复执行【圆】命令,以同心圆的圆心为圆心绘制半径为 51 的辅助圆,结果如图 3-77 所示。

图 3-75　绘制中心线　　　　　图 3-76　绘制同心圆　　　　　图 3-77　绘制辅助圆

**05** 选择菜单【修改】|【偏移】命令,将水平中心线向上偏移 10 个绘图单位,创建辅助线,结果如图 3-78 所示。

**06** 选择菜单【绘图】|【圆】命令,以辅助线和辅助圆交点为圆心,在左、右两侧分别绘制半径为 16 和直径为 4 的圆共 4 个,并在半径为 51 的辅助圆上象限点绘制直径为 4 的圆,如图 3-79 所示。

图 3-78　偏移结果　　　　　　　　　　　　图 3-79　绘制圆

**07** 选择菜单【格式】|【线型】命令,加载一种名为"C 回车"的线型,并设置线型比例为"0.25",如图 3-80 所示。

**08** 在无命令执行的前提下,选择两条中心线、辅助圆和辅助线,使其呈现夹点显示,如图 3-81 所示。

图 3-80　加载线型设置比例　　　　　　　图 3-81　夹点显示

**09** 单击【对象特性】工具栏上的【线型控制】列表框，在展开的下拉列表内选择刚加载的线型，如图 3-82 所示。

图 3-82　更改线型

**10** 按下 "Esc" 键取消对象的夹点显示，结果如图 3-83 所示。

**11** 选择菜单【绘图】|【圆】|【相切、相切、半径】命令，绘制半径为 68 的圆。命令行操作过程如下：

```
命令: _circle 指定圆的圆心或 [三点(3P)/两点(2P)/切点、切点、半径(T)]: _ttr
指定对象与圆的第一个切点：        //捕捉切点如图 3-84 所示
指定对象与圆的第二个切点：        //捕捉切点如图 3-85 所示
指定圆的半径 <2.0000>:68↙        //输入半径 68，结果如图 3-86 所示
```

图 3-83　显示结果　　　　　图 3-84　选择第一个切点　　　　　图 3-85　选择第二个切点

**12** 选择菜单【修改】|【圆角】命令，为半径为 16 的圆和半径为 18 的圆圆角，设置圆角半径为 24，如图 3-87 所示。

**13** 使用同样的方法创建如图 3-88 所示的圆角。

图 3-86　绘制相切圆　　　　　图 3-87　圆角结果　　　　　图 3-88　再次圆角

**14** 选择菜单【修改】|【修剪】命令，以如图 3-89 所示的两个圆作为边界，对半径为 68 的圆进行修剪，结果如图 3-90 所示。

**15** 执行【修剪】命令，以如图 3-91 所示的两个圆弧和半径为 68 的圆作为边界，对半径为 16 的圆进行修剪，结果如图 3-92 所示。

图 3-89 选择修剪边界

图 3-90 修剪结果

图 3-91 选择修剪边界

**16** 执行【修剪】命令，以如图 3-93 所示的圆作为边界，对辅助圆进行修剪，结果如图 3-94 所示。

图 3-92 修剪结果

图 3-93 选择修剪边界

图 3-94 修剪结果

**17** 重复执行【修剪】命令，以如图 3-95 所示的圆作为边界，对辅助线进行修剪，修剪结果如图 3-96 所示。

**18** 选择菜单【修改】|【打断】命令，将中心线和辅助线打断，结果如图 3-97 所示。

图 3-95 选择边界

图 3-96 修剪结果

图 3-97 打断

## 040 绘制面域造型

在 AutoCAD 2013 中，可以将由某些对象围成的封闭区域转换为面域，这些封闭区域可以是圆、椭圆、封闭的二维多段线或封闭的样条曲线等对象，也可以是由圆弧、直线、二维多段线、椭圆弧、样条曲线等对象构成的封闭区域。

| | | |
|---|---|---|
| 文件路径： | DVD\实例文件\第 3 章\实例 040.dwg | |
| 视频文件： | DVD\AVI\第 3 章\实例 040.avi | |
| 播放时长： | 0:07:10 | |

01 选择菜单【文件】|【新建】命令，创建空白文件。

02 单击 ⊞ 按钮，打开【图层特性管理器】对话框，新建图层，结果如图 3-98 所示。

03 将"中心线"设置为当前图层，单击【绘图】工具栏上的 ╱ 按钮，绘制水平和垂直辅助线。

04 选择菜单【绘图】|【圆】命令，以辅助线的交点为圆心，绘制直径为 75 的辅助圆，结果如图 3-99 所示。

图 3-98　新建图层

图 3-99　绘制辅助圆

05 将"轮廓线"设置为当前图层，重复使用【圆】命令，以辅助线的交点为圆心，绘制直径分别为 110、100、80 和 70 的同心圆，结果如图 3-100 所示。

06 选择菜单【绘图】|【面域】命令，将刚创建的 4 个同心圆转换为面域。

07 选择菜单【修改】|【实体编辑】|【差集】命令，选择直径为 110 的圆作为要从中减去的面域，然后选择直径为 100 的圆作为被减去的面域，得到经过差集后的新面域。

08 根据上步操作，将直径为 80 的圆面域减去直径为 70 的圆面域。

09 使用快捷键"C"，激活【圆】命令，以辅助圆与水平辅助线的交点为圆心，绘制直径为 16 的圆，结果如图 3-101 所示。

10 选择菜单【修改】|【偏移】命令，将垂直辅助线向右偏移 23 个绘图单位，将水平中心线向上偏移 2.5 个绘图单位，结果如图 3-102 所示。

图 3-100 绘制同心圆

图 3-101 绘制圆

图 3-102 偏移结果

**11** 单击【绘图】工具栏上的 □ 按钮，绘制以 A 点为第一对角点，长和宽分别为 37 和 5 的矩形，结果如图 3-103 所示。

**12** 使用【删除】命令，删除图中的辅助线。

**13** 单击【绘图】工具栏上的 ◎ 按钮，将刚绘制的圆和矩形创建为面域。

**14** 选择菜单【修改】|【阵列】命令，以直径为 100 的圆的圆心为阵列中心，设置阵列数目为 12，角度为 3，对直径为 16 的圆和矩形进行环形阵列，结果如图 3-104 所示。

**15** 选择菜单【修改】|【实体编辑】|【并集】命令，选择所有的面域进行并集处理，结果如图 3-105 所示。

图 3-103 绘制矩形

图 3-104 阵列结果

图 3-105 最终结果

# 第 **4** 章

# 图形的管理、共享与高效组合

## 本章导读

　　通过前几章的实例讲解，我们系统地学习了 AutoCAD 的基本绘图工具、基本修改工具、精确绘图功能和一些辅助绘图功能，本章主要学习图形的高级组织工具和 CAD 资源的高级管理工具。最后通过制作机械绘图样板，对所讲知识进行综合巩固和练习，也为以后绘制专业机械图形作好准备。

## 效果展示

# 041 应用编组管理复杂零件图

使用【对象编组】命令，可以将众多的图形对象进行分类编组，编辑成多个单一对象组，用户只需将光标放在对象组上，该对象组中的所有对象就会突出显示，单击左键，就可以完全选择该组中的所有图形对象。

| | 文件路径: | DVD\实例文件\第 4 章\实例 041.dwg |
|---|---|---|
| | 视频文件: | DVD\AVI\第 4 章\实例 041.avi |
| | 播放时长: | 0:01:57 |

**01** 打开随书光盘中的 "\素材文件\第 4 章\实例 041.dwg" 文件。

**02** 在命令行中输入 "CLASSICGROUP" 后按回车键，执行【对象编组】命令，打开如图 4-1 所示的【对象编组】对话框。

**03** 在 "编辑名" 文本框中输入 "图标框"，作为新组名称，如图 4-2 所示。

图 4-1 【对象编辑】对话框

图 4-2 为新组命名

**04** 单击 新建(N) < 按钮，返回绘图区，选择如图 4-3 所示的图框，作为编组对象。

**05** 按回车键，返回【对象编组】对话框，结果在对话框中创建一个名为 "图表框" 的对象组，如图 4-4 所示。

图 4-3 选择图框

图 4-4 创建图表框对象组

**06** 在 "编组名" 文本框内输入 "明细表"，然后单击 新建(N) < 按钮，返回绘图区，选择如图 4-5 所示的明细表，将其编辑成单一组。

**07** 按回车键返回对话框，创建结果如图 4-6 所示。

图 4-5　选择明细表

图 4-6　创建结果

**08** 在"编组名"文本框内输入"零件图"，然后单击 **新建(N) <** 按钮，返回绘图区，选择如图 4-7 所示的图形，将其编辑成单一对象组。

**09** 按回车键返回对话框，创建如图 4-8 所示的结果。

**10** 单击【对象编组】对话框中的 **确定** 按钮，结果在当前图形文件中，创建了 3 个对象组，如图 4-8 所示，以后可以通过鼠标单击，同时选择某组中的所有对象。

图 4-7　选择零件图

图 4-8　创建结果

**提　示:** 选择【工具】|【组】命令，或直接在命令行输入 Group，可以无对话框方式快速创建和管理组。

# 042 创建外部资源块

| | 本例主要使用了【写块】和【基点】命令，采用写块、基点存盘两种操作方法，分别将各图形文件创建为高效的外部资源块，并进行存盘。 |
|---|---|
| 文件路径: | DVD\实例文件\第 4 章\实例 042.dwg |
| 视频文件: | DVD\AVI\第 4 章\实例 042.avi |
| 播放时长: | 0:04:21 |

**01** 使用随书光盘中"\素材文件\第 4 章"目录下的"螺栓.dwg"、"轴承.dwg"和"油杯.dwg"3 个图形文件，如图 4-9 所示。

**02** 选择【选择文件】对话框中的 打开⑩ 按钮，将 3 个文件打开。

**03** 选择菜单【窗口】|【层叠】命令，将 3 个文件进行层叠显示，结果如图 4-10 所示。

图 4-9 选择文件

图 4-10 层叠文件

 **技 巧**：在打开多个文件时，可配合"Ctrl"键逐个选择需要打开的图形文件。

**04** 选择菜单【窗口】|【垂直平铺】命令，将 3 个图形文件垂直平铺，结果如图 4-11 所示。

**05** 在命令行中输入"wblock"或简写"WBL"，激活【写块】命令，打开如图 4-12 所示的对话框。

图 4-11 垂直平铺

图 4-12 【写块】对话框

**06** 单击对话框中的 按钮，拾取如图 4-13 所示的中点，作为基点。

**07** 返回【写块】对话框，设置参数和存储位置，如图 4-14 所示。

**08** 单击【对象】选项组中的 按钮，返回绘图区选择螺栓图形。

**09** 按回车键返回【写块】对话框，单击 确定 按钮，结果所选择的轴承图形被转化为一个高效的外部块，存储在 D 盘目录下。

**10** 根据以上步骤，将油杯和螺栓转化为高效外部块，保存在 D 盘下。

**11** 选择菜单【窗口】|【全部关闭】命令，将所有图形关闭。

中点

图 4-13　捕捉中点

| 目标 | |
| --- | --- |
| 文件名和路径(F): | |
| D:\素材文件\轴承.dwg | ⊡ … |
| 插入单位(U): | 毫米 ⊡ |

图 4-14　设置参数

# 043 应用插入块组装零件图

| | |
| --- | --- |
| | 【插入块】命令是用于对高效外部资源块和内部块进行引用的工具。执行该命令还有另外两种方式，即使用命令表达式"Insert"和命令快捷键"I" |
| 💿 文件路径： | DVD\实例文件\第 4 章\实例 043.dwg |
| 🎬 视频文件： | DVD\AVI\第 4 章\实例 043.avi |
| 🎬 播放时长： | 0:03:11 |

**01** 执行【文件】|【新建】命令，创建一个空白文件，并打开【对象捕捉】功能。

**02** 选择菜单【插入】|【块】命令，打开如图 4-15 所示的【插入】块对话框。

**03** 单击 浏览(B)... 按钮，从弹出的【选择图形文件】对话框中，选择上例创建的"轴承.dwg"高效外部块，如图 4-16 所示。

图 4-15　【插入】对话框

图 4-16　选择外部块

**04** 单击 打开(0) 按钮，结果所选的"轴承"被引用到【插入】对话框中，勾选对话框中的"分解"选项功能。

**05** 其他参数采用默认设置,单击 [　确定　] 按钮,在命令行"指定块的插入点:"提示下,在绘图区单击左键,将"轴承"图形以一个外部块的方式,插入到当前文件中,如图 4-17 所示。重复使用【插入块】命令,在打开的【插入】对话框中,打开"油杯"外部块,并设置参数。

**06** 单击 [　确定　] 按钮,在命令行"指定插入点:"提示下,将"油杯"图形组装到"轴承"图形上,结果如图 4-18 所示。

**07** 使用快捷键"I"激活【插入块】命令,采用默认参数,将"螺栓"外部块插入到"轴承"图形上,插入结果如图 4-19 所示。

图 4-17　插入轴承块　　　　　　　　　图 4-18　插入结果　　　　　　　　　图 4-19　插入结果

**08** 激活【插入块】命令,将"螺栓"块插入到如图 4-20 所示的位置上。

**09** 选择菜单【修改】|【分解】命令,选择拼装后的图形,将其图块分解。

**10** 综合使用【修改】和【删除】命令,对分解的图形进行修剪,最终结果如图 4-21 所示。

图 4-20　组装结果　　　　　　　　　　　　　图 4-21　最终结果

## 044　应用设计中心管理与共享零件图

AutoCAD 设计中心是一个直观且高效的工具,它与 Windows 资源管理器类似。可以通过访问图形、块、图案填充和其他图形内容,将源图形中的任何内容拖动到当前图形或者工具选项板上。

| | 文件路径: | DVD\实例文件\第 4 章\实例 044.dwg |
|---|---|---|
| | 视频文件: | DVD\AVI\第 4 章\实例 044.avi |
| | 播放时长: | 0:05:50 |

**01** 执行【文件】|【新建】命令，新建空白文件，并打开【对象捕捉】功能。

**02** 单击【标准】工具栏上的 按钮，打开如图 4-22 所示的【设计中心】资源管理器。

**03** 在左侧树状窗口内，将光标定位在 "\素材文件\第 4 章\4-4" 目录下，结果此文件夹下的所有图形文件都显示在右侧的文本框中。

**04** 在右侧窗口中找到 "阶梯轴.dwg" 文件，如图 4-23 所示。

图 4-22　【设计中心】资源管理器

图 4-23　定位文件

**05** 在该文件上单击右键，从弹出的右键快捷菜单上选择 "在应用程序窗口中打开" 选项，如图 4-24 所示，打开此文件。

**06** 在打开的阶梯轴文件中，使用【删除】命令删除下侧的两个视图，结果如图 4-25 所示。

图 4-24　窗口文件右键菜单

图 4-25　阶梯轴

**技巧：**【设计中心】类似 Windows 资源管理器，此工具能够管理和再利用 CAD 图形设计和图形标准，是一个直观的图形和文本管理工具。打开该对话框还有另外 3 种方式，即表达式 "ADCENTER"、快捷键 "ADC" 和组合键 "Ctrl+2"。

**07** 在右侧窗口中选择 "大齿轮.dwg" 文件，单击右键，选择右键快捷菜单上的 "复制" 选项，将此文件复制到剪切板上。

**08** 在当前图形文件中选择菜单【编辑】|【粘贴】命令，系统将自动以块的形式，将其共享到当前文件中，结果如图 4-26 所示。

**09** 在设计中心右侧窗口中定位 "球轴承.dwg" 文件，然后单击右键，选择 "插入块" 选项，将图形插入到当前图形文件中，结果如图 4-27 所示。

图 4-26　复制结果　　　　　　　　　　　　图 4-27　共享结果

**10** 在设计中心右侧窗口中定位 "定位套.dwg" 文件，然后按住左键不放，将文件拖曳到当前文件中，如图 4-28 所示。

**11** 使用快捷键 "X"，激活【分解】命令，将 3 个图形块分解掉，然后删除不必要的视图和尺寸，并关闭状态栏上的【线宽】功能，结果如图 4-29 所示。

图 4-28　以 "拖曳" 功能共享图形资源　　　　图 4-29　对图形进行完善

**12** 使用【移动】和【复制】命令，分别将球轴承、定位套和大齿轮 3 个图形组装到阶梯轴视图上，结果如图 4-30 所示。

**13** 综合使用【修剪】和【删除】命令，对装配后的各零件进行修剪，修剪结果如图 4-31 所示。

图 4-30　装配结果　　　　　　　　　　　　图 4-31　修剪结果

# 045 应用特性管理与修改零件图

【特性】是一个管理与组织图形内部特性的高级工具。使用该命令还有以下几种快捷方式，即组合键"Ctrl+1"、快捷键"PR"和菜单命令【修改】|【特性】。【特性匹配】命令用于将一个对象的内部特性复制该给其他对象，使其拥有共同的内部特性。

| | | |
|---|---|---|
| 文件路径： | DVD\实例文件\第 4 章\实例 045.dwg |
| 视频文件： | DVD\AVI\第 4 章\实例 045.avi |
| 播放时长： | 0:02:29 |

**01** 按 Ctrl + O 快捷键，打开随书光盘中的"\素材文件\第 4 章\实例 045.dwg"文件，如图 4-32 所示。

**02** 选择菜单【工具】|【选项板】|【特性】命令，或单击标准工具栏中的 按钮激活【特性】命令，打开如图 4-33 所示的【特性】选项板。

图 4-32　素材文件

图 4-33　【特性】对话框

**03** 单击选择标有长度为 455 的尺寸线，结果此对象内部特性显示在左侧的【特性】对话框内，如图 4-34 所示。

**04** 在【特性】对话框中单击"图层"右侧的文本框，此时文本框转化为下拉列表的形式，展开列表，然后选择"尺寸线"，如图 4-35 所示。结果该对象的图层被更改为"尺寸线"。

**05** 按下"Esc"键，取消对象的显示状态。

**06** 选择菜单【修改】|【特性匹配】命令，激活【特性匹配】命令，将标有长度为 455 的尺寸线对象的图层特性匹配给其他所有位置的尺寸线。命令行操作过程如下。

```
命令：'_matchprop
当前活动设置：颜色 图层 线型 线型比例 线宽 厚度 打印样式 标注 文字 填充图案 多段线 视口
表格材质 阴影显示 多重引线
选择目标对象或 [设置(S)]：          //选择所有的尺寸线
选择目标对象或 [设置(S)]：↙        //按回车键，匹配效果如图 4-36 所示
```

图 4-34　显示对象内部特征　　　　图 4-35　更改对象图层　　　　图 4-36　匹配效果

**07** 选择剖面线，使其夹点显示，然后在【特性】对话框中更改剖面线的颜色为蓝色，如图 4-37 所示。

**08** 按下 "Esc" 键，取消对象夹点显示，结果如图 4-38 所示。

图 4-37　更改剖面线颜色　　　　　　　　图 4-38　最终结果

> **技 巧：**【特性匹配】命令用于将一个对象的内部特性复制给其他对象，使其拥有共同的内部特性。执行此命令还有另外两种方式，即表达式 "Matchprop" 和快捷键 "MA"。

## 046　应用选项板高效引用外部资源

|  | 【工具选项板】也是一个图形资源的高效管理与共享工具。其另外 3 种快捷方式：即表达式 "ToolPalettes"、快捷键 "TP" 和组合键 "Ctrl+3"。 | |
|---|---|---|
| 文件路径： | DVD\实例文件\第 4 章\实例 046.dwg | |
| 视频文件： | DVD\AVI\第 4 章\实例 046.avi | |
| 播放时长： | 0:02:14 | |

**01** 打开随书光盘中的 "\素材文件\第 4 章\实例 046.dwg" 文件，如图 4-39 所示。

**02** 选择菜单【工具】|【选项板】|【工具选项板】命令，打开如图 4-40 所示的工具选项板窗口。

**03** 在【工具选项板】窗口中单击【机械】选项卡，使其展开，然后将光标定位到公制单位的"六角螺母"图例上，如图 4-41 所示。

图 4-39　打开素材　　　　　　　图 4-40　【工具选项板】窗口　　　　　图 4-41　定位"机械"选项卡

**04** 按住鼠标左键不放，向绘图区拖曳光标，然后捕捉如图 4-42 所示的象限点作为插入点，将此螺母图例插入到图形中，结果如图 4-43 所示。

**05** 单击刚插入的六角螺母图块，结果该图块显示出动态块三角编辑按钮，如图 4-44 所示。

图 4-42　定位插入点　　　　　　　　图 4-43　插入结果　　　　　　　　图 4-44　选择动态块

**06** 在三角按钮上单击左键，系统将弹出如图 4-45 所示的菜单，然后选择"M14"，更改动态块的尺寸，更改结果如图 4-46 所示。

**07** 选择菜单【修改】|【阵列】命令，打开环形阵列窗口，然后按照默认参数设置，以同心圆的圆心作为中心点，对六角螺母环形阵列，结果如图 4-47 所示。

图 4-45　打开动态块按钮菜单　　　　图 4-46　更改动态块尺寸　　　　　图 4-47　阵列结果

## 047 应用图层管理与控制零件图

【图层】是用来组织与规划复杂图形的有效工具。执行该工具还有另外两种方式，即命令表达式"Layer"和命令快捷键"LA"。

| | 文件路径： | DVD\实例文件\第 4 章\实例 047.dwg |
|---|---|---|
| | 视频文件： | DVD\AVI\第 4 章\实例 047.avi |
| | 播放时长： | 0:05:12 |

**01** 打开随书光盘中 "\素材文件\第 4 章\实例 047.dwg" 文件。

**02** 选择菜单【格式】|【图层】命令，打开如图 4-48 所示的【图层特性管理器】对话框。

**03** 单击对话框上方的 "新建图层" 按钮 ，创建一个新图层，所创建的新图层以 "图层 1" 显示在图层列表中，如图 4-49 所示。

图 4-48 【图层特性管理器】对话框

图 4-49 新建图层

**04** 在呈黑白显示的 "图层 1" 位置上输入新图层名称 "轮廓线"，如图 4-50 所示。

**05** 单击对话框中的 按钮，创建两个名为 "尺寸线" 和 "中心线" 图层，如图 4-51 所示。

**06** 确保 "中心线" 图层处于选择状态，然后在中心线的颜色图标上单击左键。

图 4-50 创建 "轮廓线" 图层

图 4-51 创建另外三个图层

**技 巧**：在创建多个图层时，要注意图层名称必须是唯一的，不能和其他任何图层重名。另外图层中不允许有特殊字符出现。

**07** 系统打开【选择颜色】对话框，选择 "红色" 后单击 **确定** 按钮，如图 4-52 所示。

**08** 【选择颜色】对话框关闭后，"中心线" 图层的颜色被设置为 "红色"。

**09** 参照以上步骤的操作方法，将 "尺寸线" 图层的颜色设置为 "蓝色"，结果如图 4-53 所示。

图 4-52 【颜色选择】对话框 　　　　　　　　图 4-53 设置图层颜色

**10** 选择"中心线"图层，在线型位置上单击左键，从打开的【选择线型】对话框中选择"CENTER"线型，结果如图 4-54 所示。单击对话框中的 确定 按钮，返回【图层特性管理器】对话框，结果所选择的图层线型被更改，如图 4-55 所示。

图 4-54 【选择线型】对话框 　　　　　　　　图 4-55 设置线型

**11** 选择"轮廓线"图层，然后在线宽上单击左键，打开【线宽】对话框。

**12** 从弹出的【线宽】对话框中选择如图 4-56 所示的线宽，为图层设置线宽。

**13** 在【线宽】对话框中单击 确定 按钮，结果图层的线宽被修改，如图 4-57 所示。

**14** 关闭【图层特性管理器】，结束【图层】命令。

图 4-56 选择线宽. 　　　　　　　　　　图 4-57 修改线宽

**15** 在无命令执行的前提下，选择所有的中心线，使其呈夹点显示，如图 4-58 所示。

**16** 单击【图层】工具栏上的【图层控制】列表，在展开的下拉列表内选择"中心线"图层，如图 4-59 所示，更改中心线图层为"中心线"层。

**17** 按 "Esc" 键取消对象的夹点显示，结果如图 4-60 所示。

图 4-58 选择中心线　　　　　图 4-59 选择图层　　　　　图 4-60 更改结果

**18** 选择所有位置的尺寸线，然后单击【图层控制】下拉列表中的 "尺寸线" 图层，将其放到尺寸线图层，更改结果如图 4-61 所示。

**19** 在【图层控制】列表内分别单击 "中心线" 和 "尺寸线" 两个图层左端的 💡 按钮，将两个图层暂时关闭，如图 4-62 所示。

图 4-61　更改结果　　　　　　　　　　　　图 4-62　关闭图层后显示

**20** 选择所有图形对象，然后单击【图层控制】列表，选择 "轮廓线" 层，将图形对象放到 "轮廓线" 图层上，单击状态栏上的 ➕ 按钮，打开线宽显示功能，显示出对象的线宽特性，结果如图 4-63 所示。

**21** 展开【图层控制】列表，打开被隐藏的图形对象，结果如图 4-64 所示。

图 4-63　显示对象的线宽　　　　　　　　　　图 4-64　最终结果

# 048 创建机械绘图样板文件

所谓的绘图样板，就是包含有一定绘图环境和专业参数的设置，但并未绘制图形对象的空白文件，当将此空白文件保存为 ".dwt" 格式后就称为样板文件。

| | |
|---|---|
| 文件路径： | DVD\实例文件\样板文件\机械制图模板.dwt |
| 视频文件： | DVD\AVI\第 4 章\实例 048.avi |
| 播放时长： | 0:07:26 |

**01** 按 Ctrl+N 快捷键，新建空白文件。

**02** 选择菜单【格式】|【单位】命令，在打开【图形单位】对话框中设置图形的单位和精度参数，如图 4-65 所示。

**03** 选择菜单【视图】|【缩放】|【全部】命令，将图形界限最大化显示在当前屏幕上。

**04** 单击【图层】工具栏 按钮，打开【图层特性管理器】对话框。

**05** 单击对话框上方的 "新建图层" 按钮，创建一个名为 "粗实线" 的图层，如图 4-66 所示。

图 4-65 　【图形单位】对话框

图 4-66 　新建图层

**06** 重复执行第 5 步操作，分别创建 "中心线"、"尺寸线"、"虚线"、"剖面线"、"文字层"、"其他层" 常用图层，结果如图 4-67 所示。

**07** 选择刚创建的 "尺寸线" 将其激活，在如图 4-68 所示的颜色图标上单击左键，打开【选择颜色】对话框。

图 4-67 　创建新图层

图 4-68 　修改图层颜色

**08** 在【选择颜色】对话框中选择"红色"作为此图层的颜色，如图 4-69 所示，单击 **确定** 按钮结束操作。

**09** 重复第 7 步操作，分别设置其他图层的颜色，最终设置结果如图 4-70 所示。

图 4-69 【选择颜色】对话框            图 4-70 设置图层颜色

**10** 将"中心线"图层激活，在"Continuous"位置上单击左键，打开如图 4-71 所示的【选择线型】对话框。

**11** 单击对话框中的 **加载(L)...** 按钮，在弹出的【加载或重载线型】对话框中选择"CENTER"线型进行加载，如图 4-72 所示。

图 4-71 【选择线型】对话框            图 4-72 【加载或重载线型】对话框

**12** 单击 **确定** 按钮，则此线型出现在【选择线型】对话框内，如图 4-73 所示。

**13** 选择所加载的线型单击【选择线型】对话框中的 **确定** 按钮，将此线型赋予"中心线"图层，结果如图 4-74 所示。

图 4-73 加载线型            图 4-74 设置图层线型

**14** 重复本例第 10 至第 13 步操作，分别为其他图层设置线型，最终结果如图 4-75 所示。

图 4-75　设置线型

**15** 选择"粗实线"图层将其激活，在如图 4-76 所示的如位置上单击左键，打开【线宽】对话框。

图 4-76　定位单击位置

**16** 在【线宽】对话框中选择"0.3mm"的线宽，如图 4-77 所示。

**17** 单击【线宽】对话框中的 确定 按钮，将此线宽赋予"粗实线"图层，结果如图 4-78 所示。

图 4-77　选择线宽

图 4-78　设置线宽

**18** 重复本例第 15 至第 17 步操作，分别将 "尺寸线"、"虚线"、"剖面线"、"文字"和"其他"等线宽设置为"0.13mm"，如图 4-79 所示。

**19** 单击"快速访问"工具栏中的 按钮，激活【设计中心】命令，打开【设计中心】资源管理器窗口。

**20** 把光标定位在光盘目录下的"文字样式"文件夹上，单击左键，结果此文件夹下的图形文件显示在右侧的文本框中，如图 4-80 所示。

图 4-79　设置线宽　　　　　　　　　　　　　　　图 4-80　展开目标文件夹

**21** 在右侧文本框中双击"文字式样.dwg"，打开此文件的内部资源，如图 4-81 所示。

**22** 在如图 4-81 所示的"文字样式"图标上双击左键，打开此文件内部的所有文字样式，结果如图 4-82 所示。

**23** 选择"汉字"和"数字与字母"文字样式，按住左键不放将其拖到绘图区，结果系统将此文字样式自动添加到当前图形文件内。

图 4-81　展开文件内部资源　　　　　　　　　　　图 4-82　打开文件样式

**24** 重复执行本例第 20 至第 23 步操作，把"|尺寸样式|尺寸样式.dwg|机械标注"样式添加到当前图形文件中。

**25** 单击"快速访问"工具栏中的 🔲 按钮，激活【保存】命令，在弹出的【图形另存为】对话框中设置文件类型及文件名。

**26** 单击 保存(S) 按钮，在弹出的【样板说明】对话框中单击 确定 按钮，结果系统自动将此文件保存到 CAD 模板文件夹下，成为一个 DWT 模板文件。

# 第 5 章

# 快速创建文字、字符与表格

本章导读

　　文字注释也是机械图形的一个组成部分，用于表达几何图形无法表达的内容，比如零件加工要求、明细表以及一些特殊符号的注释等。AutoCAD 不仅为用户提供了一些基本的文字标注工具和修改编辑工具，还为用户提供了一些常用符号的转换及表格的创建功能。

　　本章通过 10 个典型实例，介绍机械制图中常见的文字、表格和注释等内容的创建方法。

效果展示

# 049 为零件图标注单行注释

【文字样式】是用于设置与控制文字的字体、字号、文字效果等外观形式的工具。【单行文字】命令并不是只能创建一行文字对象，该工具也可以创建多行文字对象，只是系统将每行文字看作是一个单独的对象。

| | | |
|---|---|---|
| 文件路径: | DVD\实例文件\第 5 章\实例 049.dwg |
| 视频文件: | DVD\AVI\第 5 章\实例 049.avi |
| 播放时长: | 0:03:49 |

**01** 打开随书光盘中的 "\素材文件\第 5 章\实例 049.dwg" 文件，如图 5-1 所示。

**02** 选择菜单【格式】|【文字样式】命令，或单击【样式】工具栏中的 A 按钮，激活【文字样式】命令，打开如图 5-2 所示对话框。

图 5-1　打开素材

图 5-2　【文字样式】对话框

**03** 单击 新建(N)... 按钮，在弹出【新建文字样式】对话框中输入新样式的名称，如图 5-3 所示。

**04** 单击 确定 按钮返回【文字样式】对话框，分别设置字体以及宽度比例，如图 5-4 所示。

图 5-3　为新样式命名

图 5-4　设置新样式的字体及效果

注 意：在设置新样式字体时，需要将"使用大字体"复选项取消。另外，国家标准规定工程图样中的汉字多采用仿宋体，且宽高比为 0.7。

**05** 单击 应用(A) 按钮，在当前文件中创建名为"汉字"的字体样式。

**06** 单击 关闭(C) 按钮，结束【文字样式】命令。

**07** 使用快捷键"L"激活【直线】命令，绘制如图 5-5 所示的线段作为文字注释的指示线。

**08** 选择菜单【绘图】|【文字】|【单行文字】命令，单击【文字】工具栏中的 AI 按钮，激活【单行文字】命令，标注单行文字。命令行操作过程如下：

```
命令：_dtext
当前文字样式："汉字"　文字高度：2.5　注释性：否
指定文字的起点或［对正(J)/样式(S)］：      //在左侧指示线的上端拾取文字的起点
指定高度 <2.5>:3.5↙                        //设置字体高度为 3.5
指定文字的旋转角度 <0>：                    //采用系统默认的角度，此时在绘图区自动出现一个
```
单行文字输入框，然后输入如图 5-6 所示的文字

图 5-5　绘制文字指示线

图 5-6　输入单行文字

**09** 连续两次按回车键，结束【单行文字】命令，最终结果如图 5-7 所示。

**10** 根据第 8 步和第 9 步的操作步骤，标注右边单行文字，结果如图 5-8 所示。

图 5-7　创建单行文字

图 5-8　创建单行文字

## 050 在单行注释中添加特殊字符

在实际绘图中，往往需要标注一些特殊的字符，如指数、在文字上方或单击下方添加划线、标注度、正负公差等特殊符号。这些特殊字符不能从键盘上直接输入，因此 AutoCAD 提供了相应的命令操作，以实现这些标注要求。

| | 文件路径: | DVD\实例文件\第 5 章\实例 050.dwg |
|---|---|---|
| | 视频文件: | DVD\AVI\第 5 章\实例 050.avi |
| | 播放时长: | 0:02:50 |

**01** 打开随书光盘中的 "\素材文件\第 5 章\实例 050.dwg" 文件，如图 5-9 所示。

**02** 单击【样式】工具栏中的 A 按钮，创建一种名为汉字的字体式样，其参数设置如图 5-10 所示。

图 5-9  打开素材

图 5-10  设置新样式

**03** 选择菜单【绘图】|【直线】命令，绘制如图 5-11 所示的线段，作为文字注释的指示线。

**04** 选择菜单【绘图】|【文字】|【单行文字】命令。或单击【文字】工具栏中的 AI 按钮，标注单行文字注释。命令行操作过程如下:

```
命令: _dtext
当前文字样式: "汉字"  文字高度: 4.1000  注释性: 否
指定文字的起点或〔对正(J)/样式(S)〕:              //在左侧指示线的上端拾取一点
指定高度 <4.1000>:5↙                          //设置字体高度为 5
指定文字的旋转角度 <0>:↙   //按回车键，然后输入 "6-M6深10均布"，如图 5-12 所示
```

**05** 连续按两次回车键，结束【单行文字】命令。

**06** 重复执行【单行文字】命令，标注右侧的单行文字注释对象，结果如图 5-13 所示。

**07** 选择菜单【标注】|【半径】命令，标注圆的注释对象。命令行操作过程如下:

图 5-11　绘制指示线　　　　　　　　　图 5-12　标注结果

命令: _dimradius

选择圆弧或圆: //选择如图 5-14 所示的圆

标注文字 = 25

指定尺寸线位置或 [多行文字(M)/文字(T)/角度(A)]:T↙　　//输入 t,激活"文字"选项

输入标注文字 <25>:R25%%P0.05↙

指定尺寸线位置或 [多行文字(M)/文字(T)/角度(A)]: 　　　　//在适当位置拾取一点,标注结果如图 5-15 所示

图 5-13　标注右侧文字　　　　　图 5-14　选择圆　　　　　图 5-15　标注结果

**技 巧:** 由于一些特许字符不能直接输入,所以在单行文字注释中标注特许字符时,需要手动输入特需字符的转换代码。常用的一些控制符如表 5-1 所示。

表 5-1　特殊符号的代码及含义

| 控制符 | 含 义 |
|:---:|:---:|
| %%C | ⌀直径符号 |
| %%P | ± 正负公差符号 |
| %%D | (°)度 |
| %%O | 上划线 |
| %%U | 下划线 |

## 051 为零件图添加多行注释

多行文字常用于标注图形的技术要求和说明等，与单行文字不同的是，多行文字整体是一个文字对象，每一单行不再是单独的文字对象，也不能单独编辑。

| | | |
|---|---|---|
| 文件路径: | DVD\实例文件\第 5 章\实例 051.dwg |
| 视频文件: | DVD\AVI\第 5 章\实例 051.avi |
| 播放时长: | 0:02:08 |

利用滑轨和调节螺钉改变中心距获得张紧，用于水平或接近水平的传动。

**01** 打开随书光盘中的"\实例文件\第 5 章\实例 049.dwg"文件，如图 5-16 所示。

**02** 在命令行中输入"Style"或使用快捷键"ST"，激活【文字样式】命令，创建一种名为"宋体"的样式，同时设置该样式的字体、高度以宽度比例参数，如图 5-17 所示。

图 5-16　打开结果

图 5-17　设置字体参数

**03** 选择菜单【绘图】|【文字】|【多行文字】命令，或单击【绘图】工具栏上的 **A** 按钮，激活【多行文字】命令。

**04** 在命令行"指定第一角点："提示下，在如图 5-18 所示的位置单击左键，拾取矩形框的左上角点。

**05** 在命令行"指定对角点或："提示下，在如图 5-18 所示的适当位置单击左键，拾取矩形的右下角点。

**06** 在指定右下角点后，将系统弹出的如图 5-19 所示的【文字格式】编辑器。

图 5-18　多行文字拾取框

图 5-19　【文字格式】编辑器

**07** 在【文字格式】编辑器中，采用当前的文字样式、字体及字体高度等参数不变，在下侧的文字输入框内输入如图 5-20 所示的段落文字。

**08** 单击【文字格式】编辑器中的 确定 按钮，结束【多行文字】命令，标注结果如图 5-21 所示。

图 5-20　输入段落文字　　　　　　　　　　　　图 5-21　标注结果

**技 巧：** 如果段落文字的位置不太合适，可以使用【移动】命令进行适当调整。

## 052　在多行注释中添加特殊字符

| | | |
| --- | --- | --- |
| AutoCAD 的控制字符由 "两个百分号（%%）+一个字符" 构成，常用的控制符号有标注度（%%D）、正负公差（%%P）和标注直径（%%C）。 | | |
| 文件路径： | DVD\实例文件\第 5 章\实例 052.dwg | |
| 视频文件： | DVD\AVI\第 5 章\实例 052.avi | |
| 播放时长： | 0:02:05 | |

**01** 打开随书光盘中的 "\素材文件\第 5 章\实例 052.dwg" 文件，如图 5-22 所示。

图 5-22　素材文件

**02** 单击【绘图】工具栏中的 A 按钮，激活【多行文字】命令，打开【文字格式】编辑器。

**03** 单击【字体】列表框，展开此下拉列表中的"宋体"作为当前字体，如图 5-23 所示。

**04** 在【文字高度】文本列表框内输入"8"，设置当前的字体高度为 8。

**05** 在下侧的文字输入框内单击左键，指定文字的输入位置，然后输入段落标题"技术要求"，如图 5-24 所示。

图 5-23 设置当前字体 　　　　　　　　　　　　　　　图 5-24 输入段落标题

**06** 在【文字高度】文本列表框内，修改当前文字的高度为 6，然后按回车键，输入如图 5-25 所示的段落内容。

**07** 将当前光标定位到"2×45"后，单击 @▾ 按钮，在打开的符号菜单中选择"度数"选项，如图 5-26 所示。

图 5-25 输入段落内容 　　　　　　　　　　　　　　　图 5-26 特殊符号列表

**08** 结果在文字输入框内，度数的代码选项被自动转化为度数符号，结果如图 5-27 所示。

**09** 单击 确定 按钮，结束【多行文字】命令，标注结果如图 5-28 所示。

图 5-27 添加度数符号 　　　　　　　　　　　　　　　图 5-28 标注结果

## 053　为零件图标注引线注释

引线对象通常包含箭头、可选的水平基线、引线或曲线和多行文字对象或块。由于【引线】命令是一个标注工具，所标注的引线注释受当前尺寸样式的限制，所以在使用【引线】工具标注注释对象时，必须适当修改当前的尺寸标注样式。

| | 文件路径： | DVD\实例文件\第 5 章\实例 053.dwg |
| --- | --- | --- |
| | 视频文件： | DVD\AVI\第 5 章\实例 053.avi |
| | 播放时长： | 0:03:17 |

**01** 打开随书光盘中的 "\素材文件\第 5 章\实例 053.dwg" 文件，打开结果如图 5-29 所示。

图 5-29　素材文件

**02** 单击 "多重引线" 工具栏中的 按钮，或选择【格式】|【多重引线】命令，弹出 "多重引线样式管理器" 对话框，如图 5-30 所示。

> **技 巧**：AutoCAD 包含了大量的制图工具，为了方便显示与操作，在默认状态下只显示最常用的几种工具栏，如绘图、修改等。如果 "多重引线" 工具栏当前未显示，可以在任一工具栏位置右击鼠标，在弹出的快捷菜单中进行相应的选择即可。

**03** 单击对话框中的 新建(N)... 按钮，在弹出的 "创建新多重引线样式" 对话框中的 "新样式名" 文本框中输入 "样式 1"，其余采用默认设置，如图 5-31 所示。

图 5-30　"多重引线样式管理器" 对话框　　　　图 5-31　"创建新多重引线样式" 对话框

**04** 单击 继续(O) 按钮，在弹出对话框的 "引线格式" 选项卡中，将 "箭头" 中的 "符号" 项设置为 "无"，如图 5-32 所示。

**05** 在 "引线结构" 选项卡中, 将 "最大引线点数" 设置为 2, 且不使用基线, 如图 5-33 所示。

图 5-32  设置引线格式　　　　　　　　　　　图 5-33  设置引线结构

**06** 在 "内容" 选项卡中, 将 "文字样式" 设置为 "工程字-35", 将 "连接位置-左" 和 "连接位置-右" 均设置为最后一行加下划线, 如图 5-34 所示。

**07** 单击　确定　按钮, 返回 "多重引线样式管理器" 对话框, 单击　关闭　按钮, 完成新多重引线标注样式 "样式一" 设置, 并将其设置为当前样式。

**08** 标注 "中心孔", 单击 "多重引线" 工具栏中的 按钮, 或选择【标注】|【多重引线】命令。命令行操作过程如下:

```
命令: _mleader
    指定引线箭头的位置或 [引线基线优先(L)/内容优先(C)/选项(O)] <选项>:        //确定引线的
引出点位置
    指定引线基线的位置:       //确定引线的第二点, 然后在弹出的文本框中输入 "中心孔", 结果如图
5-35 所示
```

图 5-34  设置内容　　　　　　　　　　　　　图 5-35  输入 "中心孔"

**09** 单击 "文字格式" 工具栏中的 确定 按钮, 即可标注出对应的文字, 得到如图 5-36 所示的标注结果。

**10** 根据第 8 步和第 9 步的操作方法, 进行引线标注, 结果如图 5-37 所示。

图 5-36　标注中心孔　　　　　　　　　　图 5-37　最终结果

## 054 文字注释的修改编辑

在编辑文字时，如果修改的对象是使用【单行文字】工具创建的，那么系统将以单行文字输入框的形式，进行手动输入更改内容；如果修改的对象是使用【多行文字】创建的，系统将通过【文字格式】编辑器，更直观方便地更改文字内容。

| | 文件路径： | DVD\实例文件\第 5 章\实例 054.dwg |
| --- | --- | --- |
| | 视频文件： | DVD\AVI\第 5 章\实例 054.avi |
| | 播放时长： | 0:01:39 |

**01** 打开光盘中的 "\实例文件\第 5 章\实例 51.dwg" 文件，如图 5-38 所示。

**02** 选择菜单【修改】|【对象】|【文字】|【编辑】命令，或单击【文字】工具栏中的 按钮，激活【编辑文字】命令。

**03** 在命令行 "选择注释对象或 [放弃(U)]:" 提示下，选择多行文字，此时该文字反白显示，如图 5-39 所示。

图 5-38　打开结果

图 5-39　选择需要编辑的对象

**04** 在反白显示的文本框内单击左键，此时文本转变为文字输入框状态，如图 5-40 所示。

**05** 将光标放在 "用" 字的前面，然后输入新的内容，结果如图 5-41 所示。

**06** 单击确定 按钮，关闭【文字格式】编辑器。

**07** 在命令行 "选择注释对象或 [放弃(U)]:" 提示下，按回车键，结束命令。

**08** 最后使用【文件】|【另存为】命令，将当前图形另存储为"实例 054.dwg"。

图 5-40  将选择框变为输入框          图 5-41  修改文字

## 055 表格的创建与填充

在产品设计过程中，表格主要用来展示与图形相关的标准、数据信息、材料和装配信息等内容。

| | |
|---|---|
| 文件路径： | DVD\实例文件\第 5 章\实例 055.dwg |
| 视频文件： | DVD\AVI\第 5 章\实例 055.avi |
| 播放时长： | 0:04:15 |

**01** 选择菜单【文件】|【新建】命令，新建空白文件。

**02** 选择菜单【格式】|【表格样式】命令，激活【表格样式】命令，打开如图 5-42 所示的【表格样式】对话框。

**03** 单击 新建(N)… 按钮，打开【创建新的表格样式】对话框，然后在【新样式名】文本框输入"表格 1"，作为新表格样式的名称，如图 5-43 所示。

图 5-42  【表格样式】对话框          图 5-43  为新样式命名

**04** 单击 继续 按钮，打开如图 5-44 所示的【新建表格样式：表格 1】对话框。

**05** 在【单元特性】选项组中，单击【文字样式】列表框右侧的按钮…，在打开的对话框中新建"汉字"样式，其参数设置如图 5-45 所示。

**06** 单击 应用(A) 按钮，返回【新建表格样式：表格 1】对话框，单击【常规】选项卡，设置对齐方式，如图 5-46 所示。

图 5-44 设置表格样式

图 5-45 设置文字样式

**07** 单击【文字】选项卡，设置文字样式和高度，如图 5-47 所示。

图 5-46 设置对齐方式

图 5-47 设置文字参数

**08** 单击【新建表格样式：表格 1】对话框中的 **确定** 按钮，返回【表格样式】对话框，结果设置的"表格 1"样式出现在此对话框内，如图 5-48 所示。

**09** 选择设置的"表格 1"样式，单击 **置为当前(U)** 按钮，将其设置为当前样式。

**10** 选择菜单【绘图】|【表格】命令，或单击【绘图】工具栏中的 ▦ 按钮，激活【插入表格】命令，打开如图 5-49 所示的【插入表格】对话框。

图 5-48 样式设置结果

图 5-49 【插入表格】对话框

**11** 在对话框中设置明细表的列数、行数以及宽和行高等参数，如图 5-50 所示。

**12** 单击 **确定** 按钮，在命令行"指定插入点："提示下，在绘图区拾取一点，插入表格。

**13** 系统打开如图 5-51 所示的【文字格式】编辑器，用于输入表格内容。

图 5-50　设置表格参数

图 5-51　插入表格

**14** 在反白显示的表格内输入"序号"，如图 5-52 所示。

图 5-52　输入表格文字

**15** 通过按下"Tab"键，分别在其他表格内输入文字，结果如图 5-53 所示。

**16** 单击 确定 按钮，关闭【文字格式】编辑器，结果如图 5-54 所示。

图 5-53　输入列表题内容

图 5-54　创建表格

## 056　绘制标题栏

国家标准规定机械图样中必须附带标题栏，标题栏的内容一般为图样的综合信息，如图样名称、图样代号、设计、材料标记、绘图日期等。

| | 文件路径： | DVD\实例文件\第 5 章\实例 056.dwg |
|---|---|---|
| | 视频文件： | DVD\AVI\第 5 章\实例 056.avi |
| | 播放时长： | 0:05:15 |

**01** 选择菜单【文件】|【新建】命令，新建空白文件。

**02** 选择菜单【绘图】|【直线】命令，配合【正交】功能绘制如图 5-55 所示的连续直线。

**03** 选择菜单【修改】|【偏移】命令，将左侧边界线，分别向右偏移 12 和 40。

**04** 使用【偏移】命令，将右侧边界线向其左偏移 65，结果如图 5-56 所示。

图 5-55　标题栏边界　　　　　　　　　　　　　　图 5-56　偏移操作

**05** 使用【偏移】命令，将下侧边界线向上分别偏移 8，16，24 个绘图单位，结果如图 5-57 所示。

**06** 单击【修改】工具栏上的 按钮，对所示的线 1、线 2 和线 3 进行修剪，结果如图 5-58 所示。

图 5-57　偏移结果　　　　　　　　　　　　　　　图 5-58　修剪线段

**07** 综合使用【直线】、【偏移】和【修剪】命令，按如图 5-59 所示的尺寸绘制标题栏剩余的线段。

**08** 在命令行输入 "wblock" 命令，弹出的如图 5-60 所示的【写块】对话框，单击 按钮，然后在绘图区选择标题栏的右下角点为基点，单击 按钮，在绘图区选择所有的标题栏图形，在 "文件名和路径" 下拉列表中输入块的名称为 "A4 图样标题栏块"，然后单击 确定 按钮，完成块的创建。

图 5-59　标题栏基本尺寸　　　　　　　　　　　　图 5-60　【写块】对话框

## 057 填写标题栏文字

AutoCAD 将【表格】命令与【多行文字】命令完美结合在一起，用户在插入表格后，即可按照表格样式中设置的文字样式和字体高度创建出相应的表格文字。

| | 文件路径： | DVD\实例文件\第 5 章\实例 057.dwg |
|---|---|---|
| | 视频文件： | DVD\AVI\第 5 章\实例 057.avi |
| | 播放时长： | 0:02:30 |

**01** 选择菜单【文件】|【新建】命令，创建一张空白文件。

**02** 参照如图 5-61 所示的尺寸绘制表格。

**03** 单击【绘图】工具栏中的 **A** 按钮，创建多行文字。命令行操作过程如下：

命令：_mtext 当前文字样式："汉字" 文字高度：2.5 注释性：否

　指定第一角点：　　　　　//捕捉如图 5-61 所示的 1 点作为文字边界框的第一个角点。

　指定对角点或 [高度(H)/对正(J)/行距(L)/旋转(R)/样式(S)/宽度(W)/栏(C)]:J↙ //输入 J，选择对正方式

　输入对正方式 [左上(TL)/中上(TC)/右上(TR)/左中(ML)/正中(MC)/右中(MR)/左下(BL)/中下(BC)/右下(BR)]<左上(TL)>:Mc↙　　　　　//输入 MC，将文字的对正方式设置为"正中"

　指定对角点或 [高度(H)/对正(J)/行距(L)/旋转(R)/样式(S)/宽度(W)/栏(C)]: //拾取 2 点作为文字边界框的对角点

图 5-61　绘制表格　　　　　　　　　　　　　　　　图 5-62　设置字体参数

**04** 系统自动弹出【文字格式】编辑器，在此对话框中分别设置当前的字体和文字高度，如图 5-62 所示。

**05** 输入"标记"字样，然后单击 确定 按钮，结果此方格内被填写上文字，如图 5-63 所示。

**06** 根据第 3 步、第 4 步和第 5 步的操作，对其他方格输入文字，结果如图 5-64 所示。

图 5-63　填写文字　　　　　　　　　　　　　　　　图 5-64　填写结果

**058　应用属性块编写零件序号**

| | |
|---|---|
| 【定义属性】命令用于为几何图形定义文字性的参照属性，便于表达几何图形难以表达的内容，此命令的快捷键为"ATT"。 | |
| 文件路径： | DVD\实例文件\第 5 章\实例 058.dwg |
| 视频文件： | DVD\AVI\第 5 章\实例 058.avi |
| 播放时长： | 0:06:01 |

**01** 打开随书光盘中的"\素材文件\第 5 章\实例 49.dwg"文件，如图 5-65 所示。

**02** 选择菜单【格式】|【文字样式】命令，在打开的对话框内设置新的文字样式，如图 5-66 所示。

图 5-65　素材文件

图 5-66　设置新文字样式

**03** 使用快捷键"LA"激活【图层】命令，在打开的【图层特性管理器】对话框中，将"0 图层"设置为当前图层。

**04** 使用快捷键"C"激活【圆】命令，绘制半径为 8 的圆图形作为序号圆。

**05** 选择【绘图】|【块】|【定义属性】命令，在打开的【属性定义】对话框中设置参数，如图 5-67 所示。

**06** 单击 确定 按钮，返回绘图区，捕捉圆的圆心作为属性插入点，结果如图 5-68 所示。

图 5-67　定义属性

图 5-68　定义属性

**07** 使用快捷键 "B" 激活【创建块】命令，将定义的属性和序号圆一起创建名为 "零件序号" 的图块，块的基点为圆下象限点，如图 5-69 所示。

图 5-69　创建图块

图 5-70　【注释】选项卡

**08** 使用快捷键 "LE" 激活【引线】命令，在命令行 "指定第一个引线点或 [设置(S)] <设置>:" 提示下，激活【设置】选项，在打开的对话框中分别设置引线参数，如图 5-70 和图 5-71 所示。

**09** 单击　确定　按钮，根据命令行提示绘制引线，并在引线的一端插入 "零件编号" 属性块，块的比例为 1，旋转角度为 0，结果如图 5-72 所示。

**10** 重复【快速引线】命令，标注其他位置的序号，结果如图 5-73 所示。

图 5-71　【引线和箭头】选项卡

图 5-72　标注序号

图 5-73　标注其他序号

**11** 选择菜单【修改】|【对象】|【属性】|【单个】命令，执行【编辑属性】命令，根据命令行的提示选择刚标注的第二个零件序号。

**12** 此时系统打开【增强属性编辑器】对话框，在【属性】选项卡内修改属性值为 2，单击　应用(A)　按钮，修改属性值后的结果如图 5-74 所示。

**13** 单击　"选择块" 按钮，返回绘图区，分别选择其他位置的零件序号，修改相应的编号，结果如图 5-75 所示。

图 5-74　修改编号

图 5-75　修改其他属性值

# 第 6 章
# 尺寸的标注、协调与管理

## 本章导读

    在机械设计中，图形用于表达机件的结构形状，而机件的真实大小则由尺寸确定。尺寸是工程图样中不可缺少的重要内容，是零部件加工生产的重要依据，必须满足正确、完整、清晰的基本要求。

    AutoCAD 提供了一套完整、灵活、方便的尺寸标注系统，具有强大的尺寸标和尺寸编辑功能。可以创建多种标注类型，还可以通过设置标注样式，编辑单独的标注来控制尺寸标注的外观，以满足国家标准对尺寸标注的要求。

    本章通过 15 个典型实例，介绍机械制图中各种标注的创建和编辑方法。

## 效果展示

## 059 直线型尺寸标注

【线性】命令用于标注两点之间的水平距离或者垂直距离。在标注水平距离时，可以上下移动光标，也可以使用命令中的"水平"选项。

| | 文件路径： | DVD\实例文件\第 6 章\实例 059.dwg |
| --- | --- | --- |
| | 视频文件： | DVD\AVI\第 6 章\实例 059.avi |
| | 播放时长： | 0:01:21 |

**01** 打开随书光盘中的"\素材文件\第 6 章\实例 059.dwg"文件如图 6-1 所示。

**02** 选择菜单【标注】|【线性】命令，或单击【标注】工具栏中的┠┤按钮，激活【线性】命令，对图形进行标注。命令行操作过程如下：

```
命令:_dimlinear
指定第一条延伸线原点或 <选择对象>:        //捕捉如图 6-2 所示的端点
指定第二条延伸线原点:                    //捕捉如图 6-3 所示的端点
```

图 6-1  素材文件        图 6-2  定位第一个原点        图 6-3  定位第二原点

指定尺寸线位置或 [多行文字(M)/文字(T)/角度(A)/水平(H)/垂直(V)/旋转(R)]：    //向上移动光标，系统自动测量出两点之间的水平距离，如图 6-4 所示，此时在适当位置拾取一点，定位尺寸位置，标注结果如图 6-5 所示

```
命令: ↙                                 //按回车键，重复线性标注命令
_dimlinear
指定第一条延伸线原点或 <选择对象>:        //捕捉如图 6-6 所示的端点
```

图 6-4  标注水平尺寸        图 6-5  标注结果        图 6-6  定位第一个原点

```
指定第二条延伸线原点:                         //选择如图 6-7 所示的端点
指定尺寸线位置或 [多行文字(M)/文字(T)/角度(A)/水平(H)/垂直(V)/旋转(R)]：    //向左移
```

动光标，系统自动测量出两点之间的水平距离，如图 6-8 所示，此时在适当位置拾取一点，定位尺寸位置，标注结果如图 6-9 所示

**03** 综合使用【实时缩放】和【实时平移】工具，调整视图，使图形完整显示。

图 6-7　定位第二个原点

图 6-8　标注垂直尺寸

图 6-9　标注结果

> **技 巧**：标注两点间的垂直尺寸时，只需左右移动光标，系统测量的即是两点之间的垂直距离。另外用户也可以使用命令中的"垂直"选项功能。

# 060 平行型尺寸标注

| | 【对齐】命令用于标注对象或两点之间的距离，所标注出的尺寸线始终与对象平行。 |
|---|---|
| 文件路径： | DVD\实例文件\第 6 章\实例 060.dwg |
| 视频文件： | DVD\AVI\第 6 章\实例 060.avi |
| 播放时长： | 0:03:19 |

**01** 打开随书光盘中的 "\素材文件\第 6 章\实例 060.dwg" 文件，如图 6-10 所示。

**02** 在任意工具栏上单击右键，从弹出的工具栏菜单上选择 "标注" 选项，打开如图 6-11 所示的【标注】工具栏。

> **技 巧**：由于在系统默认的工作界面中，此工具栏是关闭的，所以在标注图形尺寸时，需要将其打开，以方便激活相应的尺寸标注工具。

**03** 选择菜单【标注】|【对齐】命令，或单击【标注】工具栏中的 按钮，激活【对齐】命令，标注零件外部尺寸。命令行操作过程如下：

图 6-10　素材文件

```
命令: _dimaligned
指定第一条延伸线原点或 <选择对象>:          //捕捉如图 6-12 所示的端点
指定第二条延伸线原点:                        //捕捉如图 6-13 所示的端点
指定尺寸线位置或
[多行文字(M)/文字(T)/角度(A)]:              //向左上方移动光标，系统自动测量出两
```
端点之间的距离，此时在适当位置拾取一点，标注结果如图 6-14 所示

图 6-11 【标注】工具栏

图 6-12 定位第一个原点

图 6-13 定位第二个原点

图 6-14 标注结果

**04** 单击【标注】工具栏中的 ↖ 按钮，重复执行【对齐】标注命令，标注零件外部尺寸。命令行操作过程如下：

> 命令：_dimaligned
> 指定第一条延伸线原点或 <选择对象>：     //捕捉如图 6-15 所示的端点
> 指定第二条延伸线原点：     //捕捉如图 6-16 所示的端点
> 指定尺寸线位置或
> [多行文字(M)/文字(T)/角度(A)]：     //向左下方移动光标，系统自动测量出两端点之
> 间的距离，此时在适当位置拾取一点，标注结果如图 6-17 所示

图 6-15 定位第一个原点

图 6-16 定位第二个原点

图 6-17 标注结果

**05** 单击【标注】工具栏中的 ↖ 按钮，重复执行【对齐】标注命令，标注零件内部尺寸。命令行操作过程如下：

> 命令：_dimaligned
> 指定第一条延伸线原点或 <选择对象>：     //捕捉如图 6-18 所示的交点
> 指定第二条延伸线原点：     //捕捉如图 6-19 所示的端点
> 指定尺寸线位置或[多行文字(M)/文字(T)/角度(A)]：     //向左上方移动光标，系统自动测量
> 出两端点之间的距离，此时在适当位置拾取一点，标注结果如图 6-20 所示

**06** 单击【标注】工具栏中的 ↖ 按钮，重复执行【对齐】标注命令，标注零件内部尺寸。命令行操作过程如下：

图 6-18  定位第一个原点　　　　图 6-19  定位第二个原点　　　　图 6-20  标注结果

命令: _dimaligned

指定第一条延伸线原点或 <选择对象>:　　　　//捕捉如图 6-21 所示的端点

指定第二条延伸线原点:　　　　//捕捉如图 6-22 所示的端点

指定尺寸线位置或[多行文字(M)/文字(T)/角度(A)]:　　//向右下方移动光标,系统自动测量出两端点之间的距离,此时在适当位置拾取一点,标注结果如图 6-23 所示

**07** 根据以上类似的方法,对其他内部尺寸进行标注,结果如图 6-24 所示。

图 6-21  定位第一个原点　　图 6-22  定位第二个原点　　图 6-23  标注结果　　图 6-24  标注结果

# 061 基线型尺寸标注

基线标注是多个线性尺寸的另一种组合。基线标注以某一基准尺寸界线为基准位置,按某一方向标注一系列尺寸,所有尺寸共用一条尺寸界线(基线)。

| 文件路径: | DVD\实例文件\第 6 章\实例 061.dwg |
|---|---|
| 视频文件: | DVD\AVI\第 6 章\实例 061.avi |
| 播放时长: | 0:03:03 |

**01** 打开随书光盘中的 "\素材文件\第 6 章\实例 061.dwg" 文件,如图 6-25 所示。

**02** 单击【样式】工具栏中的 按钮,或直接在命令行中输入 D 并回车,在打开的【标注样式管理器】对话框中单击 修改(M)... 按钮,打开【修改标注样式:尺寸-35】对话框。

**03** 在【线】选项卡内修改基线间距和起点偏移量,如图 6-26 所示。

图 6-25  素材文件

**04** 展开【文字】选项卡，修改当前尺寸文字的样式，如图 6-27 所示。

图 6-26　【线】选项卡　　　　　　　　　　　　　图 6-27　【文字】选项卡

**05** 在【修改标注样式：尺寸-35】对话框中单击【调整】选项卡，设置当前的尺寸标注比例，如图 6-28 所示。

**06** 在【修改标注样式：尺寸-35】对话框中单击【主单位】选项卡，设置当前的线性标注参数，如图 6-29 所示。

图 6-28　【调整】选项卡　　　　　　　　　　　　图 6-29　【主单位】选项卡

**07** 单击 ┌──确定──┐ 按钮返回【标注样式管理器】对话框，结果修改后的尺寸样式出现在预览框内，如图 6-30 所示。

**08** 关闭【标注样式管理器】对话框，然后单击【标注】工具栏中的┍┑按钮，标注线性尺寸作为基准尺寸。命令行操作过程如下：

```
命令：_dimlinear
指定第一条延伸线原点或 <选择对象>：              //选择如图 6-31 所示的圆心
指定第二条延伸线原点：                          //选择如图 6-32 所示的圆心
指定尺寸线位置或[多行文字(M)/文字(T)/角度(A)]：  //向下移动光标，系统自动测量出两端点
之间的距离，此时在适当位置拾取一点，标注结果如图 6-33 所示
```

**09** 选择菜单【标注】|【基线】命令，或单击【标注】工具栏中的┍┑按钮，激活【基线】命令，标注基线尺寸。命令行操作过程如下：

图 6-30 修改后的尺寸样式 　　图 6-31 定位第一个原点 　　图 6-32 定位第二个原点

```
命令: _dimbaseline
指定第二条延伸线原点或 [放弃(U)/选择(S)] <选择>:        //选择如图 6-34 所示的圆心
标注文字 = 75
指定第二条延伸线原点或 [放弃(U)/选择(S)] <选择>:↙      //按回车键，退出基线尺寸创建
选择基准标注:↙                              //按回车键，结束命令，结果如图 6-35 所示
```

图 6-33 标注结果 　　　 图 6-34 标注基线尺寸 　　　 图 6-35 标注结果

 **技 巧：** 在激活【基线】命令后，系统自动以刚创建的线性尺寸作为基准尺寸，与其共用第一条尺寸界线。

## 062 连续型尺寸标注

连续标注又称为链式标注或尺寸链，是多个线性尺寸的组合。连续标注从某一基准尺寸界线开始，按某一方向顺序标注一系列尺寸，相邻的尺寸共用一条尺寸界线，而且所有的尺寸线都在同一直线上。

| 文件路径： | DVD\实例文件\第 6 章\实例 062.dwg |
| --- | --- |
| 视频文件： | DVD\AVI\第 6 章\实例 062.avi |
| 播放时长： | 0:03:41 |

**01** 打开随书光盘中的"\素材文件\第 6 章\实例 062.dwg"文件，如图 6-36 所示。

**02** 选择菜单【格式】|【标注样式】命令，在打开的【标注样式管理器】对话框中单击 修改(M)... 按钮，打开【修改标注样式：ISO-25】对话框。

**03** 分别激活【线】选项卡和【符号和箭头】选项卡，修改尺寸参数，如图 6-37 和图 6-38 所示。

图 6-36　素材文件　　　　　　　　　图 6-37　【线】选项卡　　　　　　　图 6-38　【符号和箭头】选项卡

**04** 分别展开【文字】选项卡和【调整】选项卡，修改尺寸参数，如图 6-39 所示和图 6-40 所示。

**05** 在【修改标注样式：ISO-25】对话框中单击【主单位】选项卡，修改当前的线性标注参数，如图 6-41 所示。

**06** 单击 确定 按钮返回【标注样式管理器】对话框，结束命令。

图 6-39　【文字】选项卡　　　　　　　图 6-40　【调整】选项卡　　　　　　　图 6-41　【主单位】选项卡

**07** 在命令行输入 SE 并回车，设置当前的捕捉模式，如图 6-42 所示。

**08** 单击【标注】工具栏中的 按钮，激活【线性】标注工具，创建线性尺寸作为基准尺寸。命令行操作过程如下：

```
命令：_dimlinear
指定第一条延伸线原点或 <选择对象>：              //捕捉如图 6-43 所示的端点
指定第二条延伸线原点：                          //捕捉如图 6-44 所示的端点
[多行文字(M)/文字(T)/角度(A)/水平(H)/垂直(V)/旋转(R)]：    //向下移动光标，在适当
位置指定尺寸线位置，标注结果如图 6-45 所示
标注文字 = 49
```

图 6-42　设置捕捉模式　　　　　　　　　　　　　图 6-43　定位第一原点

图 6-44　定位第二原点　　　　　图 6-45　创建线性尺寸　　　　　图 6-46　指定第二个原点

**09** 选择菜单【标注】|【连续】命令，或单击【标注】工具栏中的 ⊦⊦⊦ 按钮，激活【连续】命令，标注图形的连续性尺寸。命令行操作过程如下：

```
命令: _dimcontinue
指定第二条延伸线原点或 [放弃(U)/选择(S)] <选择>:       //捕捉如图 6-46 所示的端点
标注文字 = 70
指定第二条延伸线原点或 [放弃(U)/选择(S)] <选择>:       //捕捉如图 6-47 所示的端点
标注文字 = 27
指定第二条延伸线原点或 [放弃(U)/选择(S)] <选择>:       //捕捉如图 6-48 所示的端点，最终
结果如图 6-49 所示
标注文字 = 58
```

图 6-47　指定第二个原点 1　　　　　图 6-48　指定第二个原点 2　　　　　图 6-49　最终结果

> **提　示**：在激活【连续】命令后，系统自动以刚创建的线性尺寸作为基准尺寸，以基准尺寸的第二条尺寸界线作为连续尺寸的第一条尺寸界线。

# 063 快速尺寸标注

AutoCAD 将常用的标注综合成了一个方便的【快速标注】命令 QDIM。执行该命令时，只需要选择标注的图形对象，AutoCAD 就将针对不同的标注对象自动选择合适的标注类型，并快速标注。

| | 文件路径： | DVD\实例文件\第 6 章\实例 063.dwg |
|---|---|---|
| | 视频文件： | DVD\AVI\第 6 章\实例 063.avi |
| | 播放时长： | 0:03:41 |

**01** 打开随书光盘中的 "\素材文件\第 6 章\实例 063.dwg" 文件，如图 6-50 所示。

**02** 选择菜单【格式】|【标注样式】命令，在打开的【标注样式管理器】对话框中单击 修改(M)... 按钮，打开【修改标注样式：ISO-25】对话框。

**03** 分别激活【线】选项卡和【符号和箭头】选项卡，修改尺寸参数，如图 6-51 和图 6-52 所示。

图 6-50  素材文件          图 6-51  【线】选项卡          图 6-52  【符号和箭头】选项卡

**04** 分别展开【文字】选项卡和【调整】选项卡，修改尺寸参数，如图 6-53 和图 6-54 所示。

**05** 在【修改标注样式：ISO-25】对话框中单击【主单位】选项卡，修改当前的线性标注参数，如图 6-55 所示。单击 确定 按钮返回【标注样式管理器】对话框，结束命令。

图 6-53  【文字】选项卡          图 6-54  【调整】选项卡          图 6-55  【主单位】选项卡

**06** 单击【标注】工具栏中的 按钮，激活【快速标注】标注工具，从内到外依次选择各个圆，然后回车，如图 6-56 所示。

**07** 调整好各个尺寸的位置，如图 6-57 所示。

图 6-56　标注

图 6-57　调整位置

## 064 弧长尺寸标注

弧长标注用于测量圆弧或多段线圆弧上的距离。在标注文字上方或前面将显示圆弧符号。

| | | |
| --- | --- | --- |
| 文件路径： | DVD\实例文件\第 6 章\实例 064.dwg |
| 视频文件： | DVD\AVI\第 6 章\实例 064.avi |
| 播放时长： | 0:03:41 |

**01** 打开随书光盘中的"\素材文件\第 6 章\实例 064.dwg"文件，如图 6-58 所示。

**02** 选择菜单【格式】|【标注样式】命令，在打开的【标注样式管理器】对话框中单击 修改(M)... 按钮，打开【修改标注样式：ISO-25】对话框。

**03** 分别激活【线】选项卡和【符号和箭头】选项卡，修改尺寸参数，如图 6-59 和图 6-60 所示。

图 6-58　素材文件

图 6-59　【线】选项卡

图 6-60　【符号和箭头】选项卡

**04** 分别展开【文字】选项卡和【调整】选项卡，修改尺寸参数，如图 6-61 和图 6-62 所示。

图 6-61 【文字】选项卡

图 6-62 【调整】选项卡

**05** 在【修改标注样式：ISO-25】对话框中单击【主单位】选项卡，修改当前的线性标注参数，如图 6-63 所示。

**06** 单击 确定 按钮返回【标注样式管理器】对话框，结束标注样式修改。

**07** 单击【标注】工具栏中的 按钮，激活【弧长】标注工具，创建弧长尺寸，如图 6-64 所示。

图 6-63 【主单位】选项卡

图 6-64 标注弧长结果

## 065 角度尺寸标注

| | 【角度】标注命令用于标注圆弧、圆或直线间的角度。执行此命令还有另外的方式，即表达式"DIMANGULAR"。 |
| --- | --- |
| 文件路径： | DVD\实例文件\第 6 章\实例 065.dwg |
| 视频文件： | DVD\AVI\第 6 章\实例 065.avi |
| 播放时长： | 0:01:56 |

**01** 打开随书光盘中的 "\素材文件\第 6 章\实例 065.dwg" 文件，如图 6-65 所示。

**02** 选择菜单【标注】|【角度】命令，或单击【标注】工具栏上的 按钮，激活【角度】标注命令，标注图形的角度尺寸。命令行操作过程如下：

```
命令：_dimangular
选择圆弧、圆、直线或 <指定顶点>：                //捕捉如图 6-66 所示的线段
选择第二条直线：                              //捕捉如图 6-67 所示的线段
```

图 6-65　素材文件

图 6-66　选择对象

图 6-67　选择对象

指定标注弧线位置或 [多行文字(M)/文字(T)/角度(A)/象限点(Q)]：　　//向上移动光标，系统自动测量出两直线间的实际角度，如图 6-68 所示，在适当位置拾取一点定位角度尺寸的位置，结果如图 6-69 所示

```
命令： ↙                                    //按回车键，重复命令
  _dimangular 选择圆弧、圆、直线或 <指定顶点>：  //选择如图 6-70 所示的线段
```

图 6-68　测量角度

图 6-69　标注结果

图 6-70　选择第一对象

选择第二条直线：                              //选择如图 6-71 所示的线段
指定标注弧线位置或 [多行文字(M)/文字(T)/角度(A)/象限点(Q)]：　　//在适当位置定位角度尺寸，标注结果如图 6-72 所示

标注文字 = 30

**03** 根据第 2 步的操作命令对其他的角度进行角度尺寸标注，标注结果如图 6-73 所示。

图 6-71　选择第二对象

图 6-72　标注结果

图 6-73　标注结果

## 066 直径和半径标注

【直径】命令是专用于标注圆或圆弧直径尺寸的工具；
【半径】命令是用于标注圆或圆弧半径尺寸的工具。

| | | |
|---|---|---|
| 文件路径： | DVD\实例文件\第 6 章\实例 066.dwg | |
| 视频文件： | DVD\AVI\第 6 章\实例 066.avi | |
| 播放时长： | 0:02:29 | |

**01** 打开随书光盘中的 "\素材文件\第 6 章\实例 066.dwg" 文件，如图 6-74 所示。

**02** 选择菜单【标注】|【直径】命令，或单击【标注】工具栏中的 按钮，激活【直径】标注命令，标注图形的直径尺寸。命令行操作过程如下：

```
命令：_dimdiameter
选择圆弧或圆：                                    //单击如图 6-75 所示的圆图形，移
动光标后，系统自动测量出该圆的直径尺寸，如图 6-76 所示
标注文字 = 20
指定尺寸线位置或 [多行文字(M)/文字(T)/角度(A)]：        //在适当位置指定尺寸线位置，标注
结果如图 6-77 所示
```

图 6-74　素材文件

图 6-75　选择标注圆

图 6-76　拉出圆的直径尺寸

**03** 单击右键，从弹出的右键快捷菜单中选择 "重复直径" 选项，标注如图 6-78 所示的圆的直径尺寸，标注结果如图 6-79 所示

图 6-77　标注结果

图 6-78　选择标注圆

图 6-79　标注结果

**04** 选择菜单【标注】|【半径】命令，或单击【标注】工具栏中的 按钮，激活【半径】命令，标注图形的半径尺寸。命令行操作过程如下：

```
命令：_dimradius
```

选择圆弧或圆：　　　　　　　　　　　　　　　//单击如图 6-80 所示圆弧

标注文字 = 25

指定尺寸线位置或［多行文字(M)/文字(T)/角度(A)］：//指定半径尺寸的位置，标注结果如图 6-81 所示

图 6-80　选择圆弧

图 6-81　标注结果

**05** 根据第 4 步的操作，对其他圆弧进行半径尺寸标注，结果如图 6-82 所示。

**06** 单击【标注】工具栏中的 ⊢ 按钮，激活【线性】命令，分别标注两个圆心之间的水平距离。命令行操作过程如下：

命令：_dimlinear

指定第一条延伸线原点或 <选择对象>：　　　　　//捕捉左侧同心圆的圆心

指定第二条延伸线原点：　　　　　　　　　　　//捕捉右侧同心圆的圆心

指定尺寸线位置或［多行文字(M)/文字(T)/角度(A)/水平(H)/垂直(V)/旋转(R)］：　　//在适当位置指定尺寸线位置，结果如图 6-83 所示

标注文字 = 62

图 6-82　标注结果

图 6-83　标注水平尺寸

# 067　尺寸公差标注

标注尺寸公差有两种方式，一种方式是先标注出基本尺寸，然后使用【编辑文字】命令为其尺寸添加公差后缀，将其快速转化为尺寸公差；另一种方式是直接使用【线性】标注命令中的"多行文字"功能，在标注基本尺寸的同时，为其添加公差后缀。

| | 文件路径： | DVD\实例文件\第 6 章\实例 067.dwg |
|---|---|---|
| | 视频文件： | DVD\AVI\第 6 章\实例 067.avi |
| | 播放时长： | 0:01:59 |

**01** 打开随书光盘中的 "\素材文件\第 6 章\实例 067.dwg"，如图 6-84 所示。

**02** 单击【标注】工具栏中的 ⊢ 按钮，激活【线性】命令，标注图形的尺寸。命令行操作过程如下：

```
命令：_dimlinear
指定第一条延伸线原点或 <选择对象>:            //捕捉如图 6-85 所示的端点
指定第二条延伸线原点：                        //捕捉如图 6-86 所示的端点
指定尺寸线位置或[多行文字(M)/文字(T)/角度(A)/水平(H)/垂直(V)/旋转(R)]:M↙   //输入 m
后按回车键，打开如图 6-87 所示的【文字格式】编辑器
```

图 6-84　素材文件

图 6-85　定位第一原点

图 6-86　定位第二原点

**03** 在多行文字输入框中的文字后输入 "+0.05^-0.08"，如图 6-88 所示。

图 6-87　【文字格式】编辑器

图 6-88　输入公差尺寸

**04** 选择刚输入的公差尺寸，然后单击 ⅓ "堆叠" 按钮，结果如图 6-89 所示。

**05** 单击 确定 按钮，在命令行 "指定尺寸线位置或[多行文字(M)/文字(T)/角度(A)/水平(H)/垂直(V)/旋转(R)]:" 提示下，在适当位置拾取一点，标注结果如图 6-90 所示。

**06** 根据第 2 步到第 5 步的操作，对图形其他尺寸进行公差尺寸标注，结果如图 6-91 所示。

图 6-89　堆叠公差尺寸

图 6-90　标注公差尺寸

图 6-91　标注公差尺寸

| 图标 | 项目 | 内容 |
|---|---|---|
| | | 标注形位公差，主要使用【引线】命令中的"公差"注释功能标注零件图的形位公差。 |
| | 文件路径： | DVD\实例文件\第 6 章\实例 068.dwg |
| | 视频文件： | DVD\AVI\第 6 章\实例 068.avi |
| | 播放时长： | 0:03:57 |

**01** 打开随书光盘中的 "\素材文件\第 6 章\实例 068.dwg" 文件，如图 6-92 所示。

**02** 开启【对象捕捉】功能，并设置捕捉模式为 "最近点捕捉"。

**03** 选择菜单【标注】|【引线】命令。或使用快捷键 "LE" 激活【快速引线】命令，在命令行 "指定第一个引线点或 [设置(S)] <设置>:" 提示下，输入 "S" 并按回车键，在打开的【引线】对话框内设置引线的注释类型，如图 6-93 所示。

**04** 单击【引线和箭头】选项卡，使其展开，设置引线参数，如图 6-94 所示。

图 6-92　素材文件　　　　　　图 6-93　设置引线注释　　　　　　图 6-94　设置引线参数

**05** 关闭【引线设置】对话框，继续在命令行 "指定第一个引线点或 [设置(S)] <设置>:" 提示下，配合最近点捕捉功能，在如图 6-95 所示的位置拾取第一个引线点。

**06** 在命令行 "指定下一点:" 提示下，向上移动光标，在适当位置拾取第二个引线点。

**07** 在命令行 "指点下一点:" 提示下，向右移动光标，在适当位置拾取第三个引线点，此时系统自动弹出【形位公差】对话框，如图 6-96 所示。

图 6-95　指定第一个引线点　　　　　　图 6-96　【形位公差】对话框

**08** 在【符号】颜色块上单击左键，弹出【符号】对话框，选择如图 6-97 所示的公差符号。

**09** 此时被选择的公差符号出现在【形位公差】对话框内，在此对话框内设置公差参数，如图 6-98 所示。

图 6-97 选择公差符号

图 6-98 形位公差

 提 示：【引线和箭头】选项卡主要用于设置引线样式、引线点数、引线箭头以及引线放置角度参数。

**10** 单击【形位公差】对话框中的 确定 按钮，结果所标注的形位公差如图 6-99 所示。

**11** 按回车键，重复【引线】命令，分别在其他轮廓边上拾取引线点，系统自动标注相同的形位公差，结果如图 6-100 所示。

**12** 使用快捷键 "ED" 激活【编辑文字】命令，在命令行 "选择注释对象或 [放弃(U)]:" 提示下，选择如图 6-101 所示的形位公差，系统将打开【形位公差】对话框。

图 6-99 标注形位公差

图 6-100 标注形位公差

图 6-101 选择形位公差

**13** 在【形位公差】对话框中的【符号】颜色块上单击左键，从弹出【符号】对话框中选择如图 6-102 所示的公差符号。

**14** 此时被选择的公差符号出现在【形位公差】对话框内，并在对话框内设置公差参数，如图 6-103 所示。

**15** 单击 确定 按钮，修改后的形位公差如图 6-104 所示。

图 6-102 选择公差符号

图 6-103 形位公差

图 6-104 修改形位公差

# 069　尺寸样式更新

尺寸更新是一个尺寸的整体修改命令。使用更新命令，可以将已经创建好的尺寸对象由创建时所使用的样式迅速更新为当前尺寸样式。

| 📀 文件路径： | DVD\实例文件\第 6 章\实例 069.dwg |
|---|---|
| 🎬 视频文件： | DVD\AVI\第 6 章\实例 069.avi |
| 🎬 播放时长： | 0:02:41 |

**01** 打开随书光盘中的 "\素材文件\第 6 章\实例 069.dwg" 文件，如图 6-105 所示。

**02** 单击【标注】工具栏中的 📐 按钮，或使用快捷键 D，打开【标注样式管理器】对话框。

**03** 单击 新建 (N)... 按钮，在弹出的【创建新标注样式】对话框中，为新样式命名，如图 6-106 所示。

图 6-105　素材文件

图 6-106　【创建新标注样式】对话框

**04** 单击 继续 按钮，打开【新建标注样式：更新样式】对话框，然后在【线】选项卡中设置参数，如图 6-107 所示。

**05** 在【新建标注样式：更新样式】对话框中单击【文字】选项卡，使其展开，如图 6-108 所示。

图 6-107　设置【线】参数

图 6-108　【文字】选项卡

**06** 单击 "文字样式" 列表右端的 ... 按钮，在打开的【文字样式】对话框中设置一种新的文字样式，参数设置如图 6-109 所示。单击 应用 (A) 按钮，返回【新建标注样式：更新样式】对话框，设置尺寸文字的参数，如图 6-110 所示。

图 6-109　设置字体样式

图 6-110　设置尺寸文字参数

**07** 展开【调整】选项卡，设置标注样式的全局比例参数，如图 6-111 所示。

**08** 单击 确定 按钮返回【标注样式管理器】对话框，确保刚设置的"更新样式"处于选择状态，单击 置为当前(U) 按钮，将其设置为当前样式，如图 6-112 所示。

图 6-111　设置尺寸比例

图 6-112　【标注样式管理器】对话框

**09** 单击 关闭 按钮，结果在当前文件中设置了一个名为"更新样式"的尺寸样式，同时此样式被设置为当前样式，如图 6-113 所示。

图 6-113　【样式】工具栏

**10** 选择菜单【标注】|【更新】命令，或单击【标注】工具栏中的 按钮，激活【标注更新】命令，对尺寸进行更新。命令行操作过程如下：

```
命令：_-dimstyle
当前标注样式：更新尺寸　注释性：否
输入标注样式选项
[注释性(AN)/保存(S)/恢复(R)/状态(ST)/变量(V)/应用(A)/?] <恢复>：_apply
选择对象：　　　　　　　//选择如图 6-114 所示的尺寸对象
选择对象：↙　　　　　　 //按回车键，此尺寸继承了当前尺寸样式，如图 6-115 所示
```

图 6-114　选择尺寸对象

图 6-115　最终结果

# 070　协调尺寸外观

|  |  |  |
|---|---|---|
| | 【编辑标注文字】命令是专用于调整尺寸文字的位置及放置角度的工具，以协调尺寸标注的外观。 | |
| 文件路径： | DVD\实例文件\第 6 章\实例 070.dwg | |
| 视频文件： | DVD\AVI\第 6 章\实例 070.avi | |
| 播放时长： | 0:01:11 | |

**01** 打开随书光盘中的 "\素材文件\第 6 章\实例 070.dwg" 文件，如图 6-116 所示。

**02** 单击【标注】工具栏中的 按钮，激活【编辑标注文字】命令，将尺寸对象进行调整，命令行操作过程如下：

```
命令： _dimtedit
选择标注： //选择尺寸文字为 86 的尺寸对象，此时该尺寸对象处于浮动状态下，如图 6-117 所示
为标注文字指定新位置或 [左对齐(L)/右对齐(R)/居中(C)/默认(H)/角度(A)]： //移动尺寸线
至如图 6-118 所示的位置，单击左键，结果如图 6-119 所示
```

图 6-116　素材文件　　　　　图 6-117　选择尺寸对象　　　　　图 6-118　移动尺寸线位置

**03** 根据第二步的操作，对其他尺寸进行调整，其结果如图 6-120 所示。

图 6-119　调整尺寸线位置

图 6-120　调整结果

# 071　标注间距与打断标注

| | |
|---|---|
| | 【标注间距】命令，可以自动调整图形中现有的平行线性标注和角度标注，以使其间距相等或在尺寸线处相互对齐。<br>【打断标注】命令，使用折断标注可以使标注、尺寸延伸线或引线不显示。 |
| 文件路径： | DVD\实例文件\第 6 章\实例 071.dwg |
| 视频文件： | DVD\AVI\第 6 章\实例 071.avi |
| 播放时长： | 0:01:58 |

**01** 打开随书光盘中的"\素材文件\第 6 章\实例 071.dwg"文件，结果如图 6-121 所示。

**02** 选择菜单【标注】|【标注间距】命令，对图 6-121 所示的 1、2 尺寸调整间距。命令行操作过程如下：

```
命令：_DIMSPACE
选择基准标注：                        //选择如图 6-121 所示的 1 标注线
选择要产生间距的标注：                //选择如图 6-121 所示的 2 标注线
选择要产生间距的标注：                //按回车键，结束标注的选择
输入值或 ［自动(A)］ <自动>:3.5↙      //定义间距为 3.5，结果如图 6-122 所示
```

图 6-121　打开素材

图 6-122　调整标注间距

**03** 选择菜单【标注】|【标注打断】命令，对图 6-121 所示的 3 尺寸进行打断。命令行操作过程如下：

命令：_DIMBREAK

选择要添加/删除折断的标注或［多个(M)］：　　　　　　//选择图 6-121 所示的 3 标注

选择要折断标注的对象或［自动(A)/手动(M)/删除(R)］<自动>：//选择如图 6-123 所示线段

选择要折断标注的对象：↙　//按回车键，结束命令，结果如图 6-124 所示

**04** 重复【标注打断】命令，根据第 3 步的操作方法对其他尺寸进行标注打断，结果如图 6-125 所示。

图 6-123　选择折断标注对象

图 6-124　标注打断

图 6-125　标注打断

## 072　使用几何约束绘制图形

几何约束用来定义图形元素和确定图形元素之间的关系。几何约束类型包括重合、共线、平行、垂直、同心、相切、相等、对称、水平和竖直等。

| | |
|---|---|
| 文件路径： | DVD\实例文件\第 6 章\实例 072.dwg |
| 视频文件： | DVD\AVI\第 6 章\实例 072.avi |
| 播放时长： | 0:01:58 |

**01** 设置图形界限。启动 AutoCAD2013，输入 LIMITS 命令，设置图形界限为 420×297。

**02** 绘制草图。利用【矩形】和【圆】等命令绘制平面图形，如图 6-126 所示。然后利用【修剪】命令修剪多余的线条，结果如图 6-127 所示。

图 6-126　绘制图形

图 6-127　修剪操作

图 6-128　添加相切约束

**03** 为图形添加几何约束。单击【几何约束】工具栏上的相切按钮 ，为图形添加相切约束，结果如图 6-128 所示。然后单击【几何约束】工具栏上的同心按钮 ，为图形添加同心约束，结果如图 6-129 所示。

**04** 绘制圆及添加几何约束。利用【圆命】令绘制两个半径为 12 的圆，如图 6-130 所示。然后单击【几何约束】工具栏上的同心按钮◎，为图形添加同心约束，结果如图 6-131 所示。

图 6-129　添加同心约束　　　　　图 6-130　绘制圆　　　　　图 6-131　添加同心约束

**05** 绘制平面图形及添加几何约束。利用【多段线】命令，绘制如图 6-132 所示尺寸图形。然后选择【参数】|【自动约束】菜单命令，为图形添加自动约束，结果如图 6-133 所示。

**06** 为图形添加水平约束。单击【几何约束】工具栏上的水平按钮〓，为图形添加水平约束，结果如图 6-134 所示。

图 6-132　绘制平面图形　　　　　图 6-133　添加自动约束　　　　　图 6-134　添加水平约束

## 073　使用尺寸约束绘制图形

尺寸约束用于控制二维对象的大小、角度以及两点之间的距离，改变尺寸约束将驱动对象发生相应变化。尺寸约束类型包括对齐约束、水平约束、竖直约束、半径约束、直径约束以及角度约束等。

| | | |
|---|---|---|
| 文件路径： | DVD\实例文件\第 6 章\实例 073.dwg | |
| 视频文件： | DVD\AVI\第 6 章\实例 073.avi | |
| 播放时长： | 0:01:58 | |

**01** 设置图形界限。启动 AutoCAD 2013，调用 LIMITS 命令，设置图形界限为 420×297。

**02** 设置图层。单击【图层】工具栏上的图层特性管理器按钮 ，打开【图层特性管理器】对话框。单击新建图层按钮 ，新建 3 个图层，分别命名为"轮廓线"层、"中心线"层和"标注线"层。将"轮廓线"层线宽设置为"0.3mm"，将"中心线"层线型设置为 CENTER，如图 6-135 所示。

**03** 绘制中心线。将"中心线"图层置为当前图层，使用 LINE 命令在绘图区域绘制两条相互垂直的直线，如图 6-136 所示。

图 6-135　设置图层

图 6-136　绘制中心线

**04** 绘制草图。利用【直线】和【圆】等命令绘制图形，结果如图 6-137 所示。

**05** 修剪图形。利用【修剪】工具修剪图形，结果如图 6-138 所示。

图 6-137　绘制图形

图 6-138　修剪图形

**06** 创建自动约束。选择【参数】|【自动约束】菜单命令，建立自动约束，结果如图 6-139 所示。

**07** 创建相等约束。利用【相等约束】命令，为图形创建相等约束，结果如图 6-140 所示。

图 6-139　创建自动约束

图 6-140　创建相等约束

**08** 创建相切约束。利用【相切约束】命令，为图形创建相切约束，结果如图 6-141 所示。

**09** 创建对称约束。利用【对称约束】命令，为图形创建对称约束，结果如图 6-142 所示。

图 6-141　创建相切约束

图 6-142　创建对称约束

**10** 创建标注约束。利用【标注约束】命令为图形创建标注约束，结果如图 6-143 所示。

**11** 修改标注约束。修改图形的角度以及圆的直径。修改直径 1 时，直径 2 和直径 3 都会跟着变化，结果如图 6-144 所示。

图 6-143　创建标注约束

图 6-144　修改标注约束

# 第 **7** 章

# 零件轮廓图综合练习

"轮廓图"是一种用于表达零件平面结构的图形，在绘制此类图形结构时，一般需要注意零件各轮廓之间的结构形态和相互衔接关系，以便采用相对应的制图工具和绘制技巧。

本章通过 13 个典型实例，介绍了常见零件轮廓图的绘制方法。

## 效果展示

# 074 绘制手柄

通过绘制手柄轮廓图,主要综合练习了【圆】、【直线】、【复制】、【镜像】和【修剪】命令,其中,【复制】、【修剪】和【镜像】3 个修改命令的综合运用,是快速绘制手柄图形的关键。

| | | |
|---|---|---|
| 文件路径: | DVD\第 7 章\实例 074.dwg | |
| 视频文件: | DVD\AVI\第 7 章\实例 074.avi | |
| 播放时长: | 0:05:34 | |

**01** 以"无样板打开—公制"方式快速创建空白文件。

**02** 单击 按钮,激活【图层特性管理器】命令,新建图层,结果如图 7-1 所示。

**03** 单击【图层】工具栏 下拉按钮,选择"中心线"作为当前图层。

**04** 选择菜单【绘图】|【直线】命令,绘制一条长约 100 的水平中心线,结果如图 7-2 所示。

图 7-1　新建图层

图 7-2　绘制水平中心线

**05** 使用同样方法绘制一条垂直中心线,如图 7-3 所示

**06** 单击【修改】工具栏 按钮,将垂直中心线向左偏移 7.5,并向右分别偏移 7.5 和 82.5 个绘图单位,偏移结果如图 7-4 所示。

**07** 重复【偏移】命令,将最右端的垂直中心线向左偏移 10 个绘图单位,结果如图 7-5 所示。

图 7-3　绘制垂直中心线

图 7-4　偏移

图 7-5　偏移

**08** 单击【图层】工具栏 下拉按钮,选择"粗实线"图层为当前图层。

**09** 单击【绘图】工具栏 按钮,捕捉中心线的交点,绘制半径为 10 和 15 的圆,如图 7-6 所示。

**10** 单击【修改】工具栏 按钮,将水平中心线分别向上和向下偏移 15 个绘图单位,如图 7-7 所示。

**11** 选择菜单【绘图】|【圆】|【相切、相切、半径】命令，以半径为 10 的圆和上侧水平中心线为相切对象，绘制半径为 50 的相切圆，如图 7-8 所示。

图 7-6　绘制圆　　　　　　　　图 7-7　偏移水平中心线　　　　　　图 7-8　绘制相切圆

**12** 单击【修改】工具栏 按钮，对半径为 15 的圆和半径为 50 的圆的圆角，圆角半径设置为 12，如图 7-9 所示。

**13** 单击【修改】工具栏 按钮，将中间水平中心线向下偏移 10 个绘图单位，如图 7-10 所示。

**14** 选择菜单【绘图】|【直线】命令，绘制左侧轮廓线，命令行操作过程如下：

命令：l LINE
指定第一点：　　　　　　　　　　　　　//捕捉如图 7-11 所示的交点

图 7-9　倒圆角　　　　　　　　图 7-10　偏移中心线　　　　　　　图 7-11　指定第一点

指定下一点或 [放弃(U)]：@0, 10✓　　　　//输入相对直角坐标@0, 10
指定下一点或 [放弃(U)]：@15, 0✓　　　　//输入相对直角坐标@15, 0
指定下一点或 [闭合(C)/放弃(U)]：✓　　　//按回车键结束绘制，绘制结果如图 7-12 所示

**15** 重复【直线】命令，绘制轮廓线，结果如图 7-13 所示。

**16** 单击【绘图】工具栏 按钮，绘制直径为 5 的圆，绘制结果如图 7-14 所示。

图 7-12　绘制轮廓线　　　　　　图 7-13　绘制轮廓线　　　　　　图 7-14　绘制直径为 5 的圆

**17** 选择菜单【修改】|【修剪】命令，将图形修改成如图 7-15 所示的形状。

**18** 选择菜单【修改】|【删除】命令，将如图 7-16 所示的虚线显示的中心线删除。

**19** 选择菜单【修改】|【镜像】命令，将水平中心线上侧的轮廓线进行镜像，手柄绘制完成，最终效

果如图 7-17 所示。

图 7-15 修剪结果          图 7-16 删除中心线          图 7-17 镜像结果

# 075 绘制吊钩

绘制吊钩轮廓图，主要综合练习【直线】【圆】、【修剪】和【偏移】命令。

| | | |
|---|---|---|
| 文件路径： | DVD\实例文件\第 7 章\实例 075.dwg |
| 视频文件： | DVD\AVI\第 7 章\实例 075.vi |
| 播放时长： | 0:07:13 |

**01** 按 Ctrl+N 键，创建新图形。

**02** 单击 按钮，激活【图层特性管理器】命令，新建图层，结果如图 7-18 所示。

**03** 单击【图层】工具栏 下拉按钮，选择"中心线"作为当前图层。

**04** 单击【绘图】工具栏 按钮，绘制如图 7-19 所示的中心线，作为辅助线。

**05** 选择菜单【修改】|【偏移】命令，将水平中心线向上偏移 90 和 128 个绘图单位，向下偏移 15 个绘图单位，如图 7-20 所示。

**06** 单击【图层】工具栏 下拉按钮，选择"粗实线"作为当前图层。

图 7-18 创建新图层          图 7-19 绘制结果          图 7-20 偏移结果

**07** 选择菜单【绘图】|【直线】命令，绘制吊钩柄部的矩形轮廓线，该矩形在垂直中心线两侧左右对称，大小为 23×38，绘制结果如图 7-21 所示。

**08** 单击【修改】工具栏 按钮，激活【偏移】命令，将垂直中心线向右偏移 9 个绘图单位，如图 7-22 所示。

**09** 单击【绘图】工具栏 ⊘ 按钮，激活【圆】命令，捕捉中心线交点为圆心，绘制半径分别为 20 和 48 的两个圆，如图 7-23 所示。

图 7-21　绘制轮廓线　　　　　图 7-22　偏移结果　　　　　图 7-23　绘制结果

**10** 选择菜单【修改】|【偏移】命令，设置偏移距离为 15，将垂直中心线向两侧偏移，结果如图 7-24 所示。

**11** 单击【修改】工具栏 ⏢ 按钮，设置圆角半径为 40，选择半径为 48 的圆和最右端的垂直中心线为圆角对象，圆角结果如图 7-25 所示。

**12** 按回车键再次调用圆角命令，设置圆角半径为 60，选择半径为 20 的圆和最左端的垂直中心线为圆角对象，圆角结果如图 7-26 所示。

图 7-24　偏移垂直中心线　　　　　图 7-25　倒圆角　　　　　图 7-26　倒圆角

**13** 执行【偏移】命令，将半径为 20 的圆向外偏移 40 个绘图单位，创建辅助圆，如图 7-27 所示。

**14** 执行【圆】命令，以刚偏移的圆和最下端的水平中心线的交点为圆心，绘制半径为 40 的圆，如图 7-28 所示。

**15** 使用快捷键 "E"，激活【删除】命令，删除最下端中心线和创建的辅助圆，如图 7-29 所示。

图 7-27　创建辅助圆　　　　　图 7-28　绘制结果　　　　　图 7-29　删除结果

**16** 执行【偏移】命令，设置偏移距离为 23，将半径为 48 的圆向外偏移复制，偏移结果如图 7-30 所示。

**17** 以上步偏移出的辅助圆和水平中心线的左交点作为圆心，绘制半径为 23 的圆，如图 7-31 所示。

**18** 执行【删除】命令，删除水平中心线和辅助圆，结果如图 7-32 所示。

图 7-30　偏移圆

图 7-31　绘制圆

图 7-32　删除

**19** 选择菜单【绘图】|【圆】|【相切、相切、相切】命令，绘制如图 7-33 所示的相切圆，

**20** 执行【修剪】命令，对各图线进行修剪，并删除多余的图线，结果如图 7-34 所示。

**21** 单击【标准】工具栏中的 按钮，选择带有线宽的轮廓线作为源对象，将其线宽特性赋予上部的轮廓线，最终绘制完成的吊钩如图 7-35 所示。

图 7-33　绘制相切圆

图 7-34　修剪图形

图 7-35　特性匹配

## 076 绘制锁钩

本实例绘制锁钩，主要综合练习了【圆】、【缩放】、【修剪】和【复制】命令，巧妙配合了【对象捕捉】、【捕捉自】以及相对坐标输入等定位功能。

| | | |
|---|---|---|
| 文件路径： | DVD\实例文件\第 7 章\实例 076.dwg | |
| 视频文件： | DVD\AVI\第 7 章\实例 076.avi | |
| 播放时长： | 0:08:36 | |

**01** 新建空白文件，并设置当前的对象捕捉模式，如图 7-36 所示。

**02** 单击 按钮，打开【图层特性管理器】对话框，新建图层并设置线型，如图 7-37 所示。

**03** 将"中心线"层设置为当前层。

图 7-36 设置捕捉参数

图 7-37 新建图层

**04** 使用快捷键"L"激活【直线】命令，绘制中心线，如图 7-38 所示。

**05** 将当前图层设置为"粗实线"层。

**06** 使用快捷键"C"激活【圆】命令，绘制直径分别为 14 和 28 的同心圆。

**07** 单击【修改】工具栏 按钮，将垂直中心线向左偏移 49 和 60 个绘图单位，将水平辅助线向上偏移 21 个单位、向下偏移 38 个单位，创建辅助线如图 7-39 所示。

**08** 选择菜单【修改】|【复制】命令，将同心圆多重复制，结果如图 7-40 所示。

图 7-38 绘制中心线          图 7-39 创建辅助线          图 7-40 复制同心圆

**09** 使用快捷键"E"激活【删除】命令，删除如图 7-41 所示的辅助线。

**10** 执行【偏移】命令，将水平中心线向上偏移 18，将垂直中心线向左偏移 105，创建辅助线如图 7-42 所示。

**11** 使用快捷键"C"激活【圆】命令，绘制直径分别为 17 和 35 的同心圆，如图 7-43 所示。

图 7-41 选择删除辅助线          图 7-42 偏移辅助线          图 7-43 绘制同心圆

**12** 使用快捷键 "E" 激活【删除】命令，删除刚创建的辅助线。

**13** 单击【修改】工具栏⌒按钮，对图形进行圆角，设置圆角半径为 49，如图 7-44 所示。

**14** 使用快捷键 "XL" 激活【构造线】命令，分别通过圆的象限点绘制水平构造线作为辅助线，结果如图 7-45 所示。

**15** 使用快捷键 "TR" 激活【修剪】命令，修剪不需要的图线，结果如图 7-46 所示。

图 7-44　倒圆角　　　　　　　　　图 7-45　绘制构造线　　　　　　　　图 7-46　修剪

**16** 使用快捷键 "L" 激活【直线】命令，配合【捕捉切点】功能，绘制如图 7-47 所示的外公切线。

**17** 单击【修改】工具栏⌒按钮，对图形进行圆角，圆角半径分别为 10 和 8，如图 7-48 所示。

**18** 执行【修剪】命令，对相切圆和线段进行修剪，如图 7-49 所示。

图 7-47　绘制公切线　　　　　　　图 7-48　倒圆角　　　　　　　　　　图 7-49　修剪

**19** 选择菜单【绘图】|【圆】|【圆心、半径】命令，分别绘制半径为 6 和 11 的圆。命令行操作过程如下：

```
命令: C↙    CIRCLE
指定圆的圆心或 [三点(3P)/两点(2P)/切点、切点、半径(T)]:    //按 Shift 键单击鼠标右键,
在快捷菜单中选择【自】选项
_from 基点:                            //捕捉最右侧圆的圆心
<偏移>:@-42,0↙
指定圆的半径或 [直径(D)]:6↙            //设置圆的半径为 6
命令: ↙                                //按回车键,重复执行圆绘制命令
CIRCLE 指定圆的圆心或 [三点(3P)/两点(2P)/切点、切点、半径(T)]:
                                      //再次激活【自】功能
_from 基点:                            //捕捉最右侧圆的圆心作为偏移的基点
<偏移>:@-74,7↙
指定圆的半径或 [直径(D)] <6.0000>:11↙   //绘制结果如图 7-50 所示
```

**20** 选择菜单【绘图】|【圆】|【相切、相切、半径】命令，以刚绘制的两个圆作为相切对象，绘制半径分别为 21 和 36 的两个相切圆，如图 7-51 所示。

图 7-50　绘制定位圆　　　　　　　　　　　图 7-51　绘制相切圆

**21** 执行【修剪】命令，修剪绘制的圆，并删除多余图线，如图 7-52 所示。

**22** 使用快捷键"E"激活【删除】命令，删除两中心线，结果如图 7-53 所示。

图 7-52　清理图形　　　　　　　　　　　　图 7-53　最终结果

## 077　绘制连杆

本实例绘制连杆轮廓图，主要综合练习了【直线】、【修剪】和【圆】的绘制方法，还使用了点的坐标输入法和点的对象捕捉两种功能，进行点的捕捉定位。

| | |
|---|---|
| 文件路径： | DVD\实例文件\第 7 章\实例 077.dwg |
| 视频文件： | DVD\AVI\第 7 章\实例 077.avi |
| 播放时长： | 0:05:15 |

**01** 快速创建空白文件，并设置对象捕捉模式，如图 7-54 所示。

**02** 使用【线宽】命令，设置线宽为 0.30mm，并打开线宽功能。

**03** 选择菜单【绘图】|【直线】命令，打开【正交】功能，绘制底部的轮廓线。命令行操作过程如下：

```
命令:L↙ LINE
指定第一点：                //在绘图区拾取一
点作为起点
指定下一点或 [放弃(U)]:43↙   //垂直向下移动光
标，输入 43
指定下一点或 [放弃(U)]:14↙   //水平向右移动光
标，输入 14
```

图 7-54　设置捕捉参数

| 指定下一点或 [闭合(C)/放弃(U)]:40↙ | //垂直向上移动光标，输入 40 |
| --- | --- |
| 指定下一点或 [闭合(C)/放弃(U)]:14↙ | //水平向左移动光标，输入 14 |
| 指定下一点或 [闭合(C)/放弃(U)]:↙ | //按回车键，结果如图 7-55 所示 |

**04** 选择菜单【绘图】|【圆】|【圆心、直径】命令，绘制半径为 35、直径分别为 25 和 50 的圆。命令行操作过程如下：

| 命令: c↙  CIRCLE | |
| --- | --- |
| 指定圆的圆心或 [三点(3P)/两点(2P)/切点、切点、半径(T)]: | //激活捕捉【自】功能 |
| _from 基点: | //捕捉图形的左下角点 |
| <偏移>:@-42, 108↙ | //输入相对直角坐标 |
| 指定圆的半径或 [直径(D)] _d 指定圆的直径:25↙ | //设置圆的直径为 25，按回车键 |
| 命令: ↙ | //按回车键，重复执行绘制圆命令 |
| _circle 指定圆的圆心或 [三点(3P)/两点(2P)/切点、切点、半径(T)]: | |
| | //捕捉刚绘制的圆的圆心 |
| 指定圆的半径或 [直径(D)] <12.5>D↙ | //输入 D，激活 "直径" 选项 |
| d 指定圆的直径 <25>:50↙ | //设置圆的直径为 50 |
| 命令: ↙ | //按回车键，重复执行命令 |
| c CIRCLE 指定圆的圆心或 [三点(3P)/两点(2P)/切点、切点、半径(T)]: | |
| | //再次激活捕捉【自】功能 |
| _from 基点: | //捕捉刚绘制的图形的右下角点 |
| <偏移>:@10, 80↙ | //输入相对直角坐标后按回车键 |
| 指定圆的半径或 [直径(D)] <25>35↙ | //设置圆的半径为 35，结果如图 7-56 所示 |

**05** 重复【圆】命令，配合捕捉【自】功能，以图 7-56 所示的 B 点作为偏移基点，以@-20, 0 为圆心，绘制半径为 20 的圆，如图 7-57 所示。

图 7-55 绘制底部轮廓　　　　图 7-56 绘制圆　　　　图 7-57 绘制圆

**技 巧**：用户也可以使用快捷键 "DS" 快速激活命令，进行捕捉、追踪参数的设置。

**06** 使用【直线】命令，配合【捕捉切点】功能，绘制圆的内公切线，如图 7-58 所示。

**07** 选择菜单【绘图】|【圆】|【相切、相切、半径】命令，分别绘制半径为 85 和半径为 30 的相切圆，如图 7-59 所示。

**08** 使用快捷键 "TR" 激活【修剪】命令，对各位置的圆进行修剪，最终绘制完成的连杆图形如图 7-60 所示。

图 7-58　绘制公切线

图 7-59　绘制相切圆

图 7-60　修剪图形

# 078　绘制摇柄

本实例绘制摇柄轮廓图，主要综合练习了【圆心、半径】和【相切、相切、半径】两种画圆方法以及【修剪】和【构造线】命令。

| | 文件路径： | DVD\实例文件\第 7 章\实例 078.dwg |
|---|---|---|
| | 视频文件： | DVD\AVI\第 7 章\实例 078.avi |
| | 播放时长： | 0:07:04 |

**01** 按 Ctrl+N 快捷键，新建空白文件。

**02** 单击 按钮，打开【图层特性管理器】对话框，新建图层并设置线型和线宽，如图 7-61 所示。

**03** 打开【图层】工具栏图层下拉列表，选择"中心线"作为当前图层。

**04** 选择菜单【绘图】|【直线】命令，绘制如图 7-62 所示的中心线和辅助线，两垂直中心线的距离为 18。

图 7-61　新建图层

图 7-62　绘制辅助线

**05** 设置"粗实线"为当前图层，单击状态栏上的【线宽】按钮，打开线宽显示功能。

**06** 单击【绘图】工具栏 按钮，激活【圆】命令，以辅助线的交点为圆心，分别绘制半径为 10 和 6 的两个圆，如图 7-63 所示。

**07** 选择菜单【绘图】|【圆】|【相切、相切、半径】命令，以刚绘制的圆作为相切对象，绘制半径为 10 的两个相切圆，如图 7-64 所示。

**08** 单击【修改】工具栏 /- 按钮，激活【修剪】命令，对图形进行修剪，结果如图 7-65 所示。

图 7-63　绘制圆

图 7-64　绘制相切圆

图 7-65　修剪

> **技 巧：**【修剪】命令是以指定的剪切边作为边界，修剪掉对象上的部分图线，在修剪时，需要事先选择边界。如果在命令行提示选择边界时直接按回车键，系统将会以所有图线作为边界。

**09** 使用快捷键"O"激活【偏移】命令，将水平辅助线上、下偏移复制，偏移距离为 22，如图 7-66 所示。

**10** 以偏移后的辅助线的交点为圆心，绘制半径分别为 5 和 13 的同心圆，如图 7-67 所示。

**11** 执行【偏移】命令，将左侧垂直中心线向右偏移 70 个单位，将水平中心线上下偏移 10 个单位，结果如图 7-68 所示。

图 7-66　偏移辅助线

图 7-67　绘制结果

图 7-68　偏移结果

**12** 选择菜单【绘图】|【构造线】命令，配合捕捉功能，绘制如图 7-69 所示的两条构造线。

**13** 重复执行【相切、相切、半径】画圆命令，以刚绘制的构造线和半径为 13 的圆作为相切对象，绘制半径为 20 的相切圆，然后再以两个半径为 13 的圆作为相切对象，绘制半径为 80 的相切圆，如图 7-70 所示。

图 7-69　绘制构造线

图 7-70　绘制相切圆

**14** 综合使用【修剪】和【删除】命令，对图形进行修剪和删除操作，结果如图 7-71 所示。

**15** 将当前图层设置为"粗实线"层，使用【直线】命令，将图形闭合，结果如图 7-72 所示。

图 7-71 修剪和删除

图 7-72 闭合图形

# 079 绘制椭圆压盖

| | 通过绘制压盖轮廓图，主要综合练习【圆】、【直线】和【圆心标记】绘制方法。 |
|---|---|
| 文件路径： | DVD\实例文件\第 7 章\实例 079.dwg |
| 视频文件： | DVD\AVI\第 7 章\实例 079.avi |
| 播放时长： | 0:03:48 |

**01** 按 Ctrl+N 快捷键，新建空白文件。

**02** 激活【对象捕捉】功能，并设置捕捉模式为圆心捕捉和切点捕捉。

**03** 单击 按钮，打开【图层特性管理器】对话框，新建图层并设置线型，如图 7-73 所示。

**04** 将"中心线"层设置为当前图层，使用【直线】命令，绘制两条相互垂直的中心线，结果如图 7-74 所示。

图 7-73 新建图层

图 7-74 绘制中心线

**05** 使用快捷键"O"激活【偏移】命令，将垂直中心线分别向左、右两侧偏移 26 个绘图单位，创建辅助线，结果如图 7-75 所示。

**06** 启用【线宽】功能，并将"粗实线"设置为当前图层。

**07** 单击【绘图】工具栏 按钮，绘制半径分别为 11 和 19 的同心圆，如图 7-76 所示。

**08** 重复执行【圆】命令，以两辅助线的交点为圆心，在左右两边各绘制半径分别为 5 和 10 的同心圆，如图 7-77 所示。

图 7-75　创建辅助线

图 7-76　绘制同心圆

图 7-77　绘制同心圆

**09** 使用快捷键 "L"，激活【直线】命令，配合【捕捉切点】功能绘制圆的外公切线，如图 7-78 所示。

**10** 单击【修改】工具栏中的 ⊬ 按钮，激活【修剪】命令，对图形进行修剪，结果如图 7-79 所示。

**11** 将中心线删除，并且设置 "中心线" 为当前层，然后选择菜单【标注】|【圆心标记】命令，选择要标记的圆，结果如图 7-80 所示。

图 7-78　绘制公切线

图 7-79　修剪图形

图 7-80　最终结果

## 080　绘制起重钩

本实例绘制起重钩轮廓线，主要综合练习了【矩形】、【分解】、【圆】、【修剪】和夹点编辑命令。

| | | |
|---|---|---|
| 文件路径： | DVD\实例文件\第 7 章\实例 080.dwg | |
| 视频文件： | DVD\AVI\第 7 章\实例 080.avi | |
| 播放时长： | 0:04:41 | |

**01** 执行【文件】|【新建】命令，新建空白文件。

**02** 新建 "粗实线" 图层。

**03** 单击【绘图】工具栏 ▢ 按钮，以点 "100，100" 作为矩形的左下角点，绘制长度为 7，宽度为 35 的矩形，结果如图 7-81 所示。

**04** 将矩形分解，然后夹点显示矩形的右侧边，如图 7-82 所示。

**05** 单击上部的一个夹点，然后在命令行 "** 拉伸 **指定拉伸点或 [基点(B)/复制(C)/放弃(U)/退出(X)]:" 提示下，单击右键，在弹出的夹点编辑右键快捷菜单中选择【旋转】命令，如图 7-83 所示。

**06** 在 "** 旋转 **指定旋转角度或 [基点(B)/复制(C)/放弃(U)/参照(R)/退出(X)]:" 提示下，输入 "C" 并按回车键，激活 "复制" 选项。

**07** 在 "** 旋转 (多重) **指定旋转角度或 [基点(B)/复制(C)/放弃(U)/参照(R)/退出(X)]:" 提示下，输入 "60" 并按回车键。

图 7-81　绘制矩形　　　　　　　图 7-82　夹点显示　　　　　　　图 7-83　夹点编辑菜单

**08** 连续按两次回车键，并取消对象的夹点显示，如图 7-84 所示。

**09** 单击【绘图】工具栏 ⊘ 按钮，激活【圆】命令，以点 "137，115" 为圆心，绘制直径分别为 10 和 20 的同心圆，如图 7-85 所示。

**10** 重复【圆】命令，以点 "112，103" 作为圆心，绘制半径为 5 的圆，如图 7-86 所示。

图 7-84　夹点编辑　　　　　　　图 7-85　绘制同心圆　　　　　　图 7-86　绘制圆

**11** 选择菜单【绘图】|【圆】|【相切、相切、半径】命令，绘制与直径为 20 和半径为 5 两圆的相切圆，如图 7-87 所示。

**12** 单击【修改】工具栏 ⌀ 按钮，激活【圆角】命令，进行圆角，设置圆角半径为 10，如图 7-88 所示。

**13** 单击【修改】工具栏 ✕ 按钮，对图形进行修剪，如图 7-89 所示。

图 7-87　绘制相切圆　　　　　　图 7-88　直线和圆角　　　　　　图 7-89　修剪

**注 意**：在绘制相切圆时，有时选择的位置不同，所绘制的相切圆的位置也不同，所以要根据相切圆所在的大体位置拾取相切对象。

# 081 绘制齿轮架

本实例绘制齿轮架轮廓图，主要练习【构造线】、【偏移】、【圆】、【图层】和【修剪】命令。

| | | |
|---|---|---|
| 文件路径： | DVD\实例文件\第 7 章\实例 081.dwg |
| 视频文件： | DVD\AVI\第 7 章\实例 081.avi |
| 播放时长： | 0:10:35 |

**01** 执行【文件】|【新建】命令，新建空白文件。

**02** 单击 按钮，打开【图层特性管理器】对话框，新建图层并设置线型，如图 7-90 所示。

**03** 将"中心线"设置为当前层，并打开【线宽】功能。

**04** 单击【绘图】工具栏 按钮，绘制水平和垂直的构造线，作为定位基准线。

**05** 单击【修改】工具栏 按钮，将水平构造线分别向上偏移 55、91 和 160 个单位，如图 7-91 所示。

图 7-90 新建图层

图 7-91 偏移水平构造线

**06** 设置"粗实线"为当前层，使用【圆】命令，以图 7-91 所示的交点 a 为圆心，绘制半径为 22.5 和 45 的同心圆；以交点 b 和 c 为圆心，绘制半径为 9 和 18 的同心圆，如图 7-92 所示。

**07** 使用快捷键"L"激活【直线】命令，配合【捕捉切点】功能，绘制圆的外公切线，如图 7-93 所示。

**08** 选择菜单【绘图】|【圆】|【相切、相切、半径】命令，绘制半径为 20 的相切圆，如图 7-94 所示。

图 7-92 绘制同心圆

图 7-93 绘制公切线

图 7-94 绘制相切圆

**09** 单击【修改】工具栏 ╱ 按钮，修剪掉不需要的轮廓线，如图 7-95 所示。

**10** 启动【极轴追踪】功能，并设置增量角为 30。

**11** 单击【绘图】工具栏 ╱ 按钮，在"中心线"图层上绘制角度为 60° 的线段，如图 7-96 所示。

**12** 选择菜单【绘图】|【圆】|【圆心、半径】命令，以图 7-91 所示的点 a 为圆心，绘制半径为 64 的辅助圆，如图 7-97 所示。

图 7-95 修剪

图 7-96 绘制倾斜辅助线

图 7-97 绘制辅助圆

> **技巧**：当设置了增量角之后，还需要激活"启用对象极轴追踪"功能，系统将会在增量角以及增量角倍数方向上引出以虚线显示的极轴矢量，用户只需在此极轴矢量上拾取点或输入距离值即可。

**13** 使用【圆心、半径】命令，以辅助圆和辅助线 1 的右交点为圆心，绘制半径分别为 9 和 18 的同心圆；以辅助圆与辅助线 2 的交点为圆心，绘制半径为 9 的圆，如图 7-98 所示。

**14** 选择菜单【绘图】|【圆】|【相切、相切、半径】命令，以图 7-98 所示的圆 1 和圆 2 作为相切对象，绘制半径为 10 的相切圆，如图 7-99 所示。

**15** 使用【圆心、半径】命令，以图 7-99 所示的点 a 为圆心，分别以交点 1、交点 2 和交点 3 为圆上的点，绘制 3 个同心圆，如图 7-100 所示。

图 7-98 绘制圆

图 7-99 绘制相切圆

图 7-100 绘制同心圆

**16** 使用【相切、相切、半径】命令，以图 7-100 所示的圆 O 和线段 P 为相切对象，绘制半径为 10 的相切圆，结果如图 7-101 所示。

**17** 单击【修改】工具栏中的 ╱ 按钮，对轮廓圆及辅助圆进行修剪，结果如图 7-102 所示。

**18** 单击【修改】工具栏中的 ▲ 按钮，将最上侧水平辅助线分别向下偏移 5 和 23 个单位，如图 7-103 所示。

图 7-101　绘制相切圆　　　　　图 7-102　修剪结果　　　　　图 7-103　偏移结果

**19** 使用【圆心、半径】命令，以图 7-103 所示的辅助线交点 O 为圆心，绘制半径分别为 5 和 35 的同心圆，如图 7-104 所示。

**20** 以图 7-104 所示的交点 1 和交点 2 为圆心，绘制两个半径为 40 的圆，如图 7-105 所示。

**21** 分别以图 7-105 所示的圆 1 和圆 3、圆 2 和圆 3 作为相切对象，绘制半径为 10 的相切圆，结果如图 7-106 所示。

图 7-104　绘制同心圆　　　　　图 7-105　半径画圆　　　　　图 7-106　绘制相切圆

**22** 使用【修剪】和【删除】命令，对手柄及中心线进行编辑完善，删除多余的图线，结果如图 7-107 所示。

**23** 选择菜单【修改】|【拉长】命令，设置长度增量为 9，分别将个别位置的中心线两端拉长，最终结果如图 7-108 所示。

图 7-107　修剪结果　　　　　　　　　　图 7-108　最终结果

## 082　绘制拨叉轮

本例当中主要学习了【阵列】命令中的【环形阵列】功能以及【圆角】命令的操作方法和技巧。

| | | |
|---|---|---|
| 文件路径： | DVD\实例文件\第 7 章\实例 082.dwg | |
| 视频文件： | DVD\AVI\第 7 章\实例 082.avi | |
| 播放时长： | 0:05:45 | |

**01** 创建文件，并设置捕捉模式为"圆心捕捉"和"象限点捕捉"。

**02** 选择菜单【绘图】|【圆】|【圆心、直径】命令，绘制直径为 2.5 的圆。

**03** 选择【绘图】菜单栏中的【圆】|【圆心、半径】命令，捕捉绘制圆的圆心，分别绘制半径为 3.5 和 4 的同心圆，如图 7-109 所示。

**04** 重复执行【圆心、半径】命令，以大圆的左象限点作为圆心，绘制半径为 1.5 的圆，结果如图 7-110 所示。

**05** 单击【修改】工具栏中的 器 按钮，将刚绘制的小圆环形阵列 6 份，结果如图 7-111 所示。

图 7-109　绘制同心圆　　　　　图 7-110　绘制左侧圆　　　　　图 7-111　环形阵列

**06** 将半径为 4 的圆删除，然后使用【修剪】命令，以半径为 3.5 的圆作为剪切边界，修剪掉位于其外部的圆弧，结果如图 7-112 所示。

**07** 重复执行【修剪】命令，以修剪后的圆弧为剪切边界，修剪半径为 3.5 的圆，修剪结果如图 7-113 所示。使用【构造线】命令，绘制一条通过圆心的垂直构造线，作为辅助线。

**08** 选择菜单【修改】|【偏移】命令，将垂直构造线左右偏移复制 0.25 个绘图单位，如图 7-114 所示。

图 7-112　修剪结果　　　　　图 7-113　修剪结果　　　　　图 7-114　创建辅助线

**09** 删除中间的一条构造线，并执行【修剪】命令对构造线进行修剪，修剪结果如图 7-115 所示。

**10** 单击【修改】工具栏中的 ◻ 按钮，对构造线进行圆角，结果如图 7-116 所示。

**11** 选择【修改】|【阵列】命令，对圆角后的对象进行环形阵列，结果如图 7-117 所示。

图 7-115　修剪构造线

图 7-116　圆角结果

图 7-117　环形阵列

**提 示：** 在对平行线段进行圆角时，圆角结果是使用一个半圆连接两个平行对象，半圆直径为两平行线之间的距离，此操作与当前的圆角半径没有关系。

**12** 执行【修剪】命令，修剪掉位于两平行线之间的圆弧和线段，修剪结果如图 7-118 所示。

**13** 使用【线型】命令，加载一种名为 "CENTER" 的线型，并设置线型的全局比例因子为 "0.1"。

**14** 选择直径为 2.5 的小圆，然后修改其线型为 "CENTER" 线型，最终结果如图 7-119 所示。

图 7-118　修剪结果

图 7-119　最终结果

# 083　绘制曲柄

通过绘制曲柄，综合练习了【偏移】、【旋转】和【拉长】命令，并使用了【全部缩放】功能来调整视图。

| | | |
|---|---|---|
| 文件路径： | DVD\实例文件\第 7 章\实例 083.dwg | |
| 视频文件： | DVD\AVI\第 7 章\实例 083.avi | |
| 播放时长： | 0:04:42 | |

01 以光盘中"素材文件/机械制图模板.dwt"作为样板新建图形文件。

02 打开【线宽】功能,并使用【全部缩放】命令调整视图。

03 单击【绘图】工具栏中的 ╱ 按钮,在"点划线"图层内绘制水平和垂直的中心线。

04 单击【修改】工具栏中的 ◢ 按钮,将垂直中心线向右偏移48个绘图单位,结果如图 7-120 所示。

05 将"轮廓线"图层设置为当前层,然后使用【圆】命令,以左边垂直中心线交点为圆心,以 32 和 20 的直径绘制同心圆,以水平中心线与右边垂直中心线交点为圆心,以 20 和 10 为直径绘制同心圆,结果如图 7-121 所示。

图 7-120　偏移中心线　　　　　　　　　　　图 7-121　绘制同心圆

06 选择菜单【绘图】|【直线】命令,配合【捕捉切点】功能,分别绘制上下公切线,结果如图 7-122 所示。

07 选择菜单【修改】|【旋转】命令,将所绘制的图形复制旋转150°,结果如图 7-123 所示。

图 7-122　绘制公切线　　　　　　　　　　　图 7-123　旋转复制

08 使用【修剪】和【删除】命令,对图形进行修剪,结果如图 7-124 所示。

09 选择菜单【修改】|【拉长】命令,设置长度增量为9,将圆中心线拉长,最终结果如图 7-125 所示。

图 7-124　修剪图形　　　　　　　　　　　图 7-125　最终结果

# 084 绘制多孔垫片

通过绘制多孔垫片，主要对【偏移】、【圆角】和【修剪】命令进行综合练习。

| 文件路径： | DVD\实例文件\第 7 章\实例 084dwg |
|---|---|
| 视频文件： | DVD\AVI\第 7 章\实例 084.avi |
| 播放时长： | 0:03:18 |

**01** 以附赠样板"机械制图模板.dwt"作为样板文件，创建新图形。

**02** 将点画线设置为当前图层，使用【直线】命令，绘制水平和垂直两条中心线。

**03** 选择菜单【修改】|【偏移】命令，将垂直中心线向左右两边偏移 12 个绘图单位，结果如图 7-126 所示。

**04** 将"轮廓线"设置为当前图层，单击【绘图】工具栏上的 ⊙ 按钮，分别绘制如图 7-127 所示的同心圆。

图 7-126　偏移辅助线

图 7-127　绘制同心圆

**05** 选择菜单【修改】|【圆角】命令，对直径为 22.5 和直径为 8 的两个圆的圆角，圆角半径为 2，结果如图 7-128 所示。

**06** 选择菜单【修改】|【修剪】命令，对图形进行修剪，如图 7-129 所示。

**07** 选择菜单【修改】|【拉长】命令，设置长度增量为 3，将圆中心线拉长，最终结果如图 7-130 所示。

图 7-128　圆角

图 7-129　修剪结果

图 7-130　最终结果

## 085 绘制滑杆

绘制滑杆轮廓图，主要综合练习【圆】、【修剪】、【圆角】和【偏移】命令。

| 文件路径: | DVD\实例文件\第 7 章\实例 085.dwg |
|---|---|
| 视频文件: | DVD\AVI\第 7 章\实例 085.vi |
| 播放时长: | 0:07:13 |

**01** 按 Ctrl+N 键，创建新图形。

**02** 单击【图层】工具栏 按钮，打开【图层特性管理器】对话框，新建图层，如图 7-131 所示。

**03** 单击【·图层】工具栏图层列表下拉按钮 ，选择"中心线"作为当前图层。

**04** 单击【绘图】工具栏 按钮，绘制如图 7-132 所示的中心线，作为辅助线。

图 7-131 创建新图层

图 7-132 绘制中心线

**05** 选择"轮廓线"为当前图层，单击【绘图】工具栏 按钮，激活【圆】命令，捕捉中心线交点为圆心，绘制半径分别为 10、15、75 的三个圆，如图 7-133 所示。

**06** 选择菜单【修改】|【修剪】命令，修剪圆弧，如图 7-134 所示。

图 7-133 绘制圆

图 7-134 修剪圆弧

**07** 单击【修改】工具栏 按钮，激活【偏移】命令，将圆弧分别向上、下偏移两次，一次偏移 5 个绘图单位，并将偏移圆弧转换到中心线图层，如图 7-135 所示。

**08** 单击【绘图】工具栏 ⊘ 按钮，激活【圆】命令，捕捉圆弧中心线端点为圆心，绘制半径分别为 5 和 10 的两个圆，如图 7-136 所示。

图 7-135　偏移弧线　　　　　　　　　　　　　　　　　图 7-136　绘制圆

**09** 选择菜单【修改】|【修剪】命令，修剪绘制的圆，结果如图 7-137 所示。

**10** 单击【修改】工具栏 ⚏ 按钮，设置偏移距离为 6，选择垂直中心线为偏移对象，分别向左右偏移，如图 7-138 所示。

**11** 单击【修改】工具栏 ⬜ 按钮，设置圆角半径为 6，选择半径为 15 的圆和偏移得到的垂直中心线与偏移得到的圆弧和左侧垂直中心线为圆角对象，圆角结果如图 7-139 所示。

图 7-137　修剪圆　　　　　　　图 7-138　偏移中心线　　　　　　　图 7-139　倒圆角

**12** 重复执行【圆角】命令，设置圆角半径为 20，选择偏移得到的圆弧和右侧垂直中心线为圆角对象，并将圆角后的中心线转换为轮廓线，结果如图 7-140 所示。

**13** 调用 TRIM【修剪】命令，对图形进行修剪，最终结果如图 7-141 所示。

图 7-140　倒圆角　　　　　　　　　　　　　　　　图 7-141　修剪图形

## 086 绘制量规支座

绘制量规支座轮廓图,主要综合练习【阵列】【圆】、【修剪】和【偏移】命令。

| | 文件路径: | DVD\实例文件\第 7 章\实例 086.dwg |
| --- | --- | --- |
| | 视频文件: | DVD\AVI\第 7 章\实例 086.vi |
| | 播放时长: | 0:07:13 |

**01** 按 Ctrl+N 键,创建新图形。

**02** 单击【图层】工具栏 按钮,打开【图层特性管理器】对话框,新建图层,如图 7-142 所示。

**03** 选择"中心线"为当前图层,单击【绘图】工具栏 按钮,绘制如图 7-143 所示的水平和垂直中心线,作为辅助线。

图 7-142 新建图层

图 7-143 绘制辅助线

**04** 选择"轮廓线"为当前图层,单击【绘图】工具栏 按钮,激活【圆】命令,捕捉中心线交点为圆心,绘制半径分别为 30 和 45 的两个圆,如图 7-144 所示。

**05** 选择菜单【绘图】|【直线】命令,绘制如图 7-145 所示的水平和垂直线段。

图 7-144 绘制圆

图 7-145 绘制直线

**06** 单击【绘图】工具栏 按钮,激活【圆】命令,绘制半径分别为 10 和 20 的两个圆,如图 7-146 所示。

**07** 单击【修改】工具栏 按钮，激活【环形阵列】命令，捕捉中心线交点为阵列中心点，将绘制的两个圆阵列，数目为 4，阵列完成后将其分解，如图 7-147 所示。

图 7-146　绘制圆　　　　　　　　　　　图 7-147　阵列圆

**08** 选择菜单【绘图】|【圆】|【相切、相切、半径】命令，设置半径为 120，绘制如图 7-148 所示的相切圆。

**09** 选择菜单【修改】|【修剪】命令，修剪掉大圆多余圆弧，结果如图 7-149 所示。

图 7-148　绘制相切圆　　　　　　　　　图 7-149　修剪圆弧

**10** 单击【修改】工具栏 按钮，激活【环形阵列】命令，捕捉中心线交点为阵列中心点，选择修剪的圆弧为阵列对象，阵列数目为 4，阵列完成后将其分解，结果如图 7-150 所示。

**11** 调用 TRIM【修剪】命令，对圆弧进行修剪，并删除多余的图线，最终结果如图 7-151 所示。

图 7-150　环形阵列　　　　　　　　　　图 7-151　量规支座完成效果

# 第8章

# 常用件与标准件绘制

## 本章导读

　　组成机器设备的众多零件中，有些零件应用十分广泛，如螺栓、螺母、垫圈、键、销、滚动轴承等。为了适应专业化大批量生产，提高产品质量，降低生产成本，国家标准对这些零件的结构尺寸和加工要求等作了一系列的规定，是已经标准化、系列化了的零件，这类零件就称为标准件。另有一些零件，如齿轮、弹簧等，国家标准只对其部分尺寸和参数作了规定，这类零件结构典型，应用也十分广泛，被称为常用件。

　　本章通过 18 个典型实例，讲解了螺母、螺栓、螺钉、花键、齿轮、弹簧、蜗轮、轴承等常用件与标准件的绘制方法和技巧。

## 效果展示

# 087 绘制螺母

通过螺母的绘制，主要练习了【圆】、【正多边形】、【打断】和【旋转】命令，在具体的操作过程中充分配合了【捕捉圆心】和【捕捉象限点】功能。

| | 文件路径： | DVD\实例文件\第 8 章\实例 087.dwg |
|---|---|---|
| | 视频文件： | DVD\AVI\第 8 章\实例 087.avi |
| | 播放时长： | 0:02:15 |

**01** 新建空白文件，并将捕捉模式设置为【圆心捕捉】和【象限点捕捉】。

**02** 选择菜单【绘图】|【圆】|【圆心、半径】命令，绘制半径分别为 3.4、4 和 6.5 的同心圆，结果如图 8-1 所示。

**03** 使用【正多边形】命令，绘制与外圆相切的正六边形，结果如图 8-2 所示。

图 8-1 绘制同心圆

图 8-2 绘制正六边形

**04** 选择菜单【修改】|【打断】命令，对中间的圆进行打断。命令行操作过程如下：

```
命令：_break 选择对象：            //选择中间的圆图形
指定第二个打断点 或 [第一点(F)]:f↙   //选择"第一点(F)"选项
指定第一个打断点：               //捕捉圆左侧的象限点
指定第二个打断点：               //捕捉圆下边的象限点，打断结果如图 8-3 所示
```

**05** 选择菜单【修改】|【旋转】命令，将打断后的圆图形旋转-20°，将外侧的正六边形旋转 90°，最终结果如图 8-4 所示。

图 8-3 打断结果

图 8-4 最终结果

 **注 意：** 在执行打断操作时，一定要逆时针定位打断点，否则会得到相反的打断结果。

## 088 绘制螺栓

本实例绘制一个方螺栓俯视图，主要练习了【正多边形】、【圆】和【旋转】命令。螺栓在机械设备中属于是标准件，主要起连接和紧固作用。

| | 文件路径： | DVD\实例文件\第 8 章\实例 088.dwg |
| --- | --- | --- |
| | 视频文件： | DVD\AVI\第 8 章\实例 088.avi |
| | 播放时长： | 0:02:19 |

**01** 新建空白文件，并设置捕捉模式为【圆心捕捉】。

**02** 使用【圆心、半径】命令，绘制半径分别为 0.5 和 0.6 的同心圆，结果如图 8-5 所示。

**03** 选择菜单【绘图】|【多边形】命令，使用"中心点"方式，绘制边长为 1.9 的正多边形，如图 8-6 所示。

**04** 选择菜单【修改】|【旋转】命令，将绘制的正四边形旋转 45°，如图 8-7 所示。

图 8-5　绘制同心圆

图 8-6　绘制正四边形

图 8-7　旋转

 **技 巧：** 巧用【旋转】命令中的"复制"选项，可以在旋转对象的同时将其复制，而源对象保持不变。

**05** 选择菜单【格式】|【线型】命令，加载一种名为"DASHED"线型，并设置线型比例，如图 8-8 所示。

**06** 选择如图 8-9 所示的圆，使用【对象特性】工具栏中的【线型控制】列表框，修改圆的线型为"DASHED"线型。

**07** 按下"ESC"键取消对象的夹点显示，结果如图 8-10 所示。

图 8-8　加载线型

图 8-9　修改对象类型

图 8-10　最终结果

# 089 绘制螺钉

通过螺钉俯视图的绘制，主要综合练习了【多线样式】、【多线】、【多线编辑】和【圆】命令。

| | 文件路径: | DVD\实例文件\第 8 章\实例 089.dwg |
|---|---|---|
| | 视频文件: | DVD\AVI\第 8 章\实例 089.avi |
| | 播放时长: | 0:03:11 |

**01** 执行【文件】|【新建】命令，新建空白文件，并设置捕捉模式。

**02** 选择【格式】|【多线样式】命令，在打开的【多线样式】对话框中单击 修改(M)... 按钮，如图 8-11 所示。

**03** 在打开的【修改多线样式：STANDARD】对话框中设置多线的封口样式，如图 8-12 所示。

图 8-11 【多线样式】对话框

图 8-12 【修改多线样式：STANDARD】对话框

**04** 单击 确定 按钮返回【多线样式】对话框，单击【多线样式】对话框中的 确定 按钮关闭。

**05** 单击【绘图】工具栏 按钮，绘制半径为 11.1 的圆，如图 8-13 所示。

图 8-13 绘制圆

图 8-14 引出垂直追踪虚线

图 8-15 绘制结果

**06** 选择菜单【绘图】|【多线】命令，配合【圆心捕捉】和【对象捕捉追踪】功能，绘制内部结构。命令行操作过程如下：

```
命令: _mline
当前设置: 对正 = 上, 比例 = 20.00, 样式 = STANDARD
```

指定起点或 [对正(J)/比例(S)/样式(ST)]:S↙　　//输入 S，按回车键，激活"比例"选项

输入多线比例 <20.00>:1.8↙　　　　　　　//输入多线比例为 1.8，按回车键

当前设置: 对正 = 上, 比例 = 1.80, 样式 = STANDARD

指定起点或 [对正(J)/比例(S)/样式(ST)]:J↙　　//输入 J，按回车键，激活"对正"选项

输入对正类型 [上(T)/无(Z)/下(B)] <上>:z↙　　//输入 Z，按回车键，设置"无"对正方式

当前设置: 对正 = 无, 比例 = 1.80, 样式 = STANDARD

指定起点或 [对正(J)/比例(S)/样式(ST)]:5.4↙　//通过圆心向下引出如图 8-14 所示的追踪虚线，然后输入 5.4 按回车键

　指定下一点: @0,10.8↙　　　　　　　　　//输入相对直角坐标，按回车键

　指定下一点或 [放弃(U)]: ↙　　　　　　　//按回车键，结果如图 8-15 所示

**07** 使用快捷键"ML"再次激活【多线】命令，绘制水平的多线，结果如图 8-16 所示。

**08** 选择菜单【修改】|【对象】|【多线】命令，在打开的【多线编辑工具】对话框中激活"十字合并"功能，如图 8-17 所示。

**09** 此时根据命令行的操作提示，对两条多线进行十字合并，最终结果如图 8-18 所示。

图 8-16　绘制结果

图 8-17　【多线编辑工具】对话框

图 8-18　最终结果

**注 意**：使用"ML"绘制的多线，不能被修剪、延伸、打断和圆角等编辑，只有先将多线分解后才可以进行编辑。

## 090 绘制花键

| | 通过绘制花键，主要对【圆】、【修剪】和【阵列】命令进行综合练习，在操作过程中还充分使用了【图层特性】命令。 |
|---|---|
| 文件路径: | DVD\实例文件\第 8 章\实例 090.dwg |
| 视频文件: | DVD\AVI\第 8 章\实例 090.avi |
| 播放时长: | 0:03:34 |

**01** 新建空白文件，并设置对象捕捉。

**02** 单击【图层】工具栏上的 按钮，激活【图层】命令，新建"轮廓线"、点画线和"尺寸层"3 个图层。

**03** 将点画线设置为当前图层，单击【绘图】工具栏上的 按钮，绘制垂直和水平两条辅助线。

**04** 将"轮廓线"切换为当前层，使用快捷键"C"激活【圆】命令，以辅助线的交点为圆心，绘制半径为 18 和 16 的同心圆，如图 8-19 所示。

**05** 使用快捷键"O"激活【偏移】命令，将垂直中心线向左右两边各偏移 3 个绘图单位，如图 8-20 所示。

**06** 使用【图层特性】命令，将偏移的辅助线更改为"轮廓线"图层，并使用【修剪】命令，对图形进行修剪，结果如图 8-21 所示。

图 8-19 绘制圆          图 8-20 偏移辅助线          图 8-21 修剪结果

**07** 选择菜单【修改】|【阵列】|【环形阵列】命令，设置阵列数目为 8，填充角度为 360°，以圆心为阵列中心，对轮齿进行环形阵列，结果如图 8-22 所示。

**08** 使用【修剪】命令，修剪齿形，最终结果如图 8-23 所示。

图 8-22 阵列结果                    图 8-23 修剪结果

## 091 绘制平键

| | | |
|---|---|---|
| 通过平键二视图的绘制，主要综合练习了【矩形】命令中的"倒角"功能和【多段线】命令中的画线、画弧功能。 | | |
| 文件路径： | DVD\实例文件\第 8 章\实例 091.dwg | |
| 视频文件： | DVD\AVI\第 8 章\实例 091.avi | |
| 播放时长： | 0:02:53 | |

**01** 新建空白文件，并设置捕捉追踪功能。

**02** 选择菜单【绘图】|【矩形】命令，绘制长度为 120，宽度为 16.8，倒角距离为 1.8 的倒角矩形，作为平键主视图外轮廓，命令行操作过程如下：

```
命令: _rectang
指定第一个角点或 [倒角(C)/标高(E)/圆角(F)/厚度(T)/宽度(W)]:C✓    //选择"倒角(C)"选项
指定矩形的第一个倒角距离 <0.0000>:1.8✓        //设置倒角距离为1.8
指定矩形的第二个倒角距离 <1.8000>:✓          //默认当前设置
指定第一个角点或 [倒角(C)/标高(E)/圆角(F)/厚度(T)/宽度(W)]:
                                        //在适当位置拾取一点作为起点
指定另一个角点或 [面积(A)/尺寸(D)/旋转(R)]:D✓   //选择"尺寸(D)"选项
指定矩形的长度 <10.0000>:120✓              //设置矩形长度为120
指定矩形的宽度 <10.0000>:16.8✓             //设置矩形宽度为16.8
指定另一个角点或 [面积(A)/尺寸(D)/旋转(R)]: ✓   //按回车键，绘制结果如图8-24所示
```

**03** 使用快捷键 "L" 激活【直线】命令，配合【捕捉端点】功能，绘制如图 8-25 所示的轮廓线。

图 8-24 绘制倒角矩形　　　　　　　　　　　　　　图 8-25 绘制直线

**04** 选择菜单【绘图】|【多段线】命令，配合【捕捉中点】和【对象追踪】功能，绘制俯视图外轮廓。命令行操作过程如下：

```
命令: _pline
指定起点:  //配合中点捕捉和对象追踪功能，引出如图 8-26 所示的追踪虚线，在此方向矢量拾取
一点作为起点
当前线宽为 0.0000
指定下一个点或 [圆弧(A)/半宽(H)/长度(L)/放弃(U)/宽度(W)]: @49.2,0✓
                            //输入相对直角坐标，按回车键确定第二点
指定下一点或 [圆弧(A)/闭合(C)/半宽(H)/长度(L)/放弃(U)/宽度(W)]:A✓
指定圆弧的端点或[角度(A)/圆心(CE)/闭合(CL)/方向(D)/半宽(H)/直线(L)/半径(R)/第二个
点(S)/放弃(U)/宽度(W)]: @0,-21.6✓
指定圆弧的端点或[角度(A)/圆心(CE)/闭合(CL)/方向(D)/半宽(H)/直线(L)/半径(R)/第二个
点(S)/放弃(U)/宽度(W)]: L✓          //选择"直线(L)"选项
指定下一点或 [圆弧(A)/闭合(C)/半宽(H)/长度(L)/放弃(U)/宽度(W)]: @-98.4,0✓
                            //输入相对直角坐标按回车键
指定下一点或 [圆弧(A)/闭合(C)/半宽(H)/长度(L)/放弃(U)/宽度(W)]:a ✓
                            //选择"圆弧"选项，按回车键
指定圆弧的端点或[角度(A)/圆心(CE)/闭合(CL)/方向(D)/半宽(H)/直线(L)/半径(R)/第二个
点(S)/放弃(U)/宽度(W)]: @0,21.6✓        //输入圆弧另一端点相对坐标
指定圆弧的端点或[角度(A)/圆心(CE)/闭合(CL)/方向(D)/半宽(H)/直线(L)/半径(R)/第二个
点(S)/放弃(U)/宽度(W)]:cl✓             //选择闭合选项，闭合图形如图8-27所示
```

**05** 选择菜单【修改】|【偏移】命令，将刚绘制的多段线向内偏移 1.8 个绘图单位，平键绘制完成，如图 8-28 所示。

图 8-26　捕捉追踪　　　　　　　图 8-27　绘制多段线　　　　　　　图 8-28　偏移

# 092　绘制开口销

通过绘制开口销，主要对【射线】、【圆】、【偏移】和【修剪】命令进行综合练习。

| | 文件路径： | DVD\实例文件\第 8 章\实例 092.dwg |
|---|---|---|
| | 视频文件： | DVD\AVI\第 8 章\实例 092.avi |
| | 播放时长： | 0:05:47 |

**01** 按 Ctrl+N 快捷键，创建空白图形。

**02** 单击【图层】工具栏 按钮，弹出【图层特性管理器】对话框，建立 "粗实线"、"中心线"、"标注" 和 "细实线" 4 个图层，如图 8-29 所示。

**03** 设置 "粗实线" 为当前图层。

**04** 使用【圆】命令绘制半径为 1.8 的圆，并使用【直线】命令，配合【正交】功能，以圆心为左端点绘制长为 30 的直线，结果如图 8-30 所示。

图 8-29　新建图层　　　　　　　　　　图 8-30　绘制圆和直线

**05** 单击【修改】工具栏 按钮，激活【偏移】命令，将圆向内偏移 0.9 个绘图单位，直线分别向上、下偏移 0.9 个绘图单位，结果如图 8-31 所示。

**06** 单击【修改】工具栏 按钮，分别设置圆角半径为 2 和 1，将大圆与外侧直线，以及小圆与中间直线进行圆角，结果如图 8-32 所示。

图 8-31　偏移　　　　　　　　　　　　　　　　　图 8-32　圆角

**07** 选择菜单【修改】|【拉长】命令，将图形拉长。命令行操作过程如下：

```
命令: _lengthen
选择对象或 [增量(DE)/百分数(P)/全部(T)/动态(DY)]:T↙  //输入 t，按回车键
指定总长度或 [角度(A)] <1.0000)>:22.5↙           //设置长度为 22.5
选择要修改的对象或 [放弃(U)]:                     //选择上端直线
选择要修改的对象或 [放弃(U)]: ↙                   //按回车键，结果如图 8-33 所示
```

**08** 使用快捷键 "L"，激活【直线】命令，过直线端点绘制垂直线，如图 8-34 所示。

图 8-33　拉长直线　　　　　　　　　　　　　　　图 8-34　绘制直线

**09** 将 "中心线" 设置为当前图层，重复【直线】命令，绘制圆中心线，如图 8-35 所示。

**10** 单击【修改】工具栏 按钮，激活【偏移】命令，将垂直中心线向右偏移 15 个绘图单位，如图 8-36 所示。

图 8-35　绘制中心线　　　　　　　　　　　　　　图 8-36　偏移中心线

**11** 单击【修改】工具栏 按钮，激活【修剪】命令，修剪多余的线，如图 8-37 所示。

**12** 设置 "粗实线" 为当前图层，使用【圆】命令绘制半径为 0.9 的断面圆，如图 8-38 所示。

图 8-37　修剪　　　　　　　　　　　　　　　　　图 8-38　绘制断面圆

**13** 将 "细实线" 设置为当前图层，单击【绘图】工具栏中的 按钮填充图案，使用 "ANSI31" 填充图案，比例为 0.1，结果如图 8-39 所示。

图 8-39　填充图案

## 093 绘制圆柱销

通过绘制圆柱销，主要对【矩形】、【圆弧】、【分解】、【复制】和【倒角】命令进行综合练习。

| | | |
|---|---|---|
| 文件路径： | DVD\实例文件\第 8 章\实例 093.dwg | |
| 视频文件： | DVD\AVI\第 8 章\实例 093.avi | |
| 播放时长： | 0:03:09 | |

**01** 创建空白文件，并设置捕捉模式为【捕捉端点】和【捕捉中点】。

**02** 单击【绘图】工具栏口按钮，绘制 70×10 的矩形作为圆柱销的主轮廓线，如图 8-40 所示。

**03** 单击【修改】工具栏按钮，将矩形进行分解。

**04** 单击【修改】工具栏按钮，将最右侧的垂直轮廓线向左偏移 1.5 个绘图单位，如图 8-41 所示。

图 8-40 绘制矩形　　　　　　　　　　　　　　图 8-41 偏移

**05** 选择菜单【绘图】|【圆弧】|【三点】命令，以偏移出线段的端点为圆弧的两个端点，绘制右端的弧形的轮廓线，命令行操作过程如下：

```
命令：_arc
指定圆弧的起点或 [圆心(C)]：           //捕捉刚偏移出的线段的上端点
指定圆弧的第二个点或 [圆心(C)/端点(E)]：  //捕捉如图 8-42 所示的中点
指定圆弧的端点： //捕捉偏移出的线段下端点，绘制结果如图 8-43 所示
```

图 8-42 捕捉中点　　　　　　　　　　　　　　图 8-43 绘制结果

**06** 将最右侧的垂直边删除，然后使用【修剪】命令修剪多余的线，结果如图 8-44 所示。

**07** 单击【修改】工具栏中的按钮，激活【倒角】命令，对矩形左侧的边进行倒角。命令行操作过程如下：

```
命令：_chamfer
（"修剪"模式）当前倒角距离 1 = 0.0000, 距离 2 = 0.0000
选择第一条直线或 [放弃(U)/多段线(P)/距离(D)/角度(A)/修剪(T)/方式(E)/多个(M)]：M↙
                    //输入 m，按回车键，激活"多个"选项
选择第一条直线或 [放弃(U)/多段线(P)/距离(D)/角度(A)/修剪(T)/方式(E)/多个(M)]：A↙
                    //输入 a，按回车键，激活"角度"选项
指定第一条直线的倒角长度 <0.0000>:2.5↙    //设置倒角长度为 2.5
指定第一条直线的倒角角度 <0>:15↙         //设置倒角角度长度为 15
```

> 选择第一条直线或 [放弃(U)/多段线(P)/距离(D)/角度(A)/修剪(T)/方式(E)/多个(M)]：
> //单击下侧水平轮廓线
>
> 选择第二条直线，或按住 Shift 键选择要应用角点的直线：　　//单击左侧的垂直轮廓线
>
> 选择第一条直线或 [放弃(U)/多段线(P)/距离(D)/角度(A)/修剪(T)/方式(E)/多个(M)]：
> //单击上侧的水平轮廓线
>
> 选择第二条直线，或按住 Shift 键选择要应用角点的直线：　　//单击左侧的垂直轮廓线
>
> 选择第一条直线或 [放弃(U)/多段线(P)/距离(D)/角度(A)/修剪(T)/方式(E)/多个(M)]：↙
> //按回车键，结束命令，结果如图 8-45 所示

**08** 使用【直线】命令，绘制倒角位置的垂直轮廓线，最终结果如图 8-46 所示。

图 8-44　修剪结果　　　　　　图 8-45　倒角结果　　　　　　图 8-46　最终结果

## 094　绘制 O 形圈

| | 通过 O 形圈的绘制，主要对【圆】、【移动】、【图案填充】命令进行综合练习。 | |
|---|---|---|
| 文件路径： | DVD\实例文件\第 8 章\实例 094.dwg | |
| 视频文件： | DVD\AVI\第 8 章\实例 094.avi | |
| 播放时长： | 0:03:45 | |

**01** 建空白文件，并设置捕捉模式为【捕捉圆心】和【捕捉象限点】。

**02** 单击【绘图】工具栏⊙按钮，激活【圆】命令，绘制直径分别为 20、22.5 和 25 的同心圆，如图 8-47 所示。

**03** 重复【圆】命令，配合捕捉功能，绘制如图 8-48 所示的两个小圆。

**04** 单击【修改】工具栏✥按钮，激活【移动】命令，将两个小圆向右移动，如图 8-49 所示。

图 8-47　绘制同心圆　　　　　图 8-48　绘制圆　　　　　　图 8-49　移动圆

**05** 单击【绘图】工具栏╱按钮，激活【直线】命令，捕捉象限点绘制直线，如图 8-50 所示。

**06** 单击【绘图】工具栏 ▣ 按钮，设置填充图案以及填充参数，如图 8-51 所示，填充如图 8-52 所示的图案。O 形圈零件图绘制完成。

图 8-50 绘制直线　　　　　图 8-51 设置填充参数　　　　　图 8-52 最终结果

## 095 绘制圆形垫圈

| | |
|---|---|
| | 通过圆形垫圈的绘制，主要对【圆】、【构造线】、【修剪】、【图案填充】和【圆心标记】命令进行综合练习。 |
| 文件路径： | DVD\实例文件\第 8 章\实例 095.dwg |
| 视频文件： | DVD\AVI\第 8 章\实例 095.avi |
| 播放时长： | 0:03:45 |

**01** 新建空白文件，并设置捕捉模式为【捕捉圆心】和【捕捉象限点】。

**02** 单击【绘图】工具栏 ◎ 按钮，绘制直径分别为 30 和 17 的同心圆，如图 8-53 所示。

**03** 单击【绘图】工具栏 ✎ 按钮，配合捕捉功能，绘制如图 8-54 所示的水平构造线。

**04** 重复【构造线】命令，在侧视图的左侧绘制一条垂直的构造线，然后偏移复制 4 个绘图单位，如图 8-55 所示。

图 8-53 绘制同心圆　　　　图 8-54 绘制水平构造线　　　　图 8-55 绘制垂直构造线

**05** 单击【修改】工具栏 ⁄ 按钮，激活【修剪】命令，将图形修剪成如图 8-56 所示效果。

**06** 单击【绘图】工具栏 ▣ 按钮，设置填充图案以及填充参数，如图 8-57 所示，为主视图填充如图 8-58 所示的图案。

图 8-56　修剪结果　　　　　　　　图 8-57　设置填充参数　　　　　　　图 8-58　填充结果

**07** 选择菜单【标注】|【标注样式】命令，对当前标注样式进行参数修改，如图 8-59 所示。

**08** 单击【标注】工具栏 ⊙ 按钮，为侧视图标注中心线，结果如图 8-60 所示。

**09** 选择主视图水平中心线，然后将其改为"CENTER"层，最终结果如图 8-61 所示。

图 8-59　修改参数　　　　　　　　图 8-60　标注圆心标记　　　　　　　图 8-61　最终结果

## 096　绘制齿轮

| | 通过齿轮的绘制，主要综合练习了【矩形】、【圆】、【构造线】、【修剪】和【图案填充】命令。 | |
|---|---|---|
| 文件路径： | DVD\实例文件\第 8 章\实例 096.dwg | |
| 视频文件： | DVD\AVI\第 8 章\实例 096.avi | |
| 播放时长： | 0:08:43 | |

**01** 以"机械制图模板.dwt"作为基础样板，新建空白文件。

**02** 激活【对象捕捉】功能，并设置捕捉模式为端点、中点和交点。

**03** 选择菜单【绘图】|【矩形】命令，在"轮廓线"图层内绘制长度为 16，宽度为 63.8 的矩形，并将矩形分解，结果如图 8-62 所示。

**04** 选择菜单【修改】|【偏移】命令，分别将分解后的两条水平轮廓边向内偏移 2.75 个绘图单位，如图 8-63 所示。

**05** 选择菜单【绘图】|【构造线】命令，配合【对象捕捉】功能，绘制如图 8-64 所示的水平和垂直构

造线，作为定位辅助线。

图 8-62  绘制矩形          图 8-63  偏移          图 8-64  绘制辅助线

**06** 使用快捷键 "C" 激活【圆】命令，配合【交点捕捉】功能，绘制如图 8-65 所示的同心圆，作为左视图轮廓。

**07** 使用快捷键 "O" 激活【偏移】命令，将左视图中心位置的水平辅助线向上偏移 10.5 个绘图单位；将垂直辅助线分别向左右两边偏移 2.4 个绘图单位，以定位出内部结构，结果如图 8-66 所示。

**08** 综合使用【修剪】和【删除】命令，对辅助线进行修剪和删除，结果如图 8-67 所示。

图 8-65  绘制左视图轮廓          图 8-66  偏移          图 8-67  修剪

> 提示：【偏移】命令中的 "删除" 选项将对象偏移复制后，源对象将被删除；而 "图层" 选项则是将偏移的目标对象放到当前图层上，系统默认的是放到与源对象所在层上。

**09** 使用【直线】命令，配合捕捉追踪功能，以图 8-68 所示和图 8-69 所示的交点作为起点和端点，绘制水平轮廓线，结果如图 8-70 所示。

图 8-68  定位起点          图 8-69  定位端点          图 8-70  绘制水平线

**10** 重复画线命令，配合中点、端点和对象捕捉追踪功能，绘制下侧的水平轮廓线和垂直中心线，如图 8-71 所示。

**11** 在无命令执行的前提下，选择如图 8-72 所示的轮廓线，使其呈夹点显示。

**12** 选择菜单【工具】|【选项板】|【特性】命令，在弹出的【特性】对话框中，修改线型比例为 "0.4"，图层为点画线，结果如图 8-73 所示。

图 8-71　绘制线条

图 8-72　夹点显示

图 8-73　修改特性

**13** 选择菜单【修改】|【拉长】命令，将中心线两端拉长 3 个绘图单位，如图 8-74 所示。

**14** 将 "剖面线" 设置为当前层，执行【图案填充】命令，设置图案类型和填充比例，如图 8-75 所示，对主视图进行填充，结果如图 8-76 所示。

图 8-74　拉长中心线

图 8-75　设置填充参数

图 8-76　填充结果

# 097　绘制弹簧

| | 通过弹簧的绘制，主要对【圆】、【直线】、【偏移】、【修剪】和【复制】命令进行综合练习，在具体操作中还用到了【捕捉自】功能。 |
|---|---|
| 文件路径： | DVD\实例文件\第 8 章\实例 097.dwg |
| 视频文件： | DVD\AVI\第 8 章\实例 097.avi |
| 播放时长： | 0:07:11 |

**01** 以附赠样板 "机械制图模板.dwt" 作为基础样板，新建空白文件。

**02** 将点画线切换成当前图层，单击【绘图】工具栏 ∕ 按钮，绘制中心线。

**03** 单击【修改】工具栏 ◬ 按钮，将中心线向上下分别偏移 12.5 个绘图单位，得到弹簧的中径距，结果如图 8-77 所示。

**04** 将 "轮廓线" 设置为当前层，单击【绘图】工具栏 ∕ 按钮，绘制垂直直线，并将其向右偏移 90.5

个单位，如图 8-78 所示。

**05** 将点画线切换成当前图层，使用【直线】命令，配合【捕捉自】功能，绘制中心线。命令行操作过程如下：

```
命令: l LINE 指定第一点: _from 基点:    //单击图 8-78 所示的 C 点
<偏移>:@2,-3↙
指定下一点或 [放弃(U)]:@0,6↙
指定下一点或 [放弃(U)]: ↙           //按回车键结束命令
命令: ↙                             //按回车键，重复直线命令
LINE 指定第一点: _from 基点:        //单击图 8-78 所示的 D 点
<偏移>:@4,3↙
指定下一点或 [放弃(U)]:@0,-6↙
指定下一点或 [放弃(U)]: ↙           //按回车键，结束命令，结果如图 8-79 所示
```

图 8-77　偏移中心线　　　　　图 8-78　绘制并偏移　　　　　图 8-79　绘制中心线

**06** 将"轮廓线"设置为当前层，单击【绘图】工具栏 ⊙ 按钮，绘制半径为 2 的圆，如图 8-80 所示。

**07** 单击【修改】工具栏 ⼁ 按钮，修剪多余的圆弧，如图 8-81 所示。

**08** 单击【修改】工具栏 ⚠ 按钮，激活【镜像】命令，将步骤 5 和步骤 7 中绘制的中心线和圆相对于水平中心线中点水平镜像，结果如图 8-82 所示。

图 8-80　绘制圆　　　　　　　图 8-81　修剪圆弧　　　　　　图 8-82　镜像复制

**09** 选择菜单【修改】|【复制】命令，选择如图 8-83 所示的两个圆，将其水平向右复制 8 个单位，如图 8-84 所示。

**10** 重复步骤 9，复制另一端的断面圆，结果如图 8-85 所示。

图 8-83　复制对象　　　　　　图 8-84　复制结果　　　　　　图 8-85　复制右侧圆

**11** 使用【修剪】命令，修剪图形，并使用【直线】命令，绘制相切线，将弹簧的轮廓连接起来，结果如图 8-86 所示。

**12** 将"剖面线"图层设置为当前图层，单击 ▨ 按钮填充图案，使用"ANSI31"图案，比例为 0.2，结果如图 8-87 所示。弹簧图形绘制完成。

图 8-86  绘制切线                              图 8-87  填充图案

## 098  绘制轴承

通过绘制轴承，主要对【矩形】、【偏移】、【镜像】和【图案填充】命令进行综合练习。

| | | |
|---|---|---|
| 文件路径： | DVD\实例文件\第 8 章\实例 098.dwg | |
| 视频文件： | DVD\AVI\第 8 章\实例 098.avi | |
| 播放时长： | 0:06:07 | |

**01** 按 Ctrl+N 快捷键，新建一个空白文件。

**02** 单击【图层】工具栏 按钮，打开【图层特性管理器】对话框，建立 "粗实线"、"中心线" 和 "细实线" 3 个图层，结果如图 8-88 所示。

图 8-88  新建图层                              图 8-89  绘制矩形

**03** 将 "粗实线" 设置为当前层，单击【绘图】工具栏 按钮，绘制 42×9 大小的矩形，如图 8-89 所示。

**04** 将 "中心线" 设置为当前层，单击 按钮配合【捕捉中点】功能，绘制中心线，如图 8-90 所示。

**05** 重复【直线】命令，配合【捕捉自】功能，绘制中心线，命令行操作过程如下：

| | |
|---|---|
| 命令：_line 指定第一点：_from 基点： | //捕捉外轮廓左下角点 |
| <偏移>：@1.5,4.5↵ | //输入相对直角坐标确定第 1 点 |
| 指定下一点或 [放弃(U)]：@5.5,0↵ | //输入相对直角坐标确定第 2 点 |
| 指定下一点或 [放弃(U)]：↵ | //按回车键结束命令 |
| 命令：↵ | //按回车键重复命令 |

```
_line 指定第一点: _from 基点:          //捕捉外轮廓左下角点
<偏移>:@4.25, 1.75↙               //输入相对直角坐标确定第1点
指定下一点或 [放弃(U)]: @0, 5.5↙      //输入相对直角坐标确定第2点
指定下一点或 [放弃(U)]:↙             //按回车键,绘制结果如图8-91所示
```

**06** 将"粗实线"设置为当前层,单击【绘图】工具栏 ⊙ 按钮,以中心点交点为圆心,绘制半径为 **2.125** 的圆,如图8-92所示。

**07** 将"细实线"设置为当前图层,单击 ╱ 按钮绘制辅助线。命令行操作过程如下:

```
命令:L↙ LINE 指定第一点:            //捕捉圆心
指定下一点或 [放弃(U)]: @10<60↙      //输入相对极坐标
指定下一点或 [放弃(U)]: ↙            //按回车键,结束命令,结果如图8-93所示
```

图 8-90  绘制中心线          图 8-91  绘制中心线          图 8-92  绘制圆

**08** 将"粗实线"设置为当前图层,单击 ╱ 按钮,以辅助线和圆的交点为起点绘制轮廓线,结果如图 8-94 所示。

**09** 单击【修改】工具栏 ⚎ 按钮,激活【镜像】命令,将步骤 8 中绘制的直线分别沿圆的两条中心线镜像复制,如图8-95所示。

图 8-93  绘制辅助线          图 8-94  绘制轮廓线          图 8-95  镜像复制

**10** 将"粗实线"设置为当前图层,使用【直线】命令,配合【捕捉自】功能,以右侧垂直线段上端点为基点,以 "@-35, 0" 为目标点,绘制内轮廓线,结果如图8-96所示。

**11** 使用【直线】命令,配合【捕捉自】功能绘制另一端的结构,结果如图8-97所示。

**12** 将"细实线"设置为当前图层,单击【绘图】工具栏 ▨ 按钮填充图案,使用 "ANSI31" 图案,填充比例为 0.4,填充结果如图8-98所示。

图 8-96  绘制内轮廓          图 8-97  绘制中心线          图 8-98  填充

## 099  绘制蜗轮

| | 通过蜗轮的绘制,主要综合练习了【多段线】、【圆】、【修剪】、【偏移】和【图案填充】命令。 |
|---|---|
| 文件路径: | DVD\实例文件\第 8 章\实例 099.dwg |
| 视频文件: | DVD\AVI\第 8 章\实例 099.avi |
| 播放时长: | 0:09:41 |

**01** 以附赠样板 "机械制图模板.dwt" 作为基础样板新建空白文件。

**02** 将点画线设置为当前层,然后使用【构造线】和【偏移】命令,绘制如图 8-99 所示的辅助线。

**03** 在无命令执行的前提下,选择图 8-99 所示的定位线 M 进行夹点编辑,命令行操作过程如下:

```
命令:                                    //单击其中的一个夹点,进入夹点编辑模式
** 拉伸 **
指定拉伸点或 [基点(B)/复制(C)/放弃(U)/退出(X)]:↙      //按回车键,进入夹点移动模式
** 移动 **
指定移动点或 [基点(B)/复制(C)/放弃(U)/退出(X)]:↙      //按回车键,进入夹点旋转模式
** 旋转 **
指定旋转角度或 [基点(B)/复制(C)/放弃(U)/参照(R)/退出(X)]:c↙
** 旋转 (多重) **
指定旋转角度或 [基点(B)/复制(C)/放弃(U)/参照(R)/退出(X)]:b↙
指定基点:                                //捕捉图 8-99 所示的 A 点
** 旋转 (多重) **
指定旋转角度或 [基点(B)/复制(C)/放弃(U)/参照(R)/退出(X)]:32↙      //设置角度为 32
** 旋转 (多重) **
指定旋转角度或 [基点(B)/复制(C)/放弃(U)/参照(R)/退出(X)]:-32↙      //设置角度为-32
** 旋转 (多重) **
指定旋转角度或 [基点(B)/复制(C)/放弃(U)/参照(R)/退出(X)]:↙      //按回车键,并取消
夹点显示,结果如图 8-100 所示
```

图 8-99  绘制辅助线

图 8-100  夹点编辑

**04** 将 "轮廓线" 设置为当前图层,打开线宽功能。单击【绘图】工具栏 ⊘ 按钮,绘制半径分别为 18、

20 和 23 的同心圆，如图 8-101 所示。

**05** 选择菜单【修改】|【修剪】命令，对辅助线和同心圆进行修剪，结果如图 8-102 所示。

**06** 使用【直线】命令，配合【对象捕捉】功能，绘制如图 8-103 所示的轮廓线。

图 8-101　绘制同心圆

图 8-102　修剪结果

图 8-103　绘制轮廓线

**07** 修改图 8-103 所示轮廓线 L 的图层为"轮廓线"，修改弧线 Q 的图层为点画线，结果如图 8-104 所示。

**08** 使用快捷键"O"激活【偏移】命令，将图 8-104 所示的轮廓线 P 分别向上下偏移 5 和 10 个绘图单位，将垂直辅助线左右偏移 8.5 个绘图单位，如图 8-105 所示。

**09** 综合使用【修剪】和【删除】命令，对偏移后的轮廓线进行修剪，并删除不需要的辅助线，结果如图 8-106 所示。

图 8-104　修改对象特性

图 8-105　偏移

图 8-106　修剪

**10** 将修剪后的 4 条水平轮廓线进行分解，然后对其两两圆角，半径为 2.5，圆角结果如图 8-107 所示。

**11** 选择菜单【修改】|【镜像】命令，将下侧的图形镜像复制，创建出左视图的上半部分，结果如图 8-108 所示。

**12** 使用【构造线】命令，分别通过左视图特征点绘制水平辅助线，结果如图 8-109 所示。

图 8-107　圆角结果

图 8-108　镜像复制

图 8-109　绘制辅助线

**13** 以左下侧辅助线交点作为圆心,以其他交点作为圆半径的另一端点,绘制如图 8-110 所示的同心圆。

**14** 执行【偏移】命令,将最下侧水平辅助线向上偏移 17 个绘图单位,将垂直辅助线对称偏移 4 个绘图单位,结果如图 8-111 所示。

**15** 综合使用【修剪】和【删除】命令,对各辅助线进行修剪,删除不需要的辅助线,结果如图 8-112 所示。

图 8-110　绘制同心圆　　　　图 8-111　偏移辅助线　　　　图 8-112　修剪操作

**16** 修改如图 8-112 所示轮廓线 W 和 Q 的图层为 "轮廓线",圆 O 的图层为点画线。

**17** 选择菜单【绘图】|【图案填充】命令,设置填充参数及填充图案,如图 8-113 所示,对左视图填充剖面图案,填充结果如图 8-114 所示。

**18** 使用【拉长】命令,将中心线向两端拉长 3 个绘图单位,最终结果如图 8-115 所示。

图 8-113　设置填充参数　　　　图 8-114　填充图案　　　　图 8-115　最终结果

# 100 绘制止动垫圈

| | 通过绘制螺母止动垫圈,主要对【直线】、【圆】、【偏移】、【阵列】和【拉长】命令进行综合练习。 | |
|---|---|---|
| 文件路径: | DVD\实例文件\第 8 章\实例 100.dwg | |
| 视频文件: | DVD\AVI\第 8 章\实例 100.avi | |
| 播放时长: | 0:04:22 | |

**01** 以附赠样板"机械制图模板.dwt"作为基础样板，新建空白文件。

**02** 将点画线设置为当前图层，使用【直线】命令，绘制中心线。

**03** 使用快捷键"O"激活【偏移】命令，将垂直中心线，分别向左右两边偏移 3.5 个绘图单位，结果如图 8-116 所示。

**04** 将"轮廓线"设置为当前层，使用【圆】命令，以中间中心线与水平中心线交点为圆心，绘制直径分别为 50.5、61 和 76 的圆，如图 8-117 所示。

**05** 使用【直线】命令，绘制如图 8-118 所示的垂直直线。

图 8-116　偏移结果　　　　　　图 8-117　绘制圆　　　　　　图 8-118　绘制垂直直线

**06** 选择菜单【修改】|【阵列】命令，对刚绘制的两条线段，进行三次环形阵列，第一次阵列总数为 3，填充角度设置为-60°；第二次阵列总数为 2，填充角度设置为 105°；第三次阵列选择第二次阵列后得到的直线作为阵列对象，阵列总数设置为 3，填充角度设置为 60°；三次阵列的中心都选择中心线的交点，结果如图 8-119 所示。

**07** 使用【修剪】和【删除】命令，对图形进行修剪操作，结果如图 8-120 所示。

**08** 使用【拉长】命令，将中心线向两端拉长 3 个绘图单位，最终结果如图 8-121 所示。

图 8-119　阵列结果　　　　　　图 8-120　操作结果　　　　　　图 8-121　最终结果

## 101　绘制蝶形螺母

通过蝶形螺母的绘制，主要综合练习了【直线】、【圆】、【修剪】和【旋转】命令，在具体操作过程中还使用了【捕捉端点】和【捕捉切点】功能。

| | | |
|---|---|---|
| 文件路径： | DVD\实例文件\第 8 章\实例 101.dwg | |
| 视频文件： | DVD\AVI\第 8 章\实例 101.avi | |
| 播放时长： | 0:05:22 | |

**01** 以附赠样板"机械制图模板.dwt"作为基础样板，新建空白文件。

**02** 将点画线设置为当前图层，单击绘图工具栏 ╱ 按钮，绘制垂直中心线。

**03** 将"轮廓线"设置为当前图层，使用【直线】命令，绘制如图 8-122 所示的轮廓线。

**04** 使用快捷键"O"激活【偏移】命令，将中心线向右偏移 1.5 个绘图单位。

**05** 单击【修改】工具栏 ╱ 按钮，将图形进行修剪处理，结果如图 8-123 所示。

**06** 使用【偏移】命令，将修剪后的直线向左偏移复制 0.5 个绘图单位，并将偏移的直线修改为"轮廓线"图层，结果如图 8-124 所示。

图 8-122　绘制轮廓线

图 8-123　修剪

图 8-124　偏移

**07** 将点画线设置为当前层，单击【绘图】工具栏 ╱ 按钮，配合【捕捉自】功能绘制如图 8-125 所示的辅助线。

**08** 设置"轮廓线"为当前层，选择菜单【绘图】|【圆】|【相切、相切、半径】命令，以刚绘制的辅助线为切点，绘制半径为 5 的圆，如图 8-126 所示。

**09** 使用【直线】命令，配合【捕捉端点】和【捕捉切点】功能，绘制如图 8-127 所示的切线。

图 8-125　绘制辅助线

图 8-126　绘制相切圆

图 8-127　绘制切线

**10** 综合使用【修剪】和【删除】命令，对图形进行修剪处理，并删除多余的辅助线，结果如图 8-128 所示。

**11** 单击【修改】工具栏 ⚠ 按钮，激活【镜像】命令，选择右边的轮廓进行镜像，结果如图 8-129 所示。

**12** 将"剖面线"切换为当前层，单击【绘图】工具栏上的 按钮，激活【图案填充】按钮，选择合适的图案和比例，对图形进行填充，结果如图 8-130 所示。

图 8-128　修剪圆

图 8-129　镜像结果

图 8-130　最终结果

# 102 绘制轴承挡环

通过绘制轴承挡环，主要综合练习了【直线】、【圆】、和【修剪】命令。

| | 文件路径： | DVD\实例文件\第 8 章\实例 102.dwg |
|---|---|---|
| | 视频文件： | DVD\AVI\第 8 章\实例 102.avi |
| | 播放时长： | 0:05:10 |

**01** 以附赠样板"机械制图模板.dwt"作为基础样板，新建空白文件。

**02** 将点画线设置为当前层，单击【绘图】工具栏 ╱ 按钮，绘制垂直和水平两条中心线。

**03** 设置"轮廓线"为当前图层，使用快捷键"C"激活【圆】命令，以中心线的交点为圆心绘制半径为 5 的圆，如图 8-131 所示。

**04** 选择菜单【修改】|【偏移】命令，将水平中心线分别向上下两侧偏移 0.5 个绘图单位，结果如图 8-132 所示。

**05** 单击【绘图】工具栏 ⊘ 按钮，激活【圆】命令，以图 8-132 所示的 Q 点为圆心绘制半径为 5.75 的圆，结果如图 8-133 所示。

图 8-131  绘制圆          图 8-132  偏移结果          图 8-133  绘制圆

**06** 使用快捷键"O"激活【偏移】命令，将垂直中心线分别向左右两侧偏移 0.6 和 2.5 个绘图单位，结果如图 8-134 所示。

**07** 使用快捷键"C"激活【圆】命令，以图 8-134 所示的点 M 为圆心，绘制半径为 5.75 的圆，结果如图 8-135 所示。

图 8-134  偏移垂直辅助线          图 8-135  绘制圆          图 8-136  修剪直线

**08** 单击【修改】工具栏 ╱ 按钮，激活【修剪】命令，对图形进行修剪处理，结果如图 8-136 所示。

**09** 使用【删除】命令，删除辅助线，并单击【绘图】工具栏 ✏ 按钮，捕捉端点绘制如图 8-137 所示的 4 条直线。

**10** 将点画线设置为当前图层，单击【绘图】工具栏 ⊘ 按钮，以图 8-137 所示的 O 点为圆心，绘制半径为 5.4 的圆，如图 8-138 所示。

**11** 使用快捷键 "O" 激活【偏移】命令，将垂直中心线分别向左右两边偏移 1.5 个绘图单位。

**12** 单击【修改】工具栏 ✂ 按钮，对偏移的垂直中心线进行修剪处理，修剪结果如图 8-139 所示。

图 8-137 绘制直线　　　　　　　图 8-138 绘制辅助圆　　　　　　　图 8-139 修剪图形

**13** 将"轮廓线"切换为当前层，使用快捷键 "C" 激活【圆】命令，以刚修剪的辅助线交点为圆心绘制半径为 0.3 的圆，结果如图 8-140 所示。

**14** 使用【删除】命令，删除多余的辅助线，最终结果如图 8-141 所示。

图 8-140 绘制圆　　　　　　　　　　　图 8-141 最终结果

## 103 绘制端盖

| | 通过端盖的绘制，主要综合练习了【阵列】、【圆】、【构造线】、【修剪】和【图案填充】命令。 | |
|---|---|---|
| 文件路径： | DVD\实例文件\第 8 章\实例 103.dwg | |
| 视频文件： | DVD\AVI\第 8 章\实例 103.avi | |
| 播放时长： | 0:08:43 | |

**01** 按 Ctrl+N 快捷键，新建一个空白文件。

**02** 单击【图层】工具栏 ▤ 按钮，打开【图层特性管理器】对话框，建立"轮廓线"、"中心线"和"虚线"等几个图层，如图 8-142 所示。

**03** 激活【对象捕捉】功能，并设置捕捉模式为端点、中点、圆心和交点，如图 8-143 所示。

图 8-142　新建图层　　　　　　　　　　　图 8-143　偏移

**04** 设置"中心线"为当前图层。

**05** 选择菜单【绘图】|【直线】命令，绘制中心线，结果如图 8-144 所示。

**06** 设置"轮廓线"为当前图层，使用快捷键"C"激活【圆】命令，配合【交点捕捉】功能，绘制如图 8-145 所示的同心圆。

**07** 将半径为 40 的圆转换到"中心线"图层中，结果如图 8-146 所示。

图 8-144　绘制中心线　　　　　　图 8-145　绘制同心圆　　　　　　图 8-146　转换图层

**08** 使用快捷键"C"激活【圆】命令，配合【交点捕捉】功能，绘制如图 8-147 所示的圆。

**09** 使用快捷键"AR"激活【阵列】命令，选择"极轴"，以小圆为对象，以中心线交点为中心，项目数为 3，结果如图 8-148 所示。

**10** 选择菜单【绘图】|【构造线】命令，配合【对象捕捉】功能，绘制如图 8-149 所示的水平构造线，作为定位辅助线。

图 8-147　绘制小圆　　　　　　图 8-148　阵列　　　　　　图 8-149　构造线

**11** 使用【直线】命令，绘制一条垂直直线，结果如图 8-150 所示。

**12** 选择菜单【修改】|【偏移】命令，将垂直直线分别向右偏移 15 和 35 个绘图单位，如图 8-151　图 8-177 所示。

**13** 综合使用【修剪】和【删除】命令，对辅助线进行修剪和删除，结果如图 8-152 所示。

图 8-150　绘制直线　　　　　　　　图 8-151　偏移　　　　　　　　图 8-152　修剪和删除

**14** 直接单击相关直线，改变其线型和图层，如图 8-153 所示。

**15** 设置"中心线"为当前图层，使用直线命令，绘制左视图中心线，结果如图 8-154 所示。

图 8-153　改变线型图层　　　　　　　　　　　　图 8-154　绘制中心线

# 104 绘制连接盘

通过连接盘的绘制，主要综合练习了【矩形】、【圆】、【构造线】、【修剪】和【图案填充】命令。

| | 文件路径： | DVD\实例文件\第 8 章\实例 104.dwg |
| --- | --- | --- |
| | 视频文件： | DVD\AVI\第 8 章\实例 104.avi |
| | 播放时长： | 0:08:43 |

**01** 按 Ctrl+N 快捷键，新建一个空白文件。

**02** 单击【图层】工具栏按钮，打开【图层特性管理器】对话框，建立"轮廓线"和"中心线"等图层，如图 8-155 所示。

**03** 激活【对象捕捉】功能，并设置捕捉模式为端点、中点、圆心和交点，如图 8-156 所示。

图 8-155　新建图层　　　　　　　　　　　　　　　　图 8-156　设置捕捉

**04** 设置"中心线"为当前图层，选择菜单【绘图】|【直线】命令，绘制中心线，结果如图 8-157 所示。

**05** 设置"轮廓线"为当前图层，使用快捷键"C"激活【圆】命令，配合【交点捕捉】功能，绘制如图 8-158 所示的同心圆。

**06** 将直径为 120 的圆转换到"中心线"图层，结果如图 8-159 所示。

图 8-157　绘制中心线　　　　图 8-158　绘制同心圆　　　　图 8-159　转换图层

**07** 选择菜单【修改】|【偏移】命令，分别将水平中心线向上、下偏移 5 个绘图单位，再选择直径为 71 的圆向外偏移 10 个绘图单位，如图 8-160 所示。

**08** 使用【修剪】命令，将上一步偏移出来的圆和直线进行修剪，结果如图 8-161 所示。

**09** 使用快捷键"C"激活【圆】命令，配合【交点捕捉】功能，绘制如图 8-162 所示圆。

图 8-160　偏移　　　　　　　　图 8-161　修剪　　　　　　　　图 8-162　绘制圆

**10** 使用快捷键 "AR"，激活【阵列】命令，使用 "极轴" 阵列方式，选择绘制的小圆及修剪对象为阵列对象，以中心线交点为中心进行阵列，项目数为 6，结果如图 8-163 所示。

**11** 选择菜单【修改】|【偏移】命令，选择直径为 38 的圆向外偏移 3 个绘图单位，再选择直径为 160 的圆向内偏移 3 个绘图单位，如图 8-164 所示。

**12** 选择菜单【绘图】|【构造线】命令，配合【对象捕捉】功能，绘制如图 8-165 所示的水平和垂直构造线，作为定位辅助线。

图 8-163　阵列图形　　　　　　　图 8-164　偏移圆　　　　　　　图 8-165　绘制构造线

**13** 选择菜单【修改】|【偏移】命令，将垂直构造线向分别右偏移 12、22、57、82 个绘图单位，如图 8-166 所示。

**14** 综合使用【修剪】和【删除】命令，对辅助线进行修剪和清理，结果如图 8-167 所示。

**15** 使用快捷键 "O" 激活【偏移】命令，将左视图中心位置的水平中心线分别向上、向下偏移 19、32.5 个绘图单位，结果如图 8-168 所示。

图 8-166　偏移　　　　　　　　图 8-167　修剪图形　　　　　　　图 8-168　偏移图形

**16** 综合使用【修剪】和【删除】命令，对左视图进行修剪和删除，结果如图 8-169 所示。

**17** 使用快捷键 "F" 激活【圆角】命令，将沉孔部位进行圆角，圆角大小为 R5，再将左视图右上角进行圆角，圆角大小结果如图 8-170 所示。

**18** 使用快捷键 "O" 激活【偏移】命令，将左视图中直径为 17 中心线分别向上、下偏移 8.5 个绘图单位，再选择直径为 71 的圆的边缘投影直线向下偏移 10 个绘图单位，水平辅助线向上偏移 10.5 个绘图单位，结果如图 8-171 所示。

> **提示**：【偏移】命令中的 "删除" 选项将对象偏移复制后，源对象将被删除；而 "图层" 选项则是将偏移的目标对象放到当前图层上，系统默认的是放到与源对象所在层上。

图 8-169　修剪图形　　　　　　图 8-170　圆角图形　　　　　　图 8-171　偏移直线

**19** 使用【直线】命令，配合捕捉追踪功能，绘制如图 8-172 所示的直线。

**20** 综合使用【修剪】和【删除】命令，对左视图进行修剪和删除，结果如图 8-173 所示。

**21** 使用【倒角】命令，将直径为 71 的圆和直径为 38 的圆的左视图直角分别进行倒角，倒角大小为 3。使用【直线】命令，连接倒角处直线，如图 8-174 所示。

图 8-172　绘制直线　　　　　　图 8-173　修剪图形　　　　　　图 8-174　倒角

**22** 改变相关线型图层，并调整中心线到适合长度，如图 8-175 所示。

**23** 设置"剖面线"为当前层，执行【图案填充】命令，设置图案类型和填充比例，如图 8-176 所示，对左视图进行填充，结果如图 8-177 所示。

图 8-175　修改线型图层　　　　图 8-176　设置填充参数　　　　　图 8-177　填充结果

# 第 **9** 章

# 零件视图与辅助视图绘制

本章导读

本章通过轴类、杆类、盘类、盖类、座体类、阀体类和壳类等典型零件类型实例的绘制，在巩固相关知识的前提下，主要学习各类零件视图与辅助视图的绘制方法和绘制技巧。

**效果展示**

# 105 绘制轴类零件

通过绘制轴类零件,主要综合练习了【直线】【偏移】、【倒角】、【圆角】、【镜像】和【构造线】命令,在具体操作过程中还使用了【捕捉切点】和【图案填充】功能。

| | | |
|---|---|---|
| 文件路径: | DVD\实例文件\第 9 章\实例 105.dwg |
| 视频文件: | DVD\AVI\第 9 章\实例 105.avi |
| 播放时长: | 0:09:19 |

**01** 以附赠样板"机械制图模板.dwg"作为样板,新建空白文件。

**02** 激活【正交追踪】或【极轴追踪】功能,并打开【线宽】功能。

**03** 使用【草图设置】命令,激活【对象捕捉】功能,并设置对象捕捉模式,如图 9-1 所示。

**04** 将点画线设置为当前图层,使用【直线】命令,绘制定位基准线,结果如图 9-2 所示。

图 9-1 设置捕捉模式

图 9-2 绘制基准线

> **技 巧**:用户也可以通过选择菜单【工具】|【草图设置】命令,或使用快捷键"DS",都可以激活【草图设置】命令,进行捕捉模式的设置操作。

**05** 使用快捷键"O"激活【偏移】命令,根据图 9-3 所示的尺寸,对垂直定位线进行多重偏移。

**06** 将"轮廓线"设置为当前图层,使用【直线】命令绘制如图 9-4 所示轮廓线(尺寸见效果图)。

图 9-3 偏移垂直线

图 9-4 绘制轮廓线

**07** 根据第 6 步的步骤操作,使用【直线】命令,配合【正交追踪】和【对象捕捉】功能绘制其他位置的轮廓线,结果如图 9-5 所示。

图 9-5  绘制轮廓线

图 9-6  倒角并绘制连接线

**08** 单击【修改】工具栏中的 ▱ 按钮，激活【倒角】命令，对轮廓线进行倒角细化。

**09** 使用【直线】命令，配合捕捉与追踪功能，绘制连接线，结果如图 9-6 所示。

**10** 使用快捷键 "MI" 激活【镜像】命令，对轮廓线进行镜像复制，结果如图 9-7 所示。

**11** 使用快捷键 "O" 激活【偏移】命令，创建如图 9-8 所示的垂直辅助线。

图 9-7  镜像图形

图 9-8  偏移辅助线

**12** 将 "轮廓线" 设置为当前图层，使用【圆】命令，以刚偏移的垂直辅助线的交点为圆心，绘制直径为 12 和 8 的圆，如图 9-9 所示。

**13** 使用【直线】命令，配合【捕捉切点】功能，绘制键槽轮廓，如图 9-10 所示。

图 9-9  绘制圆

图 9-10  绘制外切线

**14** 使用【修剪】命令，对键槽轮廓进行修剪，并删除多余的辅助线，结果如图 9-11 所示。

**15** 将点画线设置为当前层，使用快捷键 "XL" 激活【构造线】命令，绘制图 9-12 所示的水平和垂直构造线，作为剖面图的定位辅助线。

图 9-11  修剪

图 9-12  绘制构造线

**16** 将 "轮廓线" 设置为当前图层，使用【圆】命令，以构造线的交点为圆心，分别绘制直径为 40 和 25 的圆，结果如图 9-13 所示。

**17** 选择菜单【修改】|【偏移】命令，对水平和垂直构造线进行偏移，结果如图 9-14 所示。

图 9-13　绘制圆

图 9-14　偏移辅助线

**18** 使用快捷键 "L" 激活【直线】命令，绘制键深，结果如图 9-15 所示。

**19** 综合使用【删除】和【修剪】命令，去掉不需要的构造线和轮廓线，如图 9-16 所示。

图 9-15　绘制键深

图 9-16　修剪图形

**20** 将 "剖面线" 设置为当前图层，执行【绘图】|【图案填充】命令，为此剖面图填充 "ANSI31" 图案，填充比例为 1.5，角度为 "0"，填充结果如图 9-17 所示。

**21** 使用【拉长】命令，对中心线进行完善，中心线超出轮廓线的长度设置为 6 个绘图单位，最终结果如图 9-18 所示。

图 9-17　填充图案

图 9-18　最终结果

# 106 绘制杆类零件

通过杆类零件的绘制，主要综合使用了【直线】、【偏移】、【倒角】和【镜像】命令，在具体操作过程中还使用了对象捕捉功能。

| 文件路径： | DVD\实例文件\第 9 章\实例 106.dwg |
|---|---|
| 视频文件： | DVD\AVI\第 9 章\实例 106.avi |
| 播放时长： | 0:02:43 |

**01** 以附赠样板"机械样板.dwt"作为基础样板，新建空白文件。

**02** 设置点画线为当前图层，并启用【线宽】功能。

**03** 使用快捷键"L"激活【直线】命令，绘制如图 9-19 所示的中心线，作为定位辅助线。

**04** 使用快捷键"O"，激活【偏移】命令，创建如图 9-20 所示的垂直辅助线。

图 9-19　绘制辅助线　　　　　　　　　　　　图 9-20　创建垂直辅助线

**05** 将"轮廓线"设置为当前图层，使用【直线】命令，配合【对象捕捉】功能，绘制图形的轮廓，结果如图 9-21 所示。

**06** 选择菜单【修改】|【倒角】命令，对图形进行倒角，结果如图 9-22 所示。

图 9-21　绘制轮廓线　　　　　　　　　　　　图 9-22　倒角

**07** 使用【直线】命令，绘制如图 9-23 所示的线段。

**08** 选择菜单【修改】|【镜像】命令，以水平辅助线作为镜像轴，对上侧的所有图形进行镜像，结果如图 9-24 所示。

图 9-23　绘制线段　　　　　　　　　　　　图 9-24　镜像图形

**09** 使用快捷键"E"激活【删除】命令，删除多余的辅助线，最终结果如图 9-25 所示。

图 9-25　最终结果

## 107 绘制销钉类零件

通过销钉类零件的绘制，主要综合练习了【直线】、【倒角】和【分解】命令，在具体操作过程中还使用了对象捕捉功能。

| | 文件路径： | DVD\实例文件\第 9 章\实例 107.dwg |
|---|---|---|
| | 视频文件： | DVD\AVI\第 9 章\实例 107.avi |
| | 播放时长： | 0:02:43 |

**01** 以附赠样板"机械样板.dwt"作为基础样板，新建空白文件。

**02** 设置点画线为当前图层。

**03** 使用快捷键"L"激活【直线】命令，绘制如图 9-26 所示的水平中心线，作为定位辅助线。

**04** 设置"轮廓线"为当前图层，并启用【线宽】功能。

**05** 使用快捷键"REC"，激活【矩形】命令，绘制长为 66、宽为 10 的矩形，如图 9-27 所示。

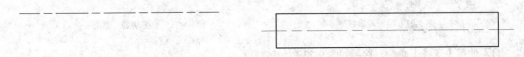

图 9-26  绘制辅助线          图 9-27  绘制矩形

**06** 使用【分解】命令，分解矩形；使用快捷键"L"，激活【直线】命令，配合【对象捕捉】功能，绘制图形的轮廓，结果如图 9-28 所示。

**07** 选择菜单【修改】|【倒角】命令，设置第一个倒角距离为 0.7，第二个倒角距离为 2.5，对图形进行倒角，结果如图 9-29 所示。

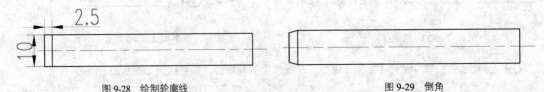

图 9-28  绘制轮廓线          图 9-29  倒角

**08** 使用【圆弧】命令，配合【对象捕捉】功能，分别指定圆弧起点、端点，然后输入半径为 9，绘制如图 9-30 所示的圆弧，销钉零件绘制完成。

图 9-30  最终结果

# 108 绘制紧固件类零件

通过紧固件类零件的绘制，主要综合练习了【直线】、【偏移】、【倒角】和【镜像】命令，在具体操作过程中还使用了对象捕捉功能。

| | | |
|---|---|---|
| 文件路径： | DVD\实例文件\第 9 章\实例 108.dwg | |
| 视频文件： | DVD\AVI\第 9 章\实例 108.avi | |
| 播放时长： | 0:02:43 | |

**01** 以附赠样板"机械样板.dwt"作为基础样板，新建空白文件。

**02** 设置点画线为当前图层，并启用【线宽】功能。

**03** 使用快捷键"L"激活【直线】命令，绘制如图 9-31 所示的中心线，作为定位辅助线。

**04** 设置"轮廓线"为当前图层。

**05** 使用快捷键"C"，激活【圆】命令，绘制如图 9-32 所示 R15 和 R25 的两个圆。

**06** 使用【偏移】命令，将水平中心线分别向上、下偏移 12.5 个绘图单位，再将垂直中心线向右偏移 22.5、26 个绘图单位，结果如图 9-33 所示。

图 9-31　绘制辅助线　　　　图 9-32　绘制圆　　　　图 9-33　偏移辅助线

**07** 选择菜单【修改】|【修剪】命令，对图形进行修剪，并将其转换到"轮廓线"图层中，结果如图 9-34 所示。然后使用【直线】命令，绘制如图 9-35 所示的线段。

**08** 选择菜单【修改】|【倒角】命令，设置第一个倒角距离为 5.5，第二个倒角距离为 3，对图形进行倒角，结果如图 9-36 所示。

图 9-34　修剪图形　　　　图 9-35　绘制线段　　　　图 9-36　倒角图形

**09** 使用【直线】命令，捕捉端点和象限点，绘制吊环连体辅助轮廓线，如图 9-37 所示。

**10** 使用【圆角】命令，设置圆角半径为 0.5，将吊环与连体之间进行圆角处理，并修剪删除多余线段，如图 9-38 所示。

图 9-37 绘制线段 　　　　　　　　　　　　　　　图 9-38 圆角

**11** 使用【矩形】命令，绘制长为 16、宽为 10.5 和长为 11、宽为 12 的两个矩形，如图 9-39 所示。

**12** 使用【倒角】命令，设置距离为 0.75，将螺纹头进行倒角处理，最终结果如图 9-40 所示。

图 9-39 绘制矩形 　　　　　　　　　　　　　　　图 9-40 最终结果

## 109 绘制弹簧类零件

通过弹簧类零件的绘制，主要综合练习了【直线】、【偏移】、【打断】、【图案填充】和【镜像】命令，在具体操作过程中还使用了对象捕捉功能。

| | |
|---|---|
| 文件路径： | DVD\实例文件\第 9 章\实例 109.dwg |
| 视频文件： | DVD\AVI\第 9 章\实例 109.avi |
| 播放时长： | 0:02:43 |

**01** 以附赠样板"机械样板.dwt"作为基础样板，新建空白文件。

**02** 设置点画线为当前图层，并启用【线宽】功能。

**03** 使用快捷键"L"激活【直线】命令，绘制如图 9-41 所示的中心线，作为定位辅助线。

**04** 设置"轮廓线"为当前图层。

**05** 使用快捷键"C"，激活【圆】命令，绘制 R9、R13 的两个圆，如图 9-42 所示。

**06** 使用【偏移】命令，将垂直中心线向右偏移 2，结果如图 9-43 所示。

图 9-41　绘制辅助线　　　　　图 9-42　绘制圆　　　　　图 9-43　偏移中心线

**07** 选择菜单【修改】|【打断】命令，选择外侧圆为打断对象，在命令行输入"F"，指定第一个打断点和第二个打断点，结果如图 9-44 所示。

**08** 使用同样的方法，将另一个圆进行打断，并闭合线段，结果如图 9-45 所示。

**09** 选择菜单【修改】|【偏移】命令，将水平中心线向上、向下偏移，再将垂直中心线向右偏移，结果如图 9-46 所示。

图 9-44　打断圆　　　　　图 9-45　打断另一个圆　　　　　图 9-46　偏移中心线

**10** 使用快捷键"C"，激活【圆】命令，结合【对象捕捉】功能，绘制如图 9-47 所示的半径为 2 的两个圆。

**11** 使用【直线】命令，选择水平中心线与圆的交点为起点，按住"Shift"键右击选择"切点"命令，捕捉小圆上的切点为直线的端点，结果如图 9-48 所示。

**12** 选择菜单【修改】|【复制】命令，复制小圆，结果如图 9-49 所示。

图 9-47　绘制圆　　　　　图 9-48　绘制切线　　　　　图 9-49　复制小圆

**13** 使用【直线】命令，使用前面相同的方法，绘制切线，结果如图 9-50 所示。

**14** 使用快捷键 "TR"，激活【修剪】命令，修剪并删除多余线段，结果如图 9-51 所示。

**15** 选择菜单【修改】|【偏移】命令，选择垂直中心线，将其向右偏移 33 个绘图单位，结果如图 9-52 所示。

图 9-50　绘制直线　　　　　图 9-51　修剪线段　　　　　图 9-52　偏移中心线

**16** 使用快捷键 "MI"，激活【镜像】命令，以偏移得到的中心线为对称轴，进行镜像，结果如图 9-53 所示。

图 9-53　镜像

**17** 重复使用【镜像】命令，将右侧弹簧沿水平中心线进行镜像，并删除源对象，结果如图 9-54 所示。

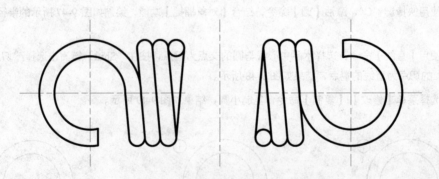

图 9-54　镜像

**18** 选择 "剖面线" 为当前图层，选择菜单【绘图】|【图案填充】命令，对弹簧的剖切截面进行图案填充，最终结果如图 9-55 所示。弹簧零件图绘制完成。

图 9-55　最终结果

## 110　绘制套筒类零件

section A-A

通过套筒类零件的绘制，主要综合练习了【直线】、【偏移】、【图案填充】和【镜像】命令，在具体操作过程中还使用了对象捕捉功能。

| | |
|---|---|
| 文件路径： | DVD\实例文件\第 9 章\实例 110.dwg |
| 视频文件： | DVD\AVI\第 9 章\实例 110.avi |
| 播放时长： | 0:02:43 |

**01** 以附赠样板"机械样板.dwt"作为基础样板，新建空白文件。

**02** 设置点画线为当前图层，并启用【线宽】功能。

**03** 使用快捷键"L"激活【直线】命令，绘制如图 9-56 所示的水平和垂直中心线，作为定位辅助线。

**04** 设置"轮廓线"为当前图层，使用快捷键"C"，激活【圆】命令，分别绘制 R8、R9、R11.5、R12.5、R14.5、R15 的一系列圆，如图 9-57 所示。

**05** 使用 RAY【射线】命令，捕捉圆象限点，绘制水平辅助线，再使用【直线】命令，绘制垂直线段，如图 9-58 所示。

图 9-56　绘制辅助线　　　　图 9-57　绘制同心圆　　　　图 9-58　绘制辅助线

**06** 使用【偏移】命令，将垂直中心线向右偏移 1、12、14、14.5、16 个绘图单位，结果如图 9-59 所示。

**07** 使用【直线】命令，配合【对象捕捉】功能，绘制出轮廓线，结果如图 9-60 所示。

图 9-59　偏移中心线　　　　　　　　　　　　图 9-60　绘制轮廓线

**08** 选择菜单【修改】|【偏移】命令，选择最下面的轮廓线，向上偏移 12 个绘图单位，结果如图 9-61 所示。

**09** 结合【修剪】、【删除】命令，修剪删除多余的线段，结果如图 9-62 所示。

图 9-61　偏移轮廓线　　　　　　　　　　　　图 9-62　修剪图形

**10** 选择菜单【修改】|【镜像】命令，水平镜像导套，结果如图 9-63 所示。

**11** 重复使用【镜像】命令，垂直镜像导套，绘制结果如图 9-64 所示。

图 9-63　镜像导套　　　　　　　　　　　　　图 9-64　垂直镜像

**12** 改变线段图层，并修剪删除掉多余线段，结果如图 9-65 所示。

**13** 选择"剖面线"为当前图层，选择菜单【绘图】|【图案填充】命令，对弹簧的横截面进行图案填充，最终结果如图 9-66 所示。套筒零件绘制完成。

图 9-65 调整图层

图 9-66 最终结果

## 111 绘制钣金类零件

通过钣金类零件的绘制，主要综合练习了【直线】、【偏移】、【圆角】和【图案填充】命令，在具体操作过程中还使用了对象捕捉功能。

| | | |
|---|---|---|
| 文件路径： | DVD\实例文件\第 9 章\实例 111.dwg | |
| 视频文件： | DVD\AVI\第 9 章\实例 111.avi | |
| 播放时长： | 0:02:43 | |

01 以附赠样板"机械样板.dwt"作为基础样板，新建空白文件。

02 设置"轮廓线"为当前图层，并启用【线宽】功能。

03 使用快捷键"L"激活【直线】命令，绘制一个长为137.5、宽为50的矩形，如图9-67所示。

04 使用快捷键"O"，激活【偏移】命令，创建如图9-68所示的辅助线。

图 9-67 绘制矩形

图 9-68 创建垂直辅助线

05 使用【修剪】命令，修剪轮廓线，结果如图9-69所示。

06 选择菜单【修改】|【圆角】命令，对图形进行圆角，圆角半径为5，结果如图9-70所示。

图 9-69 绘制轮廓线

图 9-70 圆角图形

**07** 使用【偏移】命令，创建筋特征，结果如图 9-71 所示。

**08** 选择菜单【修改】|【修剪】命令，对偏移后的轮廓线进行修剪，结果如图 9-72 所示。

图 9-71　偏移线段　　　　　　　　　　　　　　　　图 9-72　修剪图形

**09** 使用快捷键 "F"，激活【圆角】命令，分别选择两条平行线创建圆角，圆角半径为 4，在对筋特征进行圆角，结果如图 9-73 所示。

**10** 选择菜单【修改】|【镜像】命令，镜像复制孔和筋特征，结果如图 9-74 所示。

图 9-73　圆角图形　　　　　　　　　　　　　　　　图 9-74　镜像复制

**11** 使用 RAY【射线】命令，绘制垂直辅助线，再使用【直线】命令，绘制水平直线，结果如图 9-75 所示。

**12** 使用 O【偏移】命令，将水平直线向下偏移 33 个绘图单位，结果如图 9-76 所示。

图 9-75　绘制辅助线　　　　　　　　　　　　　　　图 9-76　偏移辅助线

**13** 使用【直线】命令，配合【对象捕捉】及【极轴追踪】功能，绘制出轮廓线，结果如图 9-77 所示。

**14** 选择菜单【修改】|【偏移】命令，选择绘制的轮廓线，向下偏移 3 个绘图单位，将最上面轮廓线及其偏移后的直线向上偏移 1 个绘图单位，结果如图 9-78 所示。

图 9-77　绘制轮廓线

图 9-78　偏移

**15** 结合【修剪】、【删除】命令，修剪删除多余的线段，结果如图 9-79 所示。

**16** 选择菜单【修改】|【圆角】命令，对剖视图进行圆角处理，结果如图 9-80 所示。

图 9-79　修剪图形

图 9-80　圆角图形

**17** 选择菜单【绘图】|【图案填充】命令，设置图案填充参数，如图 9-81 所示，对钣金剖视图进行图案填充，最终结果如图 9-82 所示。

图 9-81　图案填充

图 9-82　最终结果

# 112 绘制夹钳类零件

通过夹钳类零件的绘制，主要综合练习了【直线】、【偏移】、【倒角】和【镜像】命令，在具体操作过程中还使用了对象捕捉功能。

| | 文件路径： | DVD\实例文件\第 9 章\实例 112.dwg |
|---|---|---|
| | 视频文件： | DVD\AVI\第 9 章\实例 112.avi |
| | 播放时长： | 0:02:43 |

**01** 以附赠样板"机械样板.dwt"作为基础样板，新建空白文件。

**02** 设置点画线为当前图层，并启用【线宽】功能。

**03** 使用快捷键"L"激活【直线】命令，绘制如图 9-83 所示的中心线，作为定位辅助线。

图 9-83　绘制辅助线

**04** 将"轮廓线"设置为当前图层，使用【直线】命令，配合【对象捕捉】功能，绘制图形的轮廓，结果如图 9-84 所示。

图 9-84　绘制轮廓线

**05** 使用【直线】命令，绘制如图 9-85 所示的直线。

图 9-85　绘制直线

**06** 使用【偏移】命令，偏移夹钳轮廓线，偏移 3 个绘图单位，结果如图 9-86 所示。

图 9-86　偏移

**07** 使用快捷键 "F"，激活【圆角】命令，设置圆角半径为 3，对轮廓线进行圆角处理，结果如图 9-87 所示。

图 9-87　圆角

**08** 选择菜单【修改】|【镜像】命令，以水平辅助线作为镜像轴，对上侧的所有图形进行镜像，结果如图 9-88 所示。

图 9-88　镜像图形

**09** 使用快捷键 "L"，激活【直线】命令，绘制如图 9-89 所示的直线。

图 9-89　绘制直线

**10** 使用【偏移】命令，偏移轮廓线，结果如图 9-90 所示。

图 9-90　偏移轮廓线

**11** 使用【圆】命令，配合【对象捕捉】功能，绘制如图 9-91 所示半径为 4.5 的圆。

图 9-91　绘制圆

**12** 使用【修剪】命令，修剪延伸线段，并删除掉多余线段，结果如图 9-92 所示。

图 9-92　修剪线段

**13** 使用快捷键 "MI"，激活【镜像】命令，镜像出螺钉头效果，结果如图 9-93 所示。

图 9-93　镜像螺钉头

**14** 选择菜单【修改】|【偏移】命令，偏移轮廓线，创建装配孔效果，并调整其所在图层，结果如图 9-94 所示。

图 9-94　偏移轮廓线

**15** 使用快捷键 "RAY"，激活【射线】命令，绘制垂直辅助线，使用【直线】命令，绘制水平直线，结果如图 9-95 所示。

**16** 使用【偏移】命令，将水平直线分别向上偏移 7、14 个绘图单位，结果如图 9-96 所示。

图 9-95　绘制辅助线

图 9-96　偏移水平线段

**17** 使用快捷键"TR",激活【修剪】命令,修剪多余的线段,并改变其所在图层,结果如图 9-97 所示。

**18** 使用【圆】命令,绘制圆孔及圆角效果,其中小圆半径为 3,大圆采用"相切、相切、相切"的方式绘制,并修剪多余线段及圆弧,绘制结果如图 9-98 所示。

图 9-97　修剪图形　　　　　　　　　　　图 9-98　绘制圆

**19** 使用快捷键"O",激活【偏移】命令,将水平中心线分别向上偏移 25 个绘图单位、向下偏移 60 个绘图单位,将垂直中心线向左右偏移 7 个绘图单位,并改变其所在图层,结果如图 9-99 所示。

**20** 使用【圆】命令,绘制 R3、R7 的两个同心圆,结果如图 9-100 所示。

图 9-99　偏移　　　　　　　　　　　　图 9-100　绘制圆

**21** 使用快捷键"RAY",激活【射线】命令,绘制垂直辅助线,使用【直线】命令连接轮廓线,结果如图 9-101 所示。

**22** 使用【修剪】命令,修剪删除多余的线段,结果如图 9-102 所示。

图 9-101　绘制连接线　　　　　　　　　　图 9-102　修剪多余线段

**23** 使用快捷键 "RAY"，激活【射线】命令，绘制垂直辅助线，使用【直线】命令连接轮廓线，结果如图 9-103 所示。

**24** 使用 TR【修剪】命令，修剪删除多余的线段，并改变线型图层，最终结果如图 9-104 所示。

图 9-103　绘制连接头

图 9-104　最终结果

## 113　绘制齿轮类零件

通过齿轮类零件的绘制,主要综合练习了【直线】、【偏移】、【倒角】和【图案填充】命令,在具体操作过程中还使用了对象捕捉功能。

| | |
|---|---|
| 文件路径: | DVD\实例文件\第 9 章\实例 113.dwg |
| 视频文件: | DVD\AVI\第 9 章\实例 113.avi |
| 播放时长: | 0:02:43 |

**01** 以附赠样板 "机械样板.dwt" 作为基础样板，新建空白文件。

**02** 设置点画线为当前图层，并启用【线宽】功能。

**03** 使用快捷键 "L" 激活【直线】命令，绘制如图 9-105 所示的水平和垂直中心线，作为定位辅助线。

**04** 使用快捷键 "O"，激活【偏移】命令，选择水平中心线向上、下分别对称偏移 24、32.25、36、39 个绘图单位；再选择垂直中心线向左右分别对称偏移 14、20 个绘图单位，结果如图 9-106 所示。

**05** 使用 TR【修剪】命令，对其进行修剪，并改变偏移线至 "轮廓线" 图层，结果如图 9-107 所示。

图 9-105　绘制辅助线　　　　图 9-106　偏移辅助线　　　　图 9-107　修剪图形

**06** 选择菜单【修改】|【倒角】命令，对图形进行倒角，倒角大小为 C1，结果如图 9-108 所示。

**07** 使用【直线】命令，绘制水平辅助线和垂直辅助线，使用快捷键 "C"，激活【圆】命令，以辅助线的交点为圆心绘制一个 R26 的圆，如图 9-109 所示。

图 9-108　倒角　　　　　　　　　　　　　　　　图 9-109　绘制辅助线

**08** 选择菜单【修改】|【偏移】命令，将水平辅助线向上偏移 19.3 个绘图单位，再将垂直辅助线左右偏移 5 个绘图单位，结果如图 9-110 所示。

**09** 使用【修剪】命令，将上一步偏移的线段进行修剪，结果如图 9-111 所示。

图 9-110　偏移　　　　　　　　　　　　　　　　图 9-111　修剪

**10** 选择菜单【绘图】|【射线】命令，绘制水平辅助线，结果如图 9-112 所示。

**11** 使用快捷键 "TR"，激活【修剪】命令，对图形进行修剪，结果如图 9-113 所示。

图 9-112　绘制辅助线　　　　　　　　　　　　　图 9-113　修剪

**12** 选择菜单【修改】|【倒角】命令，以不修剪倒角方式对主视图进行倒角处理，倒角大小为 C2，再将直线调整到倒角端点处，结果如图 9-114 所示。

**13** 使用快捷键 "H"，激活【图案填充】命令，对主视图进行图案填充，并调整线型图层及长度，最终结果如图 9-115 所示。

图 9-114　倒角　　　　　　　　　　　　　　　　　图 9-115　最终结果

## 114　绘制盘类零件

| | 通过绘制盘类零件，主要对【圆】、【构造线】、【圆角】、【阵列】、【修剪】、【图案填充】和【拉长】命令进行综合练习，并在操作过程中使用了对象捕捉功能。 |
|---|---|
| 文件路径： | DVD\实例文件\第 9 章\实例 114.dwg |
| 视频文件： | DVD\AVI\第 9 章\实例 114.avi |
| 播放时长： | 0:08:08 |

**01** 以附赠样板"机械样板.dwt"作为基础样板，新建空白文件。

**02** 将点画线设置为当前图层，并打开【线宽】功能。

**03** 单击【绘图】工具栏构造线 按钮，使用命令行参数中的"水平"和"垂直"功能，绘制如图 9-116 所示的定位辅助线。

**04** 将"轮廓线"设置为当前图层，然后使用【圆】命令，绘制直径为别为 40、25 和 80 的同心圆，结果如图 9-117 所示。

**05** 将点画线设置为当前层，重复【圆】命令，绘制直径为 90 的圆，结果如图 9-118 所示。

图 9-116　绘制辅助线　　　　　　图 9-117　绘制同心圆　　　　　　图 9-118　绘制圆

**06** 将"轮廓线"设置为当前层，继续使用【圆】命令，在垂直辅助线和直径为 90 的圆的交点处绘制直径分别为 12 和 20 的同心圆，结果如图 9-119 所示。

**07** 选择菜单【修改】|【修剪】命令，在直径为 80 的圆与直径为 20 的圆的相交处进行修剪，结果如图 9-120 所示。

图 9-119 绘制同心圆

图 9-120 修剪圆

图 9-121 创建圆角

**08** 选择菜单【修改】|【圆角】命令，激活【圆角】命令，在图形中两弧相交处创建半径为 5 的圆角，如图 9-121 所示。

**09** 单击【修改】工具栏中的 ⊞ 按钮，将图形中上方的圆弧、圆角、小圆以及垂直中心线环形阵列 6 份，结果如图 9-122 所示。

**10** 使用快捷键"TR"激活【修剪】命令，对图形进行修剪，得到如图 9-123 所示结果。

**11** 使用【偏移】命令，将右侧的垂直构造线，向左偏移 15 个绘图单位，并且向右分别偏移 15 和 25 个绘图单位，结果如图 9-124 所示。

图 9-122 环形阵列

图 9-123 修剪

图 9-124 偏移构造线

> **技 巧**：在偏移垂直构造线之前，需要激活命令中的"图层"选项功能，然后设置偏移对象的所在图层为"当前"，这样可以在偏移对象的过程中，修改其图层特性。

**12** 使用【直线】命令，配合【对象捕捉】功能，绘制如图 9-125 所示的直线。

**13** 使用【修剪】命令，对图形进行完善，并绘制轮廓线，结果如图 9-126 所示。

**14** 将点画线设置为当前层，绘制中心线，并删除多余的辅助线，结果如图 9-127 所示。

图 9-125 绘制直线

图 9-126 修剪

图 9-127 绘制中心线

**15** 使用【修剪】命令，对辅助线进行修剪，结果如图 9-128 所示。

**16** 设置【剖面线】为当前图层，然后使用【图案填充】命令，为此剖面图填充 "ANSI31" 图案，填充比例为 1.5，角度为 "0"，结果如图 9-129 所示。

**17** 使用快捷键 "LEN" 激活【拉长】命令，将两视图中心线向两端拉长 5 个绘图单位，最终结果如图 9-130 所示。

图 9-128　修剪辅助线　　　　　　图 9-129　填充结果　　　　　　图 9-130　最终结果

## 115　绘制盖类零件

| | | |
|---|---|---|
| | 通过盖类零件的绘制，主要综合练习了【圆】、【构造线】、【偏移】、【修剪】、【图案填充】和【拉长】命令。 | |
| 文件路径： | DVD\实例文件\第 9 章\实例 115.dwg | |
| 视频文件： | DVD\AVI\第 9 章\实例 115.avi | |
| 播放时长： | 0:08:59 | |

**01** 以附赠样板 "机械制图模板.dwt" 作为样板，新建空白文件。

**02** 将点画线设置为当前图层。使用快捷键 "XL" 激活【构造线】命令，绘制一条水平构造线和一条垂直构造线，作为定位基准线。

**03** 选择菜单【修改】|【偏移】命令，将水平构造线进行偏移复制，结果如图 9-131 所示。

**04** 将 "轮廓线" 图层设置为当前图层，使用【圆】命令，分别绘制直径为 18、60、62、80 和 100 的同心圆，结果如图 9-132 所示。

**05** 将直径为 80 的圆的图层更改为点画线。

**06** 选择菜单【修改】|【旋转】命令，将垂直构造线，分别向左右两侧旋转复制 60°，结果如图 9-133 所示。

图 9-131　绘制辅助线　　　　　图 9-132　绘制同心圆　　　　　图 9-133　旋转构造线

提示：在对单个闭合对象进行偏移时，对象的形状不变，尺寸发生变化；而在对线段进行偏移时，线段的形状和尺寸都保持不变。

**07** 将当前层设置为 "轮廓线" 层，使用【圆】命令，在中间水平构造线和直径为 80 的圆的交点处，绘制直径为 11 的圆，并且在刚旋转的构造线和直径为 80 的圆的交点处，绘制 M6 的螺母，结果如图 9-134 所示。

**08** 使用快捷键 "TR" 激活【修剪】命令，将图形进行修剪，并使用【直线】命令绘制轮廓，结果如图 9-135 所示。

**09** 将点画线设置为当前图层，使用【直线】命令绘制水平构造线。

**10** 选择菜单【修改】|【偏移】命令，将刚绘制的水平构造线，分别向上下两侧偏移 10 个绘图单位，结果如图 9-136 所示。

图 9-134　绘制圆和螺母　　　　　　图 9-135　修剪图形　　　　　　图 9-136　偏移构造线

**11** 使用【直线】命令，配合【对象捕捉】功能，绘制如图 9-137 所示的直线。

**12** 选择菜单【修改】|【偏移】命令，将最上侧水平构造线向下偏移 15 和 17 个绘图单位，结果如图 9-138 所示。

图 9-137　绘制直线　　　　　　　　　　图 9-138　偏移水平构造线

**13** 使用快捷键 "TR"，激活【修剪】命令，对图形进行修剪，并使用【直线】命令绘制轮廓，结果如图 9-139 所示。

**14** 删除多余的构造线，并绘制螺钉，结果如图 9-140 所示。

图 9-139　修剪轮廓　　　　　　　　　　图 9-140　绘制螺钉

**15** 使用【直线】命令绘制中心线，并修剪，结果如图 9-141 所示。

**16** 将 "剖面线" 设置为当前图层，使用快捷键 "H" 激活【图案填充】命令，采用默认填充比例，为图形填充"ANSI31"图案。

**17** 使用快捷键"LEN"激活【拉长】命令，将辅助线拉长 5 个绘图单位，结果如图 9-142 所示。

图 9-141　绘制中心线

图 9-142　最终结果

## 116　绘制座体类零件

| | |
|---|---|
| 通过座体类零件的绘制，主要对【圆】、【直线】、【偏移】、【修剪】、【图案填充】和【拉长】命令进行综合练习，在具体操作过程中还使用了【极轴】和【图层特性】功能。 | |
| 文件路径： | DVD\实例文件\第 9 章\实例 116.dwg |
| 视频文件： | DVD\AVI\第 9 章\实例 116.avi |
| 播放时长： | 0:11:03 |

**01** 以附赠样板"机械样板.dwt"作为基础样板，新建空白文件。

**02** 激活【对象捕捉】、【极轴】和【线宽】功能。

**03** 使用快捷键"XL"激活【构造线】命令，在点画线图层内绘制一条垂直构造线和水平构造线。

**04** 使用快捷键"L"激活【直线】命令，在"轮廓线"图层上绘制主视图的外轮廓线，结果如图 9-143 所示（尺寸见效果图）。

**05** 单击【修改】工具栏 🔁 按钮，将垂直构造线分别向左右两边分别偏移 21 和 32.5 个绘图单位，结果如图 9-144 所示。

图 9-143　绘制外轮廓

图 9-144　偏移结果

**06** 重复【偏移】命令将图 9-144 所示的 L1 和 L4 分别向左右两边偏移 4 个绘图单位，将 L2 和 L3 分别向左右两边偏移 2 个绘图单位，将水平中心线向上偏移 18 个绘图单位，结果如图 9-145 所示。

**07** 将部分构造线的图层特性更改为"轮廓线"，并使用【修剪】命令修剪图形，结果如图 9-146 所示。

图 9-145　偏移中心线

图 9-146　修剪图形

**08** 将 "轮廓线" 设置为当前图层，使用【圆】命令，绘制如图 9-147 所示的直径为 20 和 24 的同心圆。

**09** 使用【修剪】命令，对视图进行完善，并删除多余的线段，结果如图 9-148 所示。

**10** 使用【直线】命令，绘制左视图外轮廓，结果如图 9-149 所示。

图 9-147　绘制同心圆

图 9-148　修剪结果

图 9-149　绘制外轮廓

**11** 使用【直线】命令，根据主视图轮廓，并配合【对象捕捉】绘制如图 9-150 所示的直线。

**12** 使用【偏移】命令将俯视图上侧轮廓线，分别向下偏移 7.5、32.5 和 20 个绘图单位，结果如图 9-151 所示。

**13** 将刚偏移的水平线段的图层特性更改为点画线，结果如图 9-152 所示。

图 9-150　绘制直线

图 9-151　偏移轮廓线

图 9-152　更改图层特性

**14** 单击【绘图】工具栏 ⊘ 按钮，绘制如图 9-153 所示的直径分别为 4 和 8 的圆。

**15** 根据主视图轮廓，使用【直线】命令绘制如图 9-154 所示的线段。

**16** 单击【修改】工具栏中的 ⊁ 按钮，修剪左视图内轮廓，结果如图 9-155 所示。

图 9-153　绘制圆

图 9-154　绘制线段

图 9-155　修剪内轮廓

**17** 执行【修剪】命令，对图形进行完善，结果如图 9-156 所示。

**18** 将"剖面线"设置为当前图层，单击【绘图】工具栏中的⬚按钮，设置图案样例为"ANSI31"，填充比例为 0.8，填充结果如图 9-157 所示。

**19** 使用快捷键"LEN"激活【拉长】命令，将辅助线拉长 3 个绘图单位，结果如图 9-158 所示。

图 9-156　修剪结果　　　　　图 9-157　填充图案　　　　　图 9-158　最终结果

# 117　绘制阀体类零件

通过绘制阀体类零件视图，主要对【构造线】、【偏移】、【圆弧】、【修剪】、【图案填充】和【拉长】命令进行综合练习。

| | |
|---|---|
| 文件路径： | DVD\实例文件\第 9 章\实例 117.dwg |
| 视频文件： | DVD\AVI\第 9 章\实例 117.avi |
| 播放时长： | 0:06:57 |

**01** 以附赠样板"机械样板.dwt"作为基础样板，新建空白文件，并设置对象捕捉。

**02** 设置点画线为当前图层，然后使用快捷键"XL"激活【构造线】命令，绘制如图 9-159 所示的构造线，作为定位辅助线。

**03** 使用【偏移】命令，将水平辅助线向上偏移 30 个绘图单位，结果如图 9-160 所示。

**04** 将"轮廓线"设置为当前层，然后使用【直线】命令，绘制外轮廓，结果如图 9-161 所示（具体尺寸参照效果图）。

图 9-159　绘制构造线　　　　　图 9-160　偏移水平构造线　　　　　图 9-161　绘制外轮廓

**05** 选择菜单【修改】|【偏移】命令，将垂直辅助线分别向左偏移 7.5、10 和 18 个绘图单位，将下侧水平构造线分别向上下偏移 5 和 8 个绘图单位，结果如图 9-162 所示。

**06** 使用【直线】命令，配合【对象捕捉】功能，绘制视图左边部分的内轮廓和螺钉，结果如图 9-163 所示。

**07** 使用【偏移】命令，将视图外轮廓最上侧的线段向下偏移 20 个绘图单位。

**08** 单击【修改】工具栏中的 按钮，对视图内轮廓进行修剪，并删除多余的辅助线，结果如图 9-164 所示。

图 9-162   偏移构造线

图 9-163   绘制内轮廓和螺钉

图 9-164   修剪结果

**09** 选择菜单【绘图】|【圆弧】|【三点】命令，绘制如图 9-165 所示的圆弧。

**10** 选择菜单【修改】|【镜像】命令，对内轮廓和螺钉镜像，结果如图 9-166 所示。

**11** 使用【直线】命令，根据主视图轮廓，配合【对象捕捉】功能绘制俯视图外轮廓，结果如图 9-167 所示（尺寸请参照效果图）。

图 9-165   绘制圆弧

图 9-166   镜像结果

图 9-167   绘制外轮廓

**12** 将点画线设置为当前图层，使用快捷键 "XL" 激活【构造线】命令，配合【捕捉中点】，绘制俯视图水平中心线，结果如图 9-168 所示。

**13** 将 "轮廓线" 设置为当前图层，使用【圆】命令，绘制直径为 15 和 20 的同心圆，并绘制 M10 的螺母，结果如图 9-169 所示。

图 9-168   绘制水平中心线

图 9-169   绘制结果

**14** 使用快捷键 "TR" 激活【修剪】命令，对两视图辅助线进行修剪，结果如图 9-170 所示。

**15** 使用快捷键 "H" 激活【图案填充】命令，采取默认比例，为主视图填充 "ANSI31" 图案，结果如图 9-171 所示。

**16** 使用快捷键 "LEN" 激活【拉长】命令，将两视图中心线两端拉长 3 个绘图单位，最终结果如图 9-172 所示。

图 9-170 修剪结果          图 9-171 填充结果          图 9-172 最终结果

## 118 绘制壳体类零件

| | 通过绘制壳体类零件视图，主要对【圆】、【构造线】、【偏移】、【修剪】、【阵列】、【复制】、【矩形】、【图案填充】和【拉长】命令进行综合练习。 |
|---|---|
| 文件路径： | DVD\实例文件\第 9 章\实例 118.dwg |
| 视频文件： | DVD\AVI\第 9 章\实例 118.avi |
| 播放时长： | 0:16:17 |

**01** 以附赠样板 "机械样板.dwt" 作为基础样板，新建文件，并激活【线宽】和【对象捕捉】功能。

**02** 将点画线设置为当前图层，使用快捷键 "L"，在绘图区绘制两条均为 100 且互相垂直的中心线，结果如图 9-173 所示。

**03** 将 "轮廓线" 图层设置为当前图层，单击【绘图】工具栏中的 ⊘ 按钮，以中心线的交点为圆心，绘制三个直径为 49、74 和 88 的同心圆，结果如图 9-174 所示。

**04** 将最外侧的圆的图层特性更改为点画线，并使用【圆】命令，绘制如图 9-175 所示的两个直径分别为 12 和 25 的同心圆。

图 9-173 绘制中心线          图 9-174 绘制同心圆          图 9-175 绘制同心圆

**05** 使用快捷键 "L" 激活【直线】命令，并配合【对象捕捉追踪】功能，过直径为 25 的圆的上、下两象限点分别向左画两条水平直线与直径为 74 的圆相交，结果如图 9-176 所示。

**06** 使用快捷键 "TR"，将图形进行修剪完善，结果如图 9-177 所示。

**07** 选择菜单【修改】|【阵列】命令，以套壳所在同心圆的圆心为中心点，对图形进行环形阵列，设置项目总数为 3，填充角度为 360°，结果如图 9-178 所示。

图 9-176 绘制直线　　　　　　　图 9-177 修剪完善　　　　　　　图 9-178 环形阵列

**08** 选择菜单【修改】|【偏移】命令，将水平中心线分别向上和向下偏移 25.5 个绘图单位，垂直中心线向左偏移 42 个绘图单位，结果如图 9-179 所示。

**09** 使用【直线】命令，过辅助线及其与套壳外轮廓的交点绘制直线，结果如图 9-180 所示。

**10** 选择菜单【修改】|【修剪】命令，修剪多余的线条，并删除辅助线，结果如图 9-181 所示。

图 9-179 偏移辅助线　　　　　　图 9-180 绘制直线　　　　　　　图 9-181 修剪结果

**11** 选择菜单【修改】|【复制】命令，将顶视图复制一份至绘图区域空白处。

**12** 使用【旋转】命令，将复制的顶视图旋转 90°，如图 9-182 所示。

**13** 使用【构造线】命令，根据顶视图的轮廓线，绘制如图 9-183 所示的 6 条构造线，从而定位主视图的大体轮廓。

**14** 在顶视图的下方绘制一条水平直线，并使用【偏移】命令，将其向下偏移 56 个绘图单位，结果如图 9-184 所示。

图 9-182 旋转结果　　　　　　　图 9-183 绘制构造线　　　　　　图 9-184 绘制直线

**15** 使用【修剪】命令，对图形进行修剪，结果如图 9-185 所示。

**16** 单击【绘图】工具栏中的 / 按钮，绘制如图 9-186 所示的矩形。

**17** 使用【修剪】命令，对图形进行修剪完善，结果如图 9-187 所示。

图 9-185　修剪直线　　　　　图 9-186　绘制矩形　　　　　图 9-187　修剪结果

**18** 以同样的方法完成右边脚座的绘制，结果如图 9-188 所示。

**19** 将点画线层设置为当前层，使用【直线】命令，以内矩形的中心为交点，绘制两条相互垂直的中心线，结果如图 9-189 所示。

**20** 将"轮廓线"设置为当前图层，使用【圆】命令，配合【对象捕捉】功能，绘制如图 9-190 所示的圆。

图 9-188　绘制右边脚座　　　　图 9-189　绘制中心线　　　　图 9-190　绘制圆

**21** 选择菜单【修改】|【偏移】命令，将绘制的圆向内连续偏移 3 次，偏移量分别为 6.5、6.5 和 5.5，结果如图 9-191 所示。

**22** 使用【圆】命令，选择由外向内的第二个圆的上象限点为圆心，绘制直径为 5 的圆，结果如图 9-192 所示。

**23** 使用快捷键 "AR" 激活阵列命令，以大圆的圆为中心，对小圆环形阵列，项目总数为 3，填充角度为 360° ，结果如图 9-193 所示。

图 9-191　偏移圆　　　　　　图 9-192　绘制小圆　　　　　图 9-193　环形阵列

**技　巧**：使用【偏移】命令中的"通过"选项，可以将源对象以指定的点进行偏移复制，复制出的对象将通过所指定的点。

**24** 使用【删除】命令，将圆两侧多余的线条删除，并将同心圆中由外向内的第二个圆的图层特性更改为点画线，结果如图 9-194 所示。

**25** 使用快捷键 "XL" 激活【构造线】命令，根据主视图轮廓线，绘制 9 条水平构造线，结果如图 9-195 所示。

**26** 重复【构造线】命令，根据顶视图轮廓绘制 7 条垂直构造线，结果如图 9-196 所示。

图 9-194　删除

图 9-195　绘制水平构造线

图 9-196　绘制垂直构造线

**27** 使用【偏移】命令，将最左侧的垂直构造线向左偏移 5 个绘图单位，然后使用【修剪】命令，对各构造线进行修剪编辑，结果如图 9-197 所示。

**28** 将点画线设置为当前层，以矩形中心为交点，绘制两条相互垂直的中心线，结果如图 9-198 所示。

**29** 将 "轮廓线" 设置为当前层，使用【偏移】命令，将图 9-197 所示的轮廓线 1 向右偏移 71 个绘图单位，轮廓线 2 和 3 分别向内偏移一个单位，结果如图 9-199 所示。

图 9-197　修剪

图 9-198　绘制辅助线

图 9-199　偏移

**30** 选择菜单【绘图】|【圆弧】|【三点】命令，绘制如图 9-200 所示的圆弧。

**31** 综合使用【修剪】和【删除】命令，对各轮廓线进行修剪和删除，结果如图 9-201 所示。

图 9-200　绘制圆弧

图 9-201　修剪

**32** 将 "剖面线" 设置为当前层，单击【绘图】工具栏中的 按钮，采取默认比例，为视图填充 "ANSI31" 图案，结果如图 9-202 所示。

**33** 三视图最终效果如图 9-203 所示。

图 9-202　填充图案

图 9-203　最终结果

## 119　绘制棘轮零件

通过棘轮零件视图的绘制，主要对【圆】、【直线】、【修剪】、【偏移】、【旋转】、【阵列】、【图案填充】和【拉长】命令的综合练习，在操作过程中还使用了【图层特性】和【对象捕捉】功能。

| | |
|---|---|
| 文件路径： | DVD\实例文件\第 9 章\实例 119.dwg |
| 视频文件： | DVD\AVI\第 9 章\实例 119.avi |
| 播放时长： | 0:05:37 |

**01** 以附赠样板 "机械样板.dwt" 作为基础样板，新建空白文件。

**02** 将点画线设置为当前图层，并打开线宽功能。

**03** 使用【直线】和【圆】命令，绘制如图 9-204 所示的中心线和圆。

**04** 使用【旋转】命令，将垂直中心线复制旋转-30°，并将"轮廓线"设置为当前层，使用【直线】命令绘制如图 9-205 所示的直线。

**05** 使用快捷键 "TR" 激活【修剪】命令，并删除角度为 30° 的斜线，用【直线】命令，绘制短直线，如图 9-206 所示。

图 9-204　绘制中心线和圆

图 9-205　旋转并绘制直线

图 9-206　修剪整理

**06** 使用【图层特性】命令，将圆置换为 "轮廓线" 层，并单击【修改】工具栏 按钮，激活【阵列】命令，进行环形阵列，阵列中心为圆心，项目总数为 12，项目间填充角度设置为 360°，阵列结果如图 9-207 所示。

**07** 选择菜单【修改】|【偏移】命令，将垂直中心线左右分别偏移 3 个单位，水平中心线向上偏移 12.5 个绘图单位，并将偏移的中心线更改为"轮廓线"。

图 9-207 环形阵列    图 9-208 绘制直线和辅助线    图 9-209 修剪图形

**08** 使用【直线】命令，根据主视图轮廓绘制左视图中的对应直线与辅助线，结果如图 9-208 所示。

**09** 选择菜单【修改】|【修剪】命令，对图形进行修剪，结果如图 9-209 所示。

**10** 使用快捷键"H"激活【图案填充】命令，采取默认比例，为左视图填充"ANSI31"图案，结果如图 9-210 所示。

**11** 使用快捷键"LEN"激活【拉长】命令，将两视图中心线两端拉长 3 个绘图单位，最终结果如图 9-211 所示。

图 9-210 填充结图案    图 9-211 最终结果

# 120 绘制导向块

通过导向块二视图的绘制，主要对【构造线】、【圆】、【多段线】、【分解】、【偏移】和【图案填充】命令进行综合练习。

| | | |
|---|---|---|
| 文件路径： | DVD\第 9 章\实例 120.dwg | |
| 视频文件： | DVD\AVI\第 9 章\实例 120.avi | |
| 播放时长： | 0:08:46 | |

**01** 以附赠样板"机械制图模板.dwt"作为样板，新建空白文件。

**02** 选择菜单【格式】|【线型】命令，在打开的【线型管理器】对话框内设置线型的比例因子为 0.3。

**03** 单击【图层】工具栏中的【图层控制】列表，在展开的下拉列表中设置点画线作为当前层。

**04** 使用快捷键 "XL" 激活【构造线】命令，绘制如图 9-212 所示的构造线作为定位辅助线。

**05** 选择菜单【修改】|【偏移】命令，将左侧的垂直构造线向左偏移 7.5 和 12.5 个绘图单位，结果如图 9-213 所示。

图 9-212 绘制辅助线　　　　　　　　　　图 9-213 偏移构造线

**06** 将 "轮廓线" 设置为当前层，打开状态栏上的【线宽】选项，使用【圆】命令，以图 9-213 所示的辅助线交点 A 为圆心，绘制直径为 6.5 的圆。

**07** 单击【绘图】工具栏 按钮，激活【多段线】命令，以图 9-213 所示的交点 B 为起点，绘制如图 9-214 所示的主视图外轮廓。

**08** 使用快捷键 "X" 激活【分解】命令，选择刚绘制的闭合多段线，分解多段线。

**09** 使用【偏移】命令，选择最下侧的轮廓线，将其向上偏移 4 个绘图单位。

**10** 使用快捷键 "L"，激活【直线】命令，绘制如图 9-215 所示的主视图下侧轮廓。

图 9-214 绘制多段线　　　　　　　　　　图 9-215 绘制下侧轮廓线

 **提　示：** 无论绘制的多段线中含有多少直线或圆弧，AutoCAD 都把它们作为一个单一的对象。

**11** 单击【绘图】工具栏 按钮，激活【构造线】命令，分别通过主视图各特征点，绘制水平构造线，如图 9-216 所示。

**12** 使用【直线】命令，绘制如图 9-217 所示的左视图轮廓。

图 9-216 绘制构造线　　　　　　　　　　图 9-217 绘制左视图

**13** 使用【修剪】和【删除】命令，对各构造线进行修剪，删除多余的部分，将其编辑为左视图轮廓，结果如图 9-218 所示。

**14** 使用【偏移】命令将左视图中的垂直辅助线向左偏移 2.5 个绘图单位，结果如图 9-219 所示。

图 9-218  图形编辑 　　　　　　　　　　　　　图 9-219  偏移轮廓线

**15** 使用【直线】命令，以图 9-219 所示的点 G 作为起点，配合相对坐标输入法绘制左视图内轮廓线。命令行操作过程如下：

```
令: _line
指定第一点:                          //捕捉图 9-219 所示的点 G
指定下一点或 [放弃(U)]:@16.5<90✓
指定下一点或 [放弃(U)]:@2.5,1.5✓
指定下一点或 [闭合(C)/放弃(U)]:@2.5, -1.5✓
指定下一点或 [闭合(C)/放弃(U)]:@16.5<270✓
指定下一点或 [闭合(C)/放弃(U)]: ✓    //按回车键，绘制结果如图 9-220 所示
```

**16** 重复【直线】命令，以图 9-220 所示的点 1 和点 2 作为起点和端点，绘制线段，并删除多余的辅助线，结果如图 9-221 所示。

图 9-220  绘制内部轮廓 　　　　　　　　　　　　图 9-221  操作结果

**17** 使用快捷键"H"激活【图案填充】命令，设置图案为"ANS31"，比例为 0.3 对左视图填充剖面线图案，结果如图 9-222 所示。

**18** 使用【拉长】命令，将两视图的中心线向两端拉长 3 个绘图单位，最终结果如图 9-223 所示。

图 9-222  填充剖面图案 　　　　　　　　　　　　图 9-223  最终结果

# 121 绘制基板

通过基板二视图的绘制，主要对【圆】、【构造线】、【修剪】、【正多边形】、【特性匹配】、【阵列】命令进行综合练习。

| | |
|---|---|
| 文件路径: | DVD\实例文件\第 9 章\实例 121.dwg |
| 视频文件: | DVD\AVI\第 9 章\实例 121.avi |
| 播放时长: | 0:10:43 |

**01** 以附赠样板"机械制图模板.dwt"作为样板，新建空白文件。

**02** 单击【图层】工具栏【图层控制】列表，在展开的下拉列表内设置点画线为当前图层。

**03** 使用快捷键"XL"激活【构造线】命令，参照各位置尺寸绘制如图 9-224 所示的构造线作为定位辅助线。

**04** 将"轮廓线"设置为当前图层，并单击【绘图】工具栏 ⊘ 按钮，分别以图 9-224 所示的辅助线交点 A、B 为圆心，绘制直径为 8 和 24 的同心圆，绘制结果如图 9-225 所示。

图 9-224 绘制构造线

图 9-225 绘制同心圆

**05** 使用快捷键"L"激活【直线】命令，分别连接两个大圆的象限点，绘制公切线，如图 9-226 所示。

**06** 使用快捷键"C"激活【圆】命令，以图 9-226 所示的交点 O 为圆心，分别绘制直径为 60、48 和 20 的同心圆，如图 9-227 所示。

图 9-226 绘制公切线

图 9-227 绘制同心圆

**07** 执行【圆】命令，以图 9-227 所示的点 Q 作为圆心，绘制直径为 4 为的小圆。

**08** 单击【修改】工具栏【阵列】命令，设置项目总数为 6，填充角度为 360°，以图 9-227 所示的点 O 为中心，对刚绘制的小圆进行环形阵列，结果如图 9-228 所示。

图 9-228　阵列结果

图 9-229　绘制正多边形

**09** 单击【绘图】工具栏⬡按钮，激活【正多边形】命令，以图 9-227 所示的点 O 为中心，绘制半径为 16 的外切正六边形，结果如图 9-229 所示。

**10** 单击【绘图】工具栏上的⊙按钮，分别以图 9-229 所示的交点 1 和交点 2 为圆心，绘制半径为 18 的圆作为辅助圆，结果如图 9-230 所示。

**11** 执行【圆】命令，以图 9-230 所示的辅助圆和水平辅助线的交点 3 和点 4 为圆心，绘制两个半径为 18 的圆，如图 9-231 所示。

图 9-230　绘制辅助圆

图 9-231　绘制圆

**12** 使用快捷键 "L" 激活【直线】命令，配合切点捕捉功能绘制图 9-231 所示的圆 1、圆 2 和圆 3 的公切线，结果如图 9-232 所示。

**13** 选择菜单【修改】|【修剪】命令，修剪掉多余的线段及弧形轮廓，并删除所绘制的辅助圆，结果如图 9-233 所示。

图 9-232　绘制外公切线

图 9-233　修剪操作

**14** 使用快捷键 "MA" 激活【特性匹配】命令，以辅助线作为源对象，将其图层特性匹配给图 9-233 所示的圆 O，结果如图 9-234 所示。

**15** 使用【构造线】命令，分别通过俯视图中各定位圆及正多边形特征点，绘制如图 9-235 所示的垂直构造线作为辅助线。

**16** 重复执行【构造线】命令，在俯视图的上侧绘制 3 条水平构造线，如图 9-236 所示。

图 9-234　特性匹配

图 9-235　绘制垂直构造线

图 9-236　绘制水平构造线

**17** 使用快捷键 "TR" 激活【修剪】命令，对各构造线进行修剪，编辑出基板俯视图轮廓，如图 9-237 所示。

**18** 使用【特性匹配】命令，以修剪后的辅助线为源对象，将其图层特性匹配给图图 9-237 所示的线段 L 和线段 M，结果如图 9-238 所示。

图 9-237　修剪操作

图 9-238　特性匹配

图 9-239　设置填充参数

**19** 使用快捷键 "H" 激活【图案填充】命令，设置填充图案填充参数如图 9-239 所示，对基板主视图填充剖面线，结果如图 9-240 所示。

**20** 执行【图案填充】命令，将填充角度设置为 90°，其他参数保持不变，对主视图左侧轮廓进行同一图案填充。

**21** 执行【拉长】命令，将个别位置的中心线向两端拉长 3 个绘图单位，最终结果如图 9-241 所示。

图 9-240　填充图案

图 9-241　最终结果

## 122　绘制球轴承

通过球轴承的分解，主要对【分解】、【偏移】、【阵列】、【修剪】命令综合运用和练习，在具体的操作过程中还使用了【图层特性】功能。

| | 文件路径： | DVD\实例文件\第 9 章\实例 122.dwg |
|---|---|---|
| | 视频文件： | DVD\AVI\第 9 章\实例 122.avi |
| | 播放时长： | 0:10:10 |

**01** 以附赠样板"机械制图模板.dwt"作为样板，新建空白文件。

**02** 将"轮廓线"设置为当前图层，使用快捷键"REC"激活【矩形】命令，绘制长度为 25，宽度为 95，圆角为 1 的圆角矩形，作为主视图外轮廓线，结果如图 9-242 所示。

**03** 选择菜单【修改】|【分解】命令，选择所绘制的圆角矩形，将其分解为各个单独的对象。

**04** 使用快捷键"O"激活【偏移】命令，分别将偏移距离设置为 8、17 和 25，对矩形上侧的边向下偏移复制，结果如图 9-243 所示。

**05** 单击【修改】工具栏上的 --/ 按钮，激活【延伸】命令，以图 9-243 所示的边 L 和边 M 作为延伸边界，对偏移出的线 B 和线 C 进行延伸操作，结果如图 9-244 所示。

图 9-242　绘制圆角矩形　　　　图 9-243　偏移结果　　　　图 9-244　延伸操作

**06** 单击【修改】工具栏上的 ⌐ 按钮，激活【圆角】命令，将圆角半径设置为 1，对轮廓线 A、L 和 M 进行圆角，结果如图 9-245 所示。

**07** 使用快捷键"C"，激活【圆】命令，配合捕捉自功能以图 9-245 所示的轮廓线 B 的中点作为偏移基点，以点"@0，4.5"作为偏移目标点，绘制一个直径为 12 的圆，结果如图 9-246 所示。

**08** 使用快捷键"TR"激活【修剪】命令，以所绘制的圆作为剪切边界，修剪掉圆的内部的轮廓线，结果如图 9-247 所示。

图 9-245　圆角操作　　　　　图 9-246　绘制圆　　　　　图 9-247　修剪操作

**09** 单击【修改】工具栏上的 ⚏ 按钮，选择图 9-248 所示的虚线显示的对象镜像复制，结果如图 9-249 所示。

**10** 将"剖面线"设置为当前层，使用快捷键"H"激活【图案填充】命令，设置图案为"ANSI31"，比例设置为 0.8，对主视图填充剖面图案，结果如图 9-250 所示。

**11** 执行【图案填充】命令，将填充角度修改为 90°，其他参数保持不变，对主视图进行填充，结果如图 9-251 所示。

**12** 将点画线设置为当前图层，执行【构造线】命令，根据球轴承主视图各轮廓线的位置，绘制如图 9-252 所示的构造线作为辅助线。

图 9-248　选择对象　　　　图 9-249　镜像结果　　　　图 9-250　填充图案　　　　图 9-251　填充图案

**13** 设置"轮廓线"层作为当前图层，使用快捷键"C"激活【圆】命令，以图 9-252 所示的点 O 为圆心，以线段 OP 为半径画圆，结果如图 9-253 所示。

**14** 执行【圆】命令，以 O 点为圆心，分别捕捉各水平构造线与右侧垂直构造线的交点作为半径的另一端点，绘制同心圆，结果如图 9-254 所示。

图 9-252　绘制辅助线　　　　　　　　　　图 9-253　绘制圆

**15** 单击【绘图】工具栏上的 ⊘ 按钮，激活【圆】命令，以图 9-254 所示的圆 3 与垂直构造线的交点 W 作为圆心，绘制直径为 12 的圆，作为滚珠轮廓线，结果如图 9-255 所示。

图 9-254　绘制圆

图 9-255　绘制圆

**16** 使用快捷键"TR"激活【修剪】命令，以图 9-255 所示的圆 1 和圆 2 为修剪边界，对刚绘制的圆进行修剪，结果如图 9-256 所示。

**17** 选择菜单【修改】|【阵列】命令，设置项目总数为 15，角度为 360°，选择修剪后的两段圆弧，以大圆的圆心为中心点，进行环形阵列，结果如图 9-257 所示。

**18** 选择图 9-257 所示的圆 4，使其夹点显示，单击【图层】工具栏中的【图层控制】列表，在展开的下拉列表中选择点画线，修改其图层特性。

图 9-256　修剪结果

图 9-257　阵列结果

**19** 综合使用【删除】和【修剪】命令，删除和修剪掉不需要的辅助线，结果如图 9-258 所示。

**20** 使用【拉长】命令，将所有位置的中心线的两端拉长 4.5 个绘图单位，结果如图 9-259 所示。

图 9-258　操作结果

图 9-259　最终结果

## 123 绘制底座

| | | |
|---|---|---|
| | 通过底座二视图的绘制,主要对【图形界限】、【缩放】、【构造线】、【正多边形】和【圆角】命令进行综合练习。 | |
| 文件路径: | DVD\实例文件\第 9 章\实例 123.dwg | |
| 视频文件: | DVD\AVI\第 9 章\实例 123.avi | |
| 播放时长: | 0:06:00 | |

**01** 以附赠样板"机械制图模板.dwt"作为样板,新建空白文件。

**02** 在命令行中输入"limits",激活【图形界限】命令,重新设置图形界限为"300×240"。

**03** 使用快捷键"Z"激活【缩放】命令,将所设置的图形界限完全显示在绘图区域内。

**04** 将点画线层设置为当前层,并使用快捷键"XL"激活【构造线】命令,绘制水平和垂直的两条构造线作为定位辅助线。

**05** 将"轮廓线"设置为当前图层,选择菜单【绘图】|【直线】命令,绘制边长为 90 的正方形,结果如图 9-260 所示。

**06** 使用快捷键"C"激活【圆】命令,以辅助线的交点为圆心,绘制两个直径为 32 和 64 的同心圆,结果如图 9-261 所示。

**07** 单击【修改】工具栏中的▢按钮,激活【圆角】命令,设置圆角半径为 1.5,对主视图外轮廓线进行圆角,结果如图 9-262 所示。

图 9-260  绘制正四边形          图 9-261  绘制圆          图 9-262  圆角操作

**08** 使用快捷键"XL"激活【构造线】命令,绘制如图 9-263 所示的构造线,其中水平构造线分别通过主视图与垂直辅助线的交点。

**09** 选择菜单【修改】|【偏移】命令,选择刚绘制的垂直构造线将其向右分别偏移 8 和 48 个绘图单位,偏移结果如图 9-264 所示。

**10** 使用快捷键"TR"激活【修剪】命令,对构造线进行修剪处理,创建出如图 9-265 所示的左视图。

**11** 使用【特性】命令,将图 9-265 所示的线 L 和线 M 转化为"隐藏线"。

图 9-263　绘制构造线　　　　　　　图 9-264　偏移构造线　　　　　　　图 9-265　修剪操作

**12** 使用快捷键"F"激活【圆角】命令，将圆角半径设置为 1.5，对左视图进行圆角，结果如图 9-266 所示。

**13** 使用快捷键"TR"激活【修剪】命令对构造线进行修剪，修剪结果如图 9-267 所示。

**14** 使用【拉长】命令，设置长度增量为 10，将修剪后的辅助线进行拉长，最终结果如图 9-268 所示。

图 9-266　圆角　　　　　　　　　　图 9-267　修剪　　　　　　　　　　图 9-268　最终结果

## 124　绘制剖视图

剖视图是指假设用剖切面剖开机件，将处于观察者和剖切面之间的部分移去，将余下部分投影面投射所得的图形。本例通过绘制剖视图，主要对【偏移】、【复制】、【圆弧】和【图案填充】进行综合练习。

| 文件路径： | DVD\实例文件\第 9 章\实例 124.dwg |
| --- | --- |
| 视频文件： | DVD\AVI\第 9 章\实例 124.avi |
| 播放时长： | 0:05:35 |

**01** 打开"素材文件\第 9 章\实例 124.dwg"文件，结果如图 9-269 所示。

**02** 将"中心线"设置为当前图层，单击【绘图】工具栏 ✎ 按钮，以起点坐标（170，120）绘制长度为 60 的水平中心线。

**03** 使用【直线】命令，绘制其他中心线，中心线的各点坐标依次为（200，150）、（200，90）、（260，120）、（300，120）、（280、140）和（280，100），绘制完成的剖视图中心线如图 9-270 所示。

**04** 选择菜单【修改】|【偏移】命令，将左侧剖视图垂直中心线向右分别偏移 20 和 26 个绘图单位，将水平中心线，分别向上下两侧各偏移 10 个绘图单位；将右侧剖视图的垂直中心线向右分别偏移 15 和 19 个绘图单位，水平中心线向上下两侧分别偏移 7 个绘图单位，结果如图 9-271 所示。

图 9-269　打开素材　　　　　　　　　　　　　　图 9-270　绘制中心线

**05** 将"轮廓线"设置为当前图层，选择菜单【绘图】|【直线】命令，绘制如图 9-272 所示的直线。

图 9-271　偏移中心线　　　　　　　　　　　　　　图 9-272　绘制直线

**06** 选择菜单【绘图】|【圆弧】|【起点、圆心、端点】命令，绘制圆弧，结果如图 9-273 所示。

**07** 使用【删除】命令，删除剖视图中所有中心线。

**08** 单击【绘图】工具栏上的 ▣ 按钮，选择合适的参数对剖视图进行填充，最终结果如图 9-274 所示。

图 9-273　绘制圆弧　　　　　　　　　　　　　　图 9-274　最终结果

## 125 绘制断面图

假想用剖切面将机件某处切断，仅画出剖切平面与机件接触部分的图形轮廓。本例通过绘制断面图，主要对【圆】、【修剪】和【图案填充】命令进行综合练习。

| | |
|---|---|
| 文件路径： | DVD\实例文件\第 9 章\实例 125.dwg |
| 视频文件： | DVD\AVI\第 9 章\实例 125.avi |
| 播放时长： | 0:06:12 |

**01** 打开 "素材文件\第 9 章\实例 125.dwg" 文件,结果如图 9-275 所示。

**02** 单击【绘图】工具栏上的⊘按钮,在左侧辅助线的交点处绘制直径分别为 79 和 40 的两个同心圆,表示外圆和内圆孔,如图 9-276 所示。

图 9-275　打开素材 图 图 9-276　绘制同心圆

**03** 使用【偏移】命令,将左侧水平中心线分别向上下两侧偏移 11 个绘图单位。

**04** 使用快捷键 "L" 激活【直线】命令,分别绘制如图 9-277 所示的两条直线。

**05** 单击【修改】工具栏中的  按钮,修剪两条水平线和水平线之间的内圆弧,并删除偏移的辅助线,结果如图 9-278 所示。

**06** 单击【绘图】工具栏上的  按钮,选择合适的填充参数,对图案进行填充,结果如图 9-279 所示。

图 9-277　绘制直线 图 9-278　修剪结果 图 9-279　填充图案

**07** 使用【直线】命令,在如图 9-280 所示的圆孔竖直中心线上方绘制一条直线,长度适当即可,然后使用【多重引线】命令,绘制引线,引线水平位置与刚画的竖直线上端平齐,左端点与竖直线上端点重合,右端点适当放置保证长度合适清晰即可,如图 9-280 所示。

**08** 根据上步操作的方法绘制零件下方的引线,结果如图 9-281 所示。

**09** 使用快捷键 "C" 激活【圆】命令,以右侧中心线的交点为圆心,绘制直径为 40 的圆,表示外圆面,结果如图 9-282 所示。

图 9-280　绘制引线

图 9-281　标识投影方向

图 9-282　绘制外圆

**10** 使用【直线】命令，绘制表示键槽深度的直线，结果如图 9-283 所示。

**11** 使用【直线】命令，绘制表示键槽宽度的两条直线，结果如图 9-284 所示。

**12** 单击【修改】工具栏上 ⁄⁻ 按钮，修剪键槽底线和键槽顶端曲线，结果如图 9-285 所示。

图 9-283　绘制键槽底线

图 9-284　绘制键槽侧边线

图 9-285　修剪结果

**13** 单击【绘图】工具栏上 按钮，选择合适的填充参数，对图形进行填充，结果如图 9-286 所示。

**14** 使用【多重引线】命令，根据第 7 步的操作方法绘制多重引线表示投影方向，最终结果如图 9-287
所示。

图 9-286　填充结果

图 9-287　最终结果

## 126 绘制局部放大图

为了清楚地表达机件上的某些细小结构，将这部分结构用于原图形的比例画出，称为局部放大图。本例通过局部放大图的绘制，主要对【多重引线】、【圆】、【复制】和【缩放】功能进行综合练习。

| | 文件路径： | DVD\实例文件\第 9 章\实例 126.dwg |
|---|---|---|
| | 视频文件： | DVD\AVI\第 9 章\实例 126.avi |
| | 播放时长： | 0:04:00 |

**01** 启动 AutoCAD2010，打开"素材文件\第 9 章\实例 126.dwg"文件，结果如图 9-288 所示。

**02** 将"轮廓线"图层设置为当前图层，单击【绘图】工具栏上的⊙按钮，以（142，228）为圆心，绘制半径为 8 的圆，结果如图 9-289 所示。

图 9-288　打开素材

图 9-289　绘制圆

**03** 将"引线"设置为当前层，选择菜单【标注】|【多重引线】命令，绘制多重引线，结果如图 9-290 所示。

**04** 选择绘制的引线，单击工具栏上的▣按钮，在弹出的【特性面板】对话框中设置参数，结果如图 9-291 所示。

**05** 选择菜单【绘图】|【文字】|【多行文字】命令，输入数字 1，如图 9-292 所示。

图 9-290　绘制引线

图 9-291　【特性面板】对话框

图 9-292　指示局部放大位置

**06** 选择菜单【修改】|【复制】命令，复制圆内的直线到图形附近的位置，结果如图 9-293 所示。

**07** 单击【绘图】工具栏上的 ⁀ 按钮，绘制样条曲线，结果如图 9-294 所示。

图 9-293　复制结果　　　　　　　　　　　图 9-294　绘制样条曲线

**08** 使用快捷键"TR"激活【修剪】命令，以样条曲线之外的直线为修剪对象，修剪多余轮廓，结果如图 9-295 所示。

**09** 选择菜单【修改】|【缩放】命令，以阶梯槽左侧竖直短线段的中心为放大基点对图形放大 5 倍。

**10** 选择菜单【绘图】|【文字】|【多行文字】命令，在填充图上方复制输入局部放大图标示，文字高度为 10，最终结果如图 9-296 所示。

图 9-295　修剪结果　　　　　　　　　　　图 9-296　局部放大视图

# 第 10 章

# 零件图的装配、分解、标注与输出

**本章导读**

本章通过二维零件图的装配、二维零件图的分解、二维零件图的标注以及二维零件图的输出等 7 个典型实例，在综合巩固相关知识的前提下，主要学习二维零件图的装备、分解、标注和输出技巧。

**效果展示**

# 127 二维零件图的装配

本例通过将各散装零件图组装在一起，主要综合练习了【打开】、【垂直平铺】、【移动】、【修剪】以及多文档之间的数据共享等功能，其中，文档间的数据共享功能，是本例操作的关键。

| 文件路径： | DVD\实例文件\第 10 章\实例 127.dwg |
| --- | --- |
| 视频文件： | DVD\AVI\第 10 章\实例 127.avi |
| 播放时长： | 0:06:17 |

**01** 使用【文件】|【新建】命令快速创建空白文件。

**02** 执行【文件】|【打开】命令，在随书光盘中的"\素材文件\第 10 章\实例 127"目录下，打开如图 10-1 所示的 4 个源文件。

**03** 选择菜单【窗口】|【垂直平铺】命令，将打开的多个文件进行平铺。如图 10-2 所示。

图 10-1　选择多个文件

图 10-2　平铺窗口

**04** 综合使用【实时缩放】和【实时平移】工具，调整各文件中的图形，使各源图形完全显示在各个文件窗口内。

**05** 在无命令执行的前提下，使用窗交选择方式，拉出如图 10-3 所示的选择框，选择该图形。

**06** 按住右键不放，将其拖曳，此时被选择的图形处在虚拟共享状态下，如图 10-4 所示。

图 10-3　窗交选择

图 10-4　拖曳图形

**07** 按住右键不放，将光标拖至空白文件内，然后松开右键，在弹出的快捷菜单上选择"粘贴为块"选项，如图 10-5 所示。

图 10-5 快捷键菜单

**08** 将图形以块的形式共享到空白文件中，同时调整视图以完全显示共享图形，如图 10-6 所示。

**09** 根据以上步骤，分别将其他 3 个文件中的零件图，以块的形式共享到空白文件中，结果如图 10-7 所示。

**10** 将共享后的文件最大化显示，并对视图进行放大显示。

**11** 使用【移动】命令，将各分散图形进行组合，基点分别为 A、B、C，目标点分别为 a、b、c，如图 10-8 所示，组合结果如图 10-9 所示。

图 10-6 粘贴块

图 10-7 共享结果

**12** 使用快捷键 "X" 激活【分解】命令，将组合后的装配图进行分解。

**13** 综合使用【修剪】和【删除】命令，对装配图进行完善。

图 10-8 定位基点与目标点

图 10-9 组合结果

**技 巧**：在选择对象时，如果漏选了图形，可以按住 Ctrl 键单击选择集中的对象，即可将对象添加到当前选择集中。

## 128 二维零件图的分解

| | 本例通过将二维装备图进行分解还原，主要对【复制】、【修剪】、【删除】、【移动】和【合并】命令进行综合练习。 |
|---|---|
| 文件路径： | DVD\实例文件\第 10 章\实例 128.dwg |
| 视频文件： | DVD\AVI\第 10 章\实例 128.avi |
| 播放时长： | 0:02:03 |

**01** 打开随书光盘中的 "\实例文件\第 10 章\实例 128.dwg" 文件。

**02** 选择菜单【修改】|【复制】命令，对图形进行复制，复制结果如图 10-10 所示。

**03** 重复执行【复制】命令，对其他图形进行复制，复制结果如图 10-11 所示。

图 10-10　复制结果　　　　　　　　　　　图 10-11　复制结果

**技 巧**：在分解装配图时，为了避免不必要的麻烦，可以事先使用【复制】命令，将各部件提取出来，然后再进行完善。

**04** 综合使用【修剪】、【删除】和【合并】命令，对分解后的图形进行编辑完善，结果如图 10-12 所示。

图 10-12　编辑结果

**05** 使用【拉长】和【打断】命令，对各图形中心线进行编辑完善，最终效果如图 10-13 所示。

图 10-13　最终效果

## 129 为二维零件图标注尺寸

| | |
|---|---|
| | 本例通过轴零件标注，主要对【标注样式】、【线性】、【连续】、【引线】、【半径】和【编辑标注文字】命令进行综合练习。 |
| 文件路径 | DVD\实例文件\第 10 章\实例 129.dwg |
| 视频文件 | DVD\AVI\第 10 章\实例 129.avi |
| 播放时长 | 0:09:31 |

**01** 打开随书光盘中的 "\素材文件\第 10 章\实例 129.dwg" 文件，如图 10-14 所示。

图 10-14 打开素材

**02** 激活状态栏上的【对象捕捉】、【对象追踪】和【线宽】功能。

**03** 选择菜单【标注】|【标注样式】命令，在打开的对话框中单击 新建(N)... 按钮，创建名为 "机械标注" 的新样式，如图 10-15 所示。

**04** 单击 继续 按钮，打开【新建标注样式：机械标注】对话框，在【线】选项卡中设置相关参数，如图 10-16 所示。

图 10-15 新样式命名

图 10-16 【线】选项卡

**05** 展开【文字】选项卡，单击【文字样式】列表右侧的... 按钮，在弹出的对话框中新建一种文字样式，如图 10-17 所示。

**06** 返回【新建标注样式：机械标注】对话框，将刚设置的文字样式设置为当前样式，并设置尺寸文字的高度、颜色以及偏移量等参数，如图 10-18 所示。

图 10-17　设置文字样式

图 10-18　【文字】选项卡

**07** 展开【主单位】选项卡，设置单位格式、精度等参数，如图 10-19 所示。

**08** 单击 <u>确定</u> 按钮返回【标注样式管理器】对话框，将刚设置的"机械标注"尺寸样式设置为当前样式，如图 10-20 所示。

图 10-19　【主单位】选项卡

图 10-20　设置当前样式

> **技 巧：** 使用【标注样式管理器】对话框的"修改"功能，可以快速更新现有的尺寸对象和作用于将要标注的尺寸对象。

**09** 将"尺寸"设置为当前图层，然后单击【标注】工具栏中的 ⊢ 按钮，配合捕捉与追踪功能，标注如图 10-21 所示的尺寸。

**10** 单击【标注】工具栏中的 ⊢ 按钮，激活【基线】命令，继续标注零件图尺寸，结果如图 10-22 所示。

图 10-21　标注结果

图 10-22　标注结果

**11** 单击【标注】工具栏中的 ⊣⊢ 按钮，激活【连续】标注命令，为零件标注尺寸，结果如图 10-23 所示。

**12** 重复使用【线性】命令，配合捕捉功能标注其他位置的水平尺寸，结果如图 10-24 所示。

图 10-23　连续标注　　　　　　　　　　　　　图 10-24　标注结果

**13** 单击【标注】工具栏中的 按钮，对相关尺寸进行编辑。命令行操作过程如下：

命令：_dimedit

　　输入标注编辑类型［默认(H)/新建(N)/旋转(R)/倾斜(O)]<默认>：　//输入 N，打开【文字格式】
编辑器，修改尺寸内容，如图 10-25 所示

图 10-25　输入尺寸内容

**14** 单击 确定 按钮返回绘图区，在"选择对象："提示下，选择尺寸文字为 2 的尺寸对象，结果如图 10-26
所示。

**15** 单击【标注】工具栏中的 按钮，激活【编辑标注文字】命令，对尺寸文字的位置进行调整，结
果如图 10-27 所示。

图 10-26　修改结果　　　　　　　　　　　　　图 10-27　标注结果

**16** 使用【线性】命令，标注图形的垂直尺寸，结果如图 10-28 所示。

**17** 单击【标注】工具栏中的 按钮，标注半径尺寸，并对文字进行编辑，结果如图 10-29 所示。

图 10-28　标注结果　　　　　　　　　　　　　图 10-29　标注结果

**18** 单击【标注】工具栏中的 ，配合【最近点捕捉】功能标注引线尺寸，结果如图 10-30 所示。

**19** 重复【多重引线】命令，标注其他位置的引线尺寸，结果如图 10-31 所示。

图 10-30 标注结果

图 10-31 标注结果

## 130 为二维零件图标注公差

本例通过为轴零件标注尺寸公差和形位公差，主要学习形位公差和尺寸公差的标注方法。

| | 文件路径： | DVD\实例文件\第 10 章\实例 130.dwg |
|---|---|---|
| | 视频文件： | DVD\AVI\第 10 章\实例 130.avi |
| | 播放时长： | 0:03:26 |

**01** 打开随书光盘中的 "\实例文件\第 10 章\实例 129.dwg" 文件。

**02** 选择菜单【标注】|【线性】命令，为图形标注公差尺寸。命令行操作过程如下：

命令: _dimlinear
指定第一条延伸线原点或 <选择对象>:          //捕捉如图 10-32 所示的端点
指定第二条延伸线原点:                      //捕捉如图 10-33 所示的端点
指定尺寸线位置或 [多行文字(M)/文字(T)/角度(A)/水平(H)/垂直(V)/旋转(R)]:m↙   //输入 m，激活"多行文字"选项

图 10-32 定位第一原点

图 10-33 定位第二原点

**03** 当激活"多行文字"选项后，系统自动弹出如图 10-34 所示的【文字格式】编辑器。

图 10-34 【文字格式】编辑器

**04** 在尺寸文字后面输入尺寸公差 "-0.018^-0.027"，如图 10-35 所示。

图 10-35 输入尺寸公差

**05** 选择输入的尺寸公差，然后单击【文字格式】编辑器上的 "堆叠" 按钮，将公差进行堆叠，结果如图 10-36 所示。

图 10-36 堆叠尺寸公差

**06** 单击 确定 按钮返回绘图区，在命令行 "指定尺寸线位置或[多行文字(M)/文字(T)/角度(A)/水平(H)/垂直(V)/旋转(R)]:" 提示下，在适当位置指定尺寸线位置，结果如图 10-37 所示。

**07** 分别使用上述方法，标注其他位置的尺寸公差，结果如图 10-38 所示。

图 10-37 标注结果

图 10-38 标注其他公差

**08** 使用快捷键 "LE" 激活【引线】命令，标注零件的形位公差。命令行操作过程如下：

```
命令: le QLEADER
    指定第一个引线点或 [设置(S)]<设置>:S↙   //输入 s，打开【引线设置】对话框，设置参数如图
10-39 和图 10-40 所示
```

图 10-39　设置注释参数　　　　　　　　　　图 10-40　设置引线和箭头

**09** 单击　确定　按钮，然后根据命令行的操作提示标注形位公差。命令行操作过程如下：

指定第一个引线点或［设置(S)］＜设置＞：　　//捕捉如图 10-41 所示的端点
指定下一点：　　　　　　　　　　　　　　　//在下侧适当位置定位第二点引线点
指定下一点：　//在左侧适当位置定位第三点引线点，此时系统打开如图 10-42 所示的对话框

图 10-41　定位第一引线点

**10** 单击【符号】颜色块，从如图 10-43 所示的【特征符号】对话框中选择对应的公差符号。

图 10-42　【形位公差】对话框　　　　　　　图 10-43　【特征符号】对话框

**11** 返回【形位公差】对话框，在【公差 1】选项组中输入"0.015"，在【公差 2】选项组中输入"A-B"，如图 10-44 所示。

**12** 单击　确定　按钮，标注结果如图 10-45 所示。

图 10-44　【形位公差】对话框　　　　　　　图 10-45　最终结果

# 131 为二维零件图标注表面粗糙度

| | 本例通过为零件图标注表面粗糙度符号，主要对【定义属性】、【创建块】、【写块】和【插入】命令进行综合练习。 |
|---|---|
| 文件路径： | DVD\实例文件\第 10 章\实例 131.dwg |
| 视频文件： | DVD\AVI\第 10 章\实例 131.avi |
| 播放时长： | 0:03:45 |

**01** 打开随书光盘中的"\素材文件\第 10 章\实例 131.dwg"文件，如图 10-46 所示。

**02** 使用【草图设置】命令，启用并设置极轴追踪模式，如图 10-47 所示。

图 10-46 打开素材　　　　　　　　　　　　　　图 10-47 【草图设置】对话框

**03** 使用快捷键"L"激活【直线】命令，配合【极轴追踪】功能，绘制如图 10-48 所示的表面粗糙度符号。

**04** 选择菜单【绘图】|【块】|【定义属性】命令，打开【属性定义】对话框，设置属性参数，如图 10-49 所示。

**05** 单击 确定 按钮，在命令行"指定起点:"提示下捕捉如图 10-50 所示的端点作为属性插入点，插入结果如图 10-51 所示。

图 10-48 绘制表面粗糙度符号　　　图 10-49 设置属性参数　　　图 10-50 指定插入点

**06** 使用【移动】命令，将属性向右移动 2.5 个绘图单位，结果如图 10-52 所示。

**07** 单击【绘图】工具栏中的 按钮，激活【创建块】命令，以如图 10-53 所示的点作为块的基点。

图 10-51　插入结果

图 10-52　移动结果

图 10-53　定义基点

**08** 在【块定义】对话框中，将表面粗糙度符号和属性一起定义为内部块，并设置块参数，如图 10-54 所示。

**09** 单击【绘图】工具栏中的 按钮，在打开的【插入】对话框中设置参数，如图 10-55 所示。

图 10-54　设置图块参数

图 10-55　设置插入参数

**10** 单击 确定 按钮返回绘图区，在插入表面粗糙度属性块的同时，为其输入表面粗糙度值。命令行操作过程如下：

```
命令: _insert
指定插入点或 [基点(B)/比例(S)/X/Y/Z/旋转(R)]://捕捉如图 10-56 所示中点作为插入点
输入属性值
输入粗糙度符号: <3.2>:1.6✓        //输入 1.6 按回车键，结果如图 10-57 所示
```

图 10-56　定位插入点

图 10-57　插入结果

**技 巧**：由于内部图块仅能供当前图形文件所引用，如果要在其他的图形文件内使用此图块的话，必须使用【写块】命令将此内部块转换为外部资源。

**11** 使用快捷键 "I" 激活【插入块】命令，在弹出的【插入】对话框中，设置参数如图 10-58 所示，

并单击 确定 按钮返回绘图区，插入表面粗糙度，结果如图 10-59 所示。

图 10-58  设置块参数

图 10-59  最终结果

## 132 零件图的快速打印

本例通过在模型空间内打印零件图，主要对【绘图仪管理器】、【页面设置管理器】和【打印预览】命令进行综合练习。

| | | |
|---|---|---|
| 文件路径： | DVD\实例文件\第 10 章\实例 132.dwg |
| 视频文件： | DVD\AVI\第 10 章\实例 132.avi |
| 播放时长： | 0:03:56 |

**01** 打开随书光盘中的"\素材文件\第 10 章\实例 132.dwg"文件，如图 10-60 所示。

**02** 选择菜单【文件】|【绘图仪管理器】命令，在打开的对话框中双击"DWF6ePlot"图标，打开【绘图仪配置编辑器- DWF6ePlot.pc3】对话框。

**03** 激活【设备和文档设置】选项卡，选取"用户定义图纸尺寸和校准"目录下"修改标准图纸尺寸（可打印区域）"选项，如图 10-61 所示。

图 10-60  打开素材

图 10-61  【设备和文档设置】选项卡

**04** 在【修改标准图纸尺寸】组合框内选择"ISO A3 图纸尺寸",单击 修改(M)... 按钮,在打开的【自定义图纸尺寸—可打印区域】对话框中设置参数,如图 10-62 所示。

**05** 单击 下一步(N) > 按钮,在打开的【自定义图纸尺寸—完成】对话框中,列出了所修改后的标注图纸的尺寸,如图 10-63 所示。

图 10-62　修改图纸打印区域　　　　　　　　　图 10-63　【自定义图纸尺寸—完成】对话框

**06** 单击 完成(F) 按钮,系统返回【绘图仪配置编辑器—DWF6ePlot.pc3】对话框,单击 确定 按钮,将修改后图纸的尺寸应用到当前设置。

**07** 选择菜单【文件】|【页面设置管理器】命令,在打开的对话框中单击 新建(N)... 按钮,为新页面命名,如图 10-64 所示。

**08** 单击 确定(O) 按钮,打开【页面设置-模型】对话框,设置打印机的名称、图纸尺寸、打印偏移、打印比例和图形方向等参数,如图 10-65 所示。

图 10-64　为新页面命名　　　　　　　　　　图 10-65　设置页面参数

**09** 单击【打印范围】列表框,在展开的下拉列表内选择【窗口】选项,如图 10-66 所示。

**10** 系统自动返回绘图区,在"指定第一个角点、对角点等"提示下,捕捉图框的两个对角点,作为打印区域。

**11** 当指定打印区域后,系统自动返回【页面设置-模型】对话框,单击 确定 按钮,返回【新建页面设置】对话框,将刚创建的新页面"设置 1"置为当前。

**12** 选择菜单【文件】|【打印预览】命令,对当前图形进行打印预览,结果如图 10-67 所示。

图 10-66　窗口打印

**13** 单击右键，在弹出的右键快捷菜单中选择【打印】选项，此时系统打开如图 10-68 所示的【浏览打印文件】对话框，在此对话框内设置打印文件的保存路径及文件名。

**14** 单击 ┤ 保存(S) ├ 按钮，系统弹出【打印作业进度】对话框，等此对话框关闭后，打印过程即可结束。

图 10-67　打印预览

图 10-68　保存打印文件

## 133　零件图的布局打印

本例通过某零件图打印到 1 号图纸上，主要学习视口的创建、图形的布局、出图比例的调整以及图形的打印等操作技能。

| | | |
|---|---|---|
| 文件路径 | DVD\实例文件\第 10 章\实例 133.dwg | |
| 视频文件 | DVD\AVI\第 10 章\实例 133.avi | |
| 播放时长 | 0:03:48 | |

**01** 打开随书光盘中的"\素材文件\第 10 章\实例 133.dwg"文件。

**02** 单击绘图区左下角 布局1 标签，进入如图 10-69 所示的"布局 1"空间。

**03** 使用快捷键"E"激活【删除】命令，删除系统自动产生的矩形视口，结果如图 10-70 所示。

**04** 选择菜单【文件】|【页面设置管理器】命令，在打开的对话框中单击 新建(N)... 按钮，打开【新

建页面设置】对话框，为新页面命名，如图 10-71 所示。

图 10-69　进入"布局 1"空间

图 10-70　删除结果

**05** 单击 确定(0) 按钮打开【页面设置-布局 1】对话框，在此对话框中设置打印设备、图纸尺寸、打印比例和图形方向等参数，如图 10-72 所示。

图 10-71　为新页面命名

图 10-72　设置打印页面

**06** 单击 确定 按钮，返回【页面设置管理器】对话框，将创建的新页面置为当前，如图 10-73 所示。

**07** 单击 关闭(C) 按钮结束命令，页面设置后的布局显示效果如图 10-74 所示。

图 10-73　设置当前页面

图 10-74　当前布局

**08** 使用快捷键 "I" 激活【插入块】命令，插入随书光盘中的 "\图块文件\A1.dwg" 文件，其参数设置如图 10-75 所示。

**09** 单击 确定 按钮，插入结果如图 10-76 所示。

图 10-75 设置参数

图 10-76 插入图框

**10** 选择菜单【视图】|【视口】|【多边形视口】命令，捕捉内框角点创建多边形视口，将模型空间下的图形添加到布局空间内，如图 10-77 所示。

**11** 单击 图纸 按钮，激活刚创建的视口，视口边框线变为粗线状态，如图 10-78 所示。

图 10-77 创建多边形视口

图 10-78 激活视口

**12** 打开【视口】工具栏，在工具栏右侧的列表框内调整比例为 "1:1"，如图 10-79 所示。

**13** 此时视口内的显示状态，如图 10-80 所示。

图 10-79 调整比例

图 10-80 调整比例后的显示

**14** 选择菜单【文件】|【打印】命令，打开如图 10-81 所示的【打印-布局 1】对话框。

**15** 退出预览状态，返回【打印-布局 1】对话框，单击 确定 按钮，设置打印文件的保存路径及文件名。

**16** 单击 保存(S) 按钮，即可将此平面图输出到相应图纸上。

**17** 单击 预览(P)... 按钮，对图形进行打印预览。

图 10-81　【打印】对话框

 技 巧：使用组合键 "Ctrl+P"，可以快速激活【打印】命令。

# 第11章

## 零件轴测图绘制

　　轴测图是一种在二维绘图空间内表达三维形体的最简单的方法，它能同时反映出物体长、宽、高3方向的尺度，立体感觉强，能够以人们习惯的方式，比较完整清晰地表达出产品的形状特征，从而帮助用户以及技术人员了解产品的设计。工程上常采用轴测图作为辅助图样，进一步说明被表达物体的结构、设计思想和工作原理等。

　　本章通过14个实例，介绍各类型零件轴测图的画法和相关技巧。

**效果展示**

# 134 在等轴测面内画平行线

本例通过在等轴测面内画平行线,主要学习平行线轴测投影图的绘制方法和绘制技巧。

| | 文件路径: | DVD\实例文件\第 11 章\实例 134.dwg |
|---|---|---|
| | 视频文件: | DVD\AVI\第 11 章\实例 134.avi |
| | 播放时长: | 0:02:26 |

**01** 执行【文件】|【新建】命令,快速创建空白文件。

**02** 选择菜单【工具】|【草图设置】命令,在打开的对话框中勾选【等轴测捕捉】单选项,设置轴测图绘图环境,如图 11-1 所示。

**03** 按下"F5"键,将等轴测平面切换为俯视等轴测平面。

**04** 选择菜单【绘图】|【直线】命令,配合【正交功能】,绘制如图 11-2 所示的图形。

图 11-1 设置绘图环境

图 11-2 绘制轮廓

**注 意**:在绘制轴测图之前,需要将绘图环境设置为"等轴测捕捉"模式。

**05** 选择菜单【修改】|【复制】命令,选择刚绘制的闭合轮廓线进行复制。命令行操作过程如下:

```
命令: _copy
选择对象:                                    //选择刚绘制的闭合轮廓
选择对象:↙                                  //按回车键,结束对象的选择
指定基点或 [位移(D)/模式(O)] <位移>:         //拾取任一点作为基点
指定第二个点或 <使用第一个点作为位移>:@15<90↙   //输入相对极坐标
指定第二个点或 [退出(E)/放弃(U)] <退出>:↙     //按回车键,结果如图 11-3 所示
```

**06** 使用快捷键"L"激活【直线】命令,配合【捕捉端点】功能,绘制如图 11-4 所示的垂直轮廓线。

**07** 选择菜单【修改】|【删除】命令,删除多余的线段,结果如图 11-5 所示

**08** 使用【修剪】命令,以上侧闭合轮廓作为边界,修剪掉被遮挡的垂直轮廓线,结果如图 11-6 所示。

图 11-3　复制图形　　　图 11-4　绘制垂直轮廓线　　　图 11-5　删除结果　　　图 11-6　最终结果

## 135　在等轴测面内画圆和弧

本例通过绘制零件的正等轴测图，主要学习圆与弧轴测图的绘制方法和技巧。

| | 文件路径: | DVD\实例文件\第 11 章\实例 135.dwg |
| --- | --- | --- |
| | 视频文件: | DVD\AVI\第 11 章\实例 135.avi |
| | 播放时长: | 0:08:06 |

**01** 以附赠样板"机械样板.dwt"作为基础样板，新建空白文件。

**02** 将"轮廓线"设置为当前层。

**03** 设置等轴测绘图环境，并按下"F5"键，将等轴测平面切换为（等轴测平面　左视）。

技 巧：在"等轴测捕捉"环境下，系统共提供了<等轴测平面 右>、<等轴测平面 左>、<等轴测平面 俯视>3 个轴测面，用户可以通过按"F5"键，进行切换。

**04** 单击【绘图】工具栏上的 ╱ 按钮，绘制如图 11-7 所示的轮廓。

**05** 按下"F5"键，将等轴测平面切换为（等轴测平面　俯视）。继续使用【直线】命令，利用捕捉功能，捕捉凹字形轮廓线的一个端点，向右绘制一条长为 72 的棱线，结果如图 11-8 所示。

**06** 重复使用【直线】命令，绘制其他位置的棱线，并连接起来，结果如图 11-9 所示。

图 11-7　绘制轮廓　　　　　图 11-8　绘制棱线　　　　　图 11-9　绘制结果

**07** 单击【绘图】工具栏中的 ◔ 按钮激活【椭圆】命令，以下侧水平线的中点为圆心绘制半径为 18 的等轴测圆，结果如图 11-10 所示。

**08** 选择菜单【修改】|【复制】命令，将圆复制，命令行操作过程如下：

命令：COPY

选择对象：找到 1 个

选择对象：                //选择圆作为复制对象

当前设置： 复制模式 = 多个

指定基点或 [位移(D)/模式(O)] <位移>：     //捕捉点轴测圆圆心作为基点

指定第二个点或 <使用第一个点作为位移>：    //指定点上方直线中点作为基点

指定第二个点或 [退出(E)/放弃(U)] <退出>：↙  //按回车键结束命令，结果如图 11-11 所示

**09** 单击【修改】工具栏中的 -/- 按钮，修剪多余的图线，结果如图 11-12 所示。

图 11-10　绘制圆

图 11-11　复制结果

图 11-12　修剪结果

**10** 使用【直线】和【复制】命令，创建图形，然后使用【修剪】命令，修剪多余的图线，结果如图 11-13 所示。

**11** 修剪其他部分多余的图线，结果如图 11-14 所示。

**12** 单击【绘图】工具栏上的 ✐ 按钮，绘制支撑板的辅助线，然后使用【复制】命令绘制右侧的图线，并将它们连接起来。命令行操作过程如下：

命令：_line 指定第一点：             //捕捉点 C

指定下一点或 [放弃(U)]：          //捕捉点 J

指定下一点或 [放弃(U)]：          //捕捉点 K

指定下一点或 [闭合(C)/放弃(U)]：     //捕捉点 L

指定下一点或 [闭合(C)/放弃(U)]：     //捕捉线 CN 的中点 N

指定下一点或 [闭合(C)/放弃(U)]：     //捕捉线 JK 的中点 M

指定下一点或 [闭合(C)/放弃(U)]：↙   //按回车键，结果如图 11-15 所示

图 11-13　修剪结果

图 11-14　修剪结果

图 11-15　绘制结果

**13** 选择菜单【绘图】|【圆】命令，以线 AM 的中点为圆心，绘制半径为 20 和 10 的圆，并将视图切换为"前视"，结果如图 11-16 所示。

**14** 使用【复制】命令绘制后侧面的等轴测圆，结果如图 11-17 所示。

**15** 使用【直线】命令，绘制切线，完成肋板和圆通孔的绘制，结果如图 11-18 所示。

**16** 使用【修剪】和【删除】命令，修剪多余的图线，结果如图 11-19 所示。

图 11-16　绘制圆　　　　图 11-17　复制圆　　　　图 11-18　绘制结果　　　　图 11-19　最终结果

## 136　绘制正等测图

本例通过绘制正等测图，主要综合练习【椭圆】、【直线】、【复制】和【修剪】命令。

| | 文件路径： | DVD\实例文件\第 11 章\实例 136.dwg |
| --- | --- | --- |
| | 视频文件： | DVD\AVI\第 11 章\实例 136.avi |
| | 播放时长： | 0:04:32 |

**01** 以附赠样板"机械样板.dwt"作为基础样板，新建空白文件。

**02** 启用等轴测模式，并按下"F5"功能键，将等轴测平面切换为<等轴测平面 俯视>。

**03** 将点画线设置为当前图层，使用快捷键"XL"激活【构造线】命令，配合【正交】功能，绘制如图 11-20 所示的辅助线。

**04** 选择菜单【修改】|【复制】命令，以刚绘制的辅助线的交点为基点，将图 11-20 所示的线 L 向右复制，目标点"@25<30"、"@75<30"，结果如图 11-21 所示。

**05** 将"轮廓线"设置为当前层，使用快捷键"L"激活【直线】命令，绘制如图 11-22 所示的直线。

图 11-20　绘制辅助线　　　　图 11-21　复制结果　　　　图 11-22　绘制直线

**06** 选择菜单【绘图】|【椭圆】命令，分别以图 11-21 所示的 B 和 C 为圆心，绘制半径为 8 的等轴测圆，结果如图 11-23 所示。

**07** 使用快捷键"L"激活【直线】命令，利用捕捉功能绘制公切线，结果如图 11-24 所示。

**08** 综合使用【修剪】和【删除】命令，对刚绘制的等轴测圆和公切线进行修剪，并删除辅助线，结果如图 11-25 所示。

图 11-23 绘制等轴测圆

图 11-24 绘制公切线

图 11-25 编辑操作

**09** 将等轴测平面切换为<等轴测平面 右视>，并使用快捷键"CO"激活【复制】命令，将图中所有对象以任意基点，以点"@<90"为目标点进行复制操作，结果如图 11-26 所示。

**10** 使用【直线】命令，绘制如图 11-27 所示的直线。

**11** 使用【修剪】和【删除】命令，对图元进行修剪和删除操作，最终结果如图 11-28 所示。

图 11-26 复制结果

图 11-27 绘制直线

图 11-28 最终结果

## 137 根据二视图绘制轴测图

本例根据零件的二视图，绘制零件的正等轴测投影图，主要综合练习了【椭圆】、【直线】、【复制】、【修剪】命令。

| | |
|---|---|
| 文件路径： | DVD\实例文件\第 11 章\实例 137.dwg |
| 视频文件： | DVD\AVI\第 11 章\实例 137.avi |
| 播放时长： | 0:05:04 |

**01** 打开随书光盘中的"\素材文件\第 11 章\实例 137.dwg"文件如图 11-29 所示。

**02** 设置等轴测图绘图环境，并设置对象捕捉模式为圆心、交点和端点捕捉。

**03** 将"轮廓线"设置为当前图层，选择菜单【绘图】|【多段线】命令，配合【正交】功能，在等轴测平面内绘制如图 11-30 所示的矩形。

**04** 使用快捷键"CO"激活【复制】命令，对刚绘制的矩形进行复制，基点为任意基点，结果如图 11-31 所示。

图 11-29 素材文件 　　　　　　　　　　　　　　　　　　图 11-30 绘制矩形

**05** 使用【直线】命令，配合【捕捉端点】功能，绘制如图 11-32 所示的轮廓线。

**06** 将"中心线"设置为当前层，继续使用【直线】命令，配合【捕捉中点】功能，绘制如图 11-33 所示的两条辅助线。

**07** 将"轮廓线"设置为当前图层，使用【椭圆】命令，以两辅助线的交点为圆心，绘制半径分别为 4 和 6 的同心圆，结果如图 11-34 所示。

图 11-31　复制结果　　　　图 11-32　绘制轮廓线　　　　图 11-33　绘制辅助线　　　　图 11-34　绘制同心圆

**技 巧：**【椭圆】命令用于绘制由两条轴进行控制的闭合曲线，用户也可以选择【绘图】|【椭圆】| 级联菜单命令启动。在轴测图模式下，可以绘制等轴测圆。

**08** 选择菜单【修改】|【修剪】命令，对图线进行修剪，并删除多余的线，结果如图 11-35 所示。

**09** 选择菜单【修改】|【复制】命令，对图形中绘制的同心圆进行复制，结果如图 11-36 所示。

**10** 选择菜单【绘图】|【直线】命令，配合【捕捉切点】功能，绘制如图 11-37 所示的轮廓线。

**11** 选择菜单【修改】|【修剪】命令，对图线进行修剪，结果如图 11-38 所示。

图 11-35　修剪结果　　　　图 11-36　复制同心圆　　　　图 11-37　绘制轮廓线　　　　图 11-38　最终效果

**技 巧：**在绘制公切线时，为了方便捕捉到轴测圆切点，最后暂时关闭其他的捕捉模式，仅开启切点捕捉功能。

## 138 根据三视图绘制轴测图

本例通过零件三视图，绘制其正等轴测图，使用【复制】命令和捕捉功能，事先定位出各圆的实际位置，然后再通过【椭圆】、【复制】和【修剪】命令的组合，绘制轴测图轮廓。

| 文件路径： | DVD\实例文件\第 11 章\实例 138.dwg |
|---|---|
| 视频文件： | DVD\AVI\第 11 章\实例 138.avi |
| 播放时长： | 0:06:36 |

**01** 以随书光盘中的"\样板文件\机械制图模板.dwt"作为基础样板，新建文件。

**02** 设置等轴测捕捉环境，启用【对象捕捉】功能。

**03** 设置"轮廓线"为当前层，并打开状态栏上的【正交】功能。

**04** 按下"F5"功能键，将等轴测平面切换为（等轴测平面 右），然后使用【直线】命令绘制底板侧面轮廓，结果如图 11-39 所示。

**05** 单击【修改】工具栏中的 按钮，将刚绘制的闭合轮廓进行复制。命令行操作过程如下：

```
选择对象：指定对角点：找到 4 个
选择对象：↙                        //按回车键，结束选择
当前设置： 复制模式 = 多个
指定基点或 [位移(D)/模式(O)] <位移>：      //捕捉任意一点
指定第二个点或 <使用第一个点作为位移>：@30<-30↙  //输入@30<-30，按回车键
指定第二个点或 [退出(E)/放弃(U)] <退出>：↙    //按回车键，复制结果如图 11-40 所示
```

**06** 单击【绘图】工具栏中的 按钮，配合【捕捉端点】功能，绘制如图 11-41 所示的三条轮廓线。

图 11-39 绘制结果　　图 11-40 复制结果　　图 11-41 绘制结果

**07** 夹点显示如图 11-42 所示的两条图线，然后使用【删除】命令进行删除，结果如图 11-43 所示。

**08** 将当前轴测面切换为（等轴测平面 俯视），然后使用【直线】命令绘制如图 11-44 所示的辅助线。

图 11-42　夹点显示图线

图 11-43　删除结果

图 11-44　绘制辅助线

**09** 单击【绘图】工具栏中的 按钮，配合【捕捉中点】和【圆心捕捉】功能，绘制半径为 8 的等轴测圆，结果如图 11-45 所示。

**10** 使用【删除】命令，将绘制的辅助线删除。

**11** 将轴测面切换为（等轴测平面　左），然后使用【直线】命令，配合【正交】和【延伸捕捉】功能，绘制支架轮廓线，结果如图 11-46 所示。

**12** 单击【绘图】工具栏中的 按钮，配合【捕捉中点】和【捕捉圆心】功能，绘制半径为 15 和半径为 8 的等轴测圆，结果如图 11-47 所示。

图 11-45　绘制圆

图 11-46　绘制支架轮廓

图 11-47　绘制同心圆

**13** 对支架轮廓进行修剪，并删除多余图线，结果如图 11-48 所示。

**14** 使用快捷键 "CO" 激活【复制】命令，对弧形轮廓进行复制，结果如图 11-49 所示。

**15** 选择菜单【修改】|【拉长】命令，拉长如图 11-50 所示的垂直轮廓线，设置拉长增量为 "14"。

图 11-48　修剪结果

图 11-49　复制弧形轮廓

图 11-50　拉长对象

**16** 单击【修改】工具栏中的 按钮，激活【延伸】命令，对复制出的圆弧进行延伸，结果如图 11-51 所示。

**17** 使用【直线】命令，配合【捕捉切点】功能绘制如图 11-52 所示的切线。

**18** 选择菜单【修改】|【修剪】命令，以公切线作为边界，对圆弧进行修剪，最终结果如图 11-53 所示。

图 11-51　延伸结果

图 11-52　绘制公切线

图 11-53　最终效果

## 139 绘制端盖斜二测图

　　斜二测与正等测的主要区别在于轴间角和轴向伸缩系数不同，而在绘图方法上与正等测的画法类似。本例通过绘制斜二测图，主要对【圆】、【构造线】、【复制】、【修剪】和【阵列】命令进行综合练习。

| 文件路径： | DVD\实例文件\第 11 章\实例 139.dwg |
|---|---|
| 视频文件： | DVD\AVI\第 11 章\实例 139.avi |
| 播放时长： | 0:07:42 |

**01** 以随书光盘中的 "\样板文件\机械制图模板.dwt" 作为基础样板，新建文件。

**02** 单击状态栏里的 ∟ 按钮和 ╋ 按钮，打开【正交】和【线宽】功能。

**03** 将点画线设置为当前图层，使用快捷键 "XL" 激活【构造线】命令，绘制一条垂直构造线、一条水平构造线和一条过垂直、水平构造线交点，角度为 135° 的构造线，结果如图 11-54 所示。

**04** 将 "轮廓线" 设置为当前图层，使用快捷键 "C" 激活【圆】命令，以辅助线的交点为圆心，分别绘制半径为 18 和 33 的同心圆，结果如图 11-55 所示。

**05** 选择菜单【修改】|【复制】命令，以辅助线交点为基点，以 "@30<135" 为目标点，将半径为 18 的圆进行复制。

**06** 使用【复制】命令，以辅助线交点为基点，以 "@18<135" 为目标点，将半径为 33 的圆进行复制，结果如图 11-56 所示。

图 11-54　绘制辅助线

图 11-55　绘制圆

图 11-56　复制操作

**07** 单击【绘图】工具栏上的 ╱ 按钮，激活【直线】命令，配合捕捉功能，绘制圆柱筒的切线，结果如图 11-57 所示。

**08** 选择菜单【修改】|【修剪】命令，对图形进行修剪操作，以创建圆柱筒，结果如图 11-58 所示。

**09** 选择菜单【绘图】|【圆】命令，以复制的半径为 33 的圆的圆心为圆心，分别绘制半径为 50 和 60 的圆，结果如图 11-59 所示。

图 11-57　绘制公切线

图 11-58　修剪结果

图 11-59　绘制圆

**10** 使用快捷键 "CO" 激活【复制】命令，配合捕捉功能，对图形中的垂直构造线进行复制，以辅助线的交点为基点，半径为 33 的复制圆的圆心为目标点，结果如图 11-60 所示。

**11** 单击【绘图】工具栏上的 ⊘ 按钮，以复制的垂直构造线和半径为 50 的圆的上侧交点为圆心，绘制半径为 7 的圆，结果如图 11-61 所示。

**12** 选择菜单【修改】|【阵列】命令，设置阵列数目为 4，填充角度为 360°，以半径为 50 的圆的圆心为阵列中心，对刚绘制的圆进行环形阵列，结果如图 11-62 所示。

图 11-60　复制辅助线

图 11-61　绘制圆

图 11-62　阵列圆

**13** 使用【删除】命令，将半径为 50 的定位圆删除。

**14** 选择菜单【修改】|【复制】命令，配合捕捉功能，对刚阵列的圆和半径为 60 的圆进行复制，以半径为 60 的圆的圆心为基点，目标点为 "@10<135"，复制结果如图 11-63 所示。

**15** 单击【绘图】工具栏上的 ╱ 按钮，配合捕捉功能，绘制底座的切线，结果如图 11-64 所示。

**16** 综合使用【修剪】和【删除】命令，对底座中不可见的轮廓线和半径为 60 的圆进行修剪操作，并删除所有的构造线，最终结果如图 11-65 所示。

图 11-63　复制结果

图 11-64　绘制底座切线

图 11-65　最终结果

## 140 绘制复杂零件轴测图（一）

本例通过绘制复杂零件轴测图，主要对【草图设置】、【直线】、【椭圆】和【修剪】命令进行综合练习。

| | 文件路径： | DVD\实例文件\第 11 章\实例 140.dwg |
|---|---|---|
| | 视频文件： | DVD\AVI\第 11 章\实例 140.avi |
| | 播放时长： | 0:07:40 |

**01** 以随书光盘中的 "\样板文件\机械制图模板.dwt" 作为基础样板，新建文件。

**02** 设置等轴测图绘图环境，并开启【正交】功能。

**03** 将点画线层设置为当前层，单击 ⁄ 按钮，绘制中心线，结果如图 11-66 所示。

**04** 切换图层为 "轮廓线"，然后使用【椭圆】命令绘制半径为 25、15 的两个等轴测圆，以辅助线的交点为圆心，结果如图 11-67 所示。

**05** 使用【复制】命令，复制两个等轴测圆到顶部 48 位置处，结果如图 11-68 所示。

图 11-66 绘制辅助线

图 11-67 绘制圆

图 11-68 复制圆

**06** 使用【直线】命令，配合【捕捉切点】功能，绘制外圆的两条公切线，结果如图 11-69 所示。

**07** 使用【偏移】命令，将最下侧端辅助线向左偏移复制 55 个绘图单位，创建如图 11-70 所示的辅助线。

**08** 使用【椭圆】命令绘制半径为 21 和 14 的两个等轴测圆，圆心为刚创建的辅助线的交点，结果如图 11-71 所示。

图 11-69 绘制公切线

图 11-70 绘制辅助线

图 11-71 绘制圆

**09** 选择菜单【修改】|【修剪】命令，对图形进行修剪，并删除多余线段，结果如图 11-72 所示。

**10** 单击【直线】按钮 ✎，并按照如图 11-73 所示绘制线段，然后使用【复制】按钮，选取复制对象，向上移动 9 个绘图单位，结果如图 11-74 所示。

**11** 选择菜单【绘图】|【直线】命令，绘制棱线，并使用【修剪】命令，修剪多余线段，结果如图 11-75 所示。

图 11-72　修剪结果　　　　　图 11-73　绘制线段　　　　　图 11-74　复制结果　　　　　图 11-75　修剪结果

**12** 单击【修改】工具栏中的 ❀ 按钮，分别选取圆弧 a 和 b 按照如图 11-76 所示的尺寸进行复制。

**13** 使用【直线】命令，按照如图 11-77 所示绘制切线。

**14** 使用【修剪】命令，对图形进行修剪，并使用【删除】命令，删除多余的图线，结果如图 11-78 所示。

图 11-76　复制结果　　　　　　　图 11-77　绘制切线　　　　　　　图 11-78　最终结果

---

## 141　绘制复杂零件轴测图（二）

本例通过绘制复杂零件轴测图,主要对【草图设置】、【直线】、【椭圆】和【修剪】命令的综合练习,并在操作过程中使用了对象捕捉功能。

| | | |
|---|---|---|
| 文件路径: | DVD\实例文件\第 11 章\实例 141.dwg | |
| 视频文件: | DVD\AVI\第 11 章\实例 141.avi | |
| 播放时长: | 0:11:41 | |

**01** 以随书光盘中的 "\样板文件\机械制图模板.dwt" 作为基础样板，新建文件。

**02** 激活【工具】菜单中的【草图设置】命令，设置 "等轴测捕捉" 绘图环境，并启用状态栏上的正交功能。

**03** 将点画线设置为当前图层，使用【直线】命令，配合正交功能绘制如图 11-79 所示的定位辅助线。

**04** 按下 "F5" 键，将当前的等轴测平面设置为<等轴测平面 俯视>，通过捕捉辅助线的交点绘制另一条辅助线，如图 11-80 所示。

**05** 按下 "F5" 键，将当前的等轴测平面切换为<等轴测平面 左视>。

**06** 将 "轮廓线" 设置为当前图层，单击【绘图】工具栏上的 ⊙ 按钮，以辅助线的交点为圆心，绘制两个直径分别为 30 和 43 的等轴测圆，结果如图 11-81 所示。

图 11-79　绘制辅助线　　　　　图 11-80　绘制辅助线　　　　　图 11-81　绘制轴测圆

**07** 单击【修改】工具栏中的 ⊙ 按钮，激活【复制】命令，选择如图 11-81 所示的辅助线 L 和 M 垂直向下复制 48 个绘图单位，结果如图 11-82 所示。

**08** 在无任何命令执行的前提下选择垂直辅助线，对其进行夹点复制，复制距离分别为 5.5、-5.5、15 和-15 个绘图单位，结果如图 11-83 所示。

**09** 使用快捷键 "L" 激活【直线】命令，分别连接辅助线和轴测圆各交点绘制如图 11-84 所示的轮廓线。

图 11-82　轮廓线复制结果　　　图 11-83　夹点编辑　　　　　图 11-84　绘制下端轮廓

**10** 选择菜单【修改】|【复制】命令，选择所绘制的所有轮廓线复制 26 个绘图单位，结果如图 11-85 所示。

**11** 使用【直线】命令，配合交点和切点捕捉功能绘制如图 11-86 所示的轮廓线。

**12** 单击【修改】工具栏上的 ∕ 按钮，对图形的轮廓线进行修剪，并删除被遮住的轮廓线和不需要的辅助线，结果如图 11-87 所示。

图 11-85 复制结果          图 11-86 绘制轮廓线          图 11-87 修剪结果

 **技 巧**：在捕捉轴测圆上的切点时，可能不容易找到，此时可以在距离对象最近点的地方拾取点，然后再反复捕捉切点，即可绘制出公切线，最后删除参照线。

**13** 使用快捷键 "CO" 激活【复制】命令，选择如图 11-86 所示的辅助线 1 和 2 进行复制，基点为其交点，目标点为 "@15<-30"。

**14** 使用快捷键 "M" 激活【移动】命令，选择刚复制出的辅助线进行移动，基点为其交点，目标点为 "@6.5<30"。

**15** 执行【移动】命令，选择位移后的辅助线第二次进行位移，基点为其交点，目标点为 "@11<90"，结果如图 11-88 所示。

**16** 使用 "F5" 功能键，将当前的等轴测平面切换为<等轴测平面 右视>。

**17** 使用快捷键 "EL" 激活【椭圆】命令，以刚创建的辅助线交点为圆心，绘制直径为 6 的等轴测圆，并将此位置的辅助线编辑为圆的中心线，结果如图 11-89 所示。

**18** 选择菜单【修改】|【复制】命令，将刚绘制的等轴测圆进行多重复制，基点为圆心，目标点分别为 "@13<30" 和 "@20.5<150"，结果如图 11-90 所示。

**19** 使用【复制】命令，选择图 11-90 所示的辅助线 1 和 2 进行复制，基点为辅助线交点，目标点为 "@17.5<30"。

图 11-88 创建辅助线          图 11-89 绘制轴测圆          图 11-90 复制结果

**20** 使用【移动】命令，选择复制出的辅助线进行位移，基点为其交点，目标点为 "@43<90"。

**21** 使用【移动】命令，选择位移后的辅助线进行第二次位移，基点为其交点，目标点为"@15<-30"，结果如图 11-91 所示。

**22** 使用快捷键 "EL" 激活【椭圆】命令，以刚创建的辅助线交点为圆心，绘制两个直径分别为 8 和 17 的等轴测圆，结果如图 11-92 所示。

**23** 使用快捷键 "L" 激活【直线】命令，分别以大轴测圆与辅助线的交点为起点，绘制如图 11-93 所示的线段。

图 11-91　创建辅助线

图 11-92　绘制轴测圆

图 11-93　绘制线段

**24** 选择菜单【修改】|【复制】命令，选择如图 11-93 所示的轴测圆 W 进行复制，基点为其圆心，目标点为"@9<30"，复制结果如图 11-94 所示。

**25** 使用【直线】命令，分别连接图 11-94 所示的轮廓线 1、2、3、4 的交点，绘制图 11-95 所示的轮廓线。

**26** 使用【修剪】命令，对图形轮廓进行修剪，修剪掉不需要及被遮挡住的轮廓线，结果如图 11-96 所示。

图 11-94　复制圆

图 11-95　绘制轮廓线

图 11-96　修剪轮廓线

**27** 使用【复制】命令，选择上侧图形进行多重复制，基点为任一点，目标点分别为"@7.5<150"、"@22.5<150"和"30<150"，结果如图 11-97 所示。

**28** 使用【直线】命令，补充图形其他轮廓线，结果如图 11-98 所示。

**29** 综合使用【修剪】和【删除】命令，对图形进行修剪编辑，最终结果如图 11-99 所示。

图 11-97　多重复制

图 11-98　补充轮廓线

图 11-99　最终结果

## 142 绘制简单轴测剖视图

本例通过绘制简单轴测剖视图，主要综合练习了【直线】、【复制】、【拉长】、【修剪】和【图案填充】命令。在具体操作过程中使用了【正交】和对象捕捉功能。

| | 文件路径： | DVD\实例文件\第 11 章\实例 142.dwg |
|---|---|---|
| | 视频文件： | DVD\AVI\第 11 章\实例 142.avi |
| | 播放时长： | 0:04:31 |

**01** 打开随书光盘中的 "\素材文件\第 11 章\实例 142.dwg" 文件。

**02** 将点画线设置为当前图层，使用【直线】命令，绘制如图 11-100 所示的辅助线。

图 11-100　绘制辅助线

**03** 单击【修改】工具栏中的 按钮，对轴测图辅助线进行多重复制。命令行操作过程如下：

| | |
|---|---|
| 命令：co COPY | |
| 选择对象： | //选择 30° 方向辅助线 |
| 选择对象：↙ | //按回车键，结束对象的选择 |
| 当前设置：　复制模式 = 多个 | |
| 指定基点或 [位移(D)/模式(O)] <位移>： | //捕捉辅助线端点 |

指定第二个点或 <使用第一个点作为位移>:@25<-90↵

指定第二个点或 <使用第一个点作为位移>:@40.7<-90↵

指定第二个点或 [退出(E)/放弃(U)] <退出>:↵          //按回车键，结果如图 11-101 所示

**04** 将当前轴测面切换为 ( 等轴测平面　右 )，并打开【正交】功能，然后使用【直线】命令，配合【对象捕捉】功能，绘制如图 11-102 所示切面轮廓线。

**05** 单击【修改】工具栏中的 按钮，对个别轮廓线进行复制，结果如图 11-103 所示。

图 11-101　复制辅助线　　　　图 11-102　绘制切面轮廓　　　　图 11-103　复制轮廓

**06** 使用【修剪】和【删除】命令，对图形进行编辑，去掉不需要的轮廓线及辅助线，并使用【延伸】命令将两小圆弧进行延伸，结果如图 11-104 所示。

**07** 使用快捷键 "LEN" 激活【拉长】命令，将图 11-104 所示的对象 Q 和 R 进行拉长。命令行操作过程如下：

命令: len

选择对象或 [增量(DE)/百分数(P)/全部(T)/动态(DY)]:T↵ //输入 t，按回车键

指定总长度或 [角度(A)] <1.0)>:A↵          //输入 a，按回车键

指定总角度 <57.3>:150↵          //输入总角度

选择要修改的对象或 [放弃(U)]:          //选择图 11-104 所示的对象 Q

选择要修改的对象或 [放弃(U)]:          //选择图 11-104 所示的对象 R

选择要修改的对象或 [放弃(U)]: ↵          //按回车键，拉长结果如图 11-105 所示

**08** 使用【直线】命令，配合【捕捉切点】功能，绘制图 11-104 所示的轴测圆 Q 和 R 的公切线，结果如图 11-106 所示。

图 11-104　完善图形　　　　图 11-105　拉长结果　　　　图 11-106　绘制公切线

**09** 使用【修剪】命令，对轴测图轮廓进行修剪，结果如图 11-107 所示。

**10** 使用【直线】和【修剪】命令，对轮廓线进行完善，结果如图 11-108 所示。

**11** 将 "剖面线" 设置为当前图层，使用快捷键 "H" 激活【图案填充】命令，对轴测剖视图填充 "ANSI31"

图案，填充比例为 0.65，最终结果如图 11-109 所示。

图 11-107　修剪结果

图 11-108　切面轮廓完善

图 11-109　最终结果

## 143　绘制复杂轴测剖视图（一）

本例通过复杂轴测剖视图的绘制，主要综合练习了【直线】、【复制】、【修剪】、【圆角】、【圆弧】和【图案填充】命令。

| | |
|---|---|
| 文件路径： | DVD\实例文件\第 11 章\实例 143.dwg |
| 视频文件： | DVD\AVI\第 11 章\实例 143.avi |
| 播放时长： | 0:13:36 |

**01** 打开随书光盘中的 "\样板文件\机械制图模板.dwt" 作为基础样板，新建文件。

**02** 启用【对象捕捉】和【正交】功能，然后按下 "F5" 功能键，将当前轴测面切换为（等轴测平面　俯视）。

**03** 将 "轮廓线" 设置为当前层，使用【直线】命令，绘制一个长宽分别为 42、24 的四边形，结果如图 11-110 所示。

**04** 选择菜单【修改】|【复制】命令，将四边形向上复制 49 个绘图单位，结果如图 11-111 所示。

**05** 使用【直线】命令，连接相应图形，结果如图 11-112 所示。

**06** 单击【绘图】工具栏上的 ◌，绘制半径为 15 的等轴测圆弧。

**07** 使用【直线】命令，在长方体左下边角，绘制距边角 15 的横竖两条辅助直线作为绘制半径为 15 的等轴测圆圆弧的辅助线，结果如图 11-113 所示。

图 11-110　绘制四边形

图 11-111　复制四边形

图 11-112　连接图形

图 11-113　绘制圆弧

**08** 选择菜单【修改】|【复制】，复制圆弧到右侧的相同位置处，并使用直线连接两圆弧，结果如图 11-114 所示。

**09** 使用【修剪】命令，修剪图形，并删除多余的线条，结果如图 11-115 所示。

**10** 将点画线设置为当前图层，使用【直线】命令，绘制辅助线。

**11** 按下 "F5" 键，将视图切换到（等轴测平面 右视），以辅助线的交点为圆心，绘制两个半径为 16、8 的等轴测圆，圆心底部中心向上移动 25 位置处，结果如图 11-116 所示。

图 11-114　复制圆弧　　　　　　　图 11-115　修剪图形　　　　　　　图 11-116　绘制圆

**12** 使用【复制】命令，复制两个圆向右下侧 20 位置处，并使用直线连接，结果如图 11-117 所示。

**13** 使用【修剪】命令，修剪图形，结果如图 11-118 所示。

**14** 将点画线设置为当前层，使用【直线】命令绘制顶面交线，结果如图 11-119 所示。

图 11-117　复制并连接　　　　　　图 11-118　修剪图形　　　　　　　图 11-119　绘制辅助线

**15** 使用【直线】命令，绘制长宽分别为 30、12 和长宽分别为 24、6 的四边形，结果如图 11-120 所示。

**16** 使用【复制】命令，向上 10 位置复制上表面绘制的两个四边形，并用直线连接，结果如图 11-121 所示。

**17** 使用【修剪】命令，对图形进行修剪，并删除多余的线段，结果如图 11-122 所示。

图 11-120　绘制四边形　　　　　　图 11-121　复制结果　　　　　　　图 11-122　修剪图形

**18** 单击【修改】工具栏中的 按钮，对图形圆角，半径为 2.5，结果如图 11-123 所示。

**19** 使用【修剪】和【删除】命令，修剪与删除多余的线条，结果如图 11-124 所示。

**20** 使用【直线】命令，选择两个互相垂直的剖切平面把形体切开，一平面是沿着前后对称线切，一平面沿着左右对称线切开，把形体的四分之一剖去，剖切面的位置如图 11-125 所示。

图 11-123 对图形圆角

图 11-124 修剪与删除

图 11-125 绘制剖切平面

**21** 使用【修剪】和【删除】命令，修剪和删除多余的线条，结果如图 11-126 所示。

**22** 使用【直线】和【圆弧】命令，绘制出内部结构的可见轮廓线，并修剪和删除多余的线条，结果如图 11-127 所示。

**23** 单击【绘图】工具栏中的 按钮，激活【图案填充】命令，对图形进行图案填充，设置填充图案为 "ANSI31"，填充比例为 0.8，结果如图 11-128 所示。

图 11-126 修剪图形

图 11-127 操作结果

图 11-128 填充结果

# 144 绘制复杂轴测剖视图（二）

本例通过绘制复杂轴测剖视图，主要综合练习了【构造线】、【椭圆】、【复制】、【修剪】和【图案填充】命令。

| | | |
|---|---|---|
| 文件路径： | DVD\实例文件\第 11 章\实例 144.dwg | |
| 视频文件： | DVD\AVI\第 11 章\实例 144.avi | |
| 播放时长： | 0:15:47 | |

**01** 以随书光盘中的 "\样板文件\机械制图模板.dwt" 作为基础样板，新建文件。

**02** 将当前视图切换至轴测平面视图。

**03** 按下 "F5" 功能键，将等轴测平面切换为 "<等轴测平面 右视>"。

**04** 将点画线设置为当前层，单击【绘图】工具栏上的 按钮，绘制如图 11-129 所示的辅助线。

**05** 将"轮廓线"图层设置为当前图层，然后选择菜单【绘图】|【椭圆】|【圆弧】命令，绘制半径为25 的圆弧，结果如图 11-130 所示。

**06** 使用【直线】命令，以图 11-130 所示的 B 点为起点，C 点为端点，绘制如图 11-131 所示的线段。

图 11-129　绘制辅助线

图 11-130　绘制等轴测圆弧

图 11-131　绘制直线

**07** 选择菜单【修改】|【复制】命令，以图 11-130 所示的 C 点为基点，对所有图形复制 44 个绘图单位，结果如图 11-132 所示。

**08** 选择菜单【绘图】|【直线】命令，配合捕捉功能，绘制如图 11-133 所示的直线。

**09** 综合使用【修剪】和【删除】命令，对图形进行修剪，并删除隐藏的线段和多余辅助线，结果如图 11-134 所示。

图 11-132　复制结果

图 11-133　绘制直线

图 11-134　清理图形

**10** 将点画线设置为当前图层，使用【直线】命令，绘制如图 11-135 所示的辅助线。

**11** 使用快捷键"CO"激活【复制】命令，将间距为 22 的辅助线复制到前后两侧距离为 8 和 12 的位置，将间距为 5 的辅助线复制到其左右两侧距离为 12 和 16 的位置，结果如图 11-136 所示。

**12** 将"轮廓线"设置为当前图层，使用【直线】命令，以图 11-136 所示的端点 N、P、Q、R、S、T、U、V 为捕捉点绘制两端连续直线，然后使用【删除】命令，删除多余的辅助线，结果如图 11-137 所示。

图 11-135　绘制辅助线

图 11-136　复制结果

图 11-137　绘制直线

**13** 使用快捷键 "CO" 激活【复制】命令，将最前端等轴测圆弧向后复制 10 个绘图单位，结果如图 11-138 所示。

**14** 使用【直线】命令，分别以图 11-136 所示的点 T 和 U 为起点，垂直向下引导光标，以光标与复制后的圆弧交点为终点，绘制两条直线，结果如图 11-139 所示。

**15** 使用快捷键 "CO" 激活【复制】命令，将以点 T 起点的直线复制到图 11-136 所示的 S 点的位置，然后以复制前后的两条直线下端点为直线的起点和端点绘制直线，结果如图 11-140 所示。

图 11-138 复制圆弧

图 11-139 绘制直线

图 11-140 复制和绘制直线

**16** 单击【修改】工具栏上的 ⊹ 按钮，对图形进行修剪操作，结果如图 11-141 所示。

**17** 将点画线设置为当前图层，使用【直线】命令，绘制如图 11-142 所示的辅助线。

**18** 将"轮廓线"设置为当前图层，单击【绘图】工具栏上的 ⊙ 按钮，以图 11-142 所示的点 Q 和点 P 为圆心，绘制半径为 5 的等轴测圆，结果如图 11-143 所示。

图 11-141 修剪操作

图 11-142 绘制辅助线

图 11-143 绘制等轴测圆

**19** 使用【修剪】命令，对刚绘制的等轴测圆进行修剪操作，结果如图 11-144 所示。

**20** 选择菜单【修改】|【复制】命令，将图 11-144 所示的线 Q 和线 M 以其交点为起点，向下移动 3 个绘图单位，复制完成后，以新的直线交点和线 Q 和线 M 的交点为端点绘制直线，结果如图 11-145 所示。

**21** 将"其他层"设置为当前层，然后使用【直线】命令，绘制如图 11-146 所示的轴测剖切参照线。

图 11-144 修剪操作

图 11-145 绘制键槽

图 11-146 绘制剖切线

**22** 选择菜单【修改】|【修剪】命令，以图 11-146 所示的剖切线作为修剪参照，对多余的图元进行修剪和删除操作，结果如图 11-147 所示。

**23** 修剪图元结束后，按图 11-148 所示补全内部可见的轮廓线。

图 11-147　修剪图元

图 11-148　补全轮廓线

**24** 选择菜单【修改】|【复制】命令，分别将左侧的等轴测圆弧和中心等轴测圆复制到如图 11-149 所示的位置，然后对其进行修剪和删除操作。

**25** 将"剖面线"设置为当前图层，单击【绘图】工具栏上的 ▨ 按钮，对图形的剖面轮廓进行填充，填充参数为默认，结果如图 11-150 所示。

图 11-149　复制操作

图 11-150　最终结果

## 145 绘制管道接口

本例通过绘制管道接口轴测图，主要对【椭圆】、【复制】、【偏移】和【修剪】命令进行综合练习。

| | | |
|---|---|---|
| 文件路径： | DVD\实例文件\第 11 章\实例 145.dwg | |
| 视频文件： | DVD\AVI\第 11 章\实例 145.avi | |
| 播放时长： | 0:05:31 | |

**01** 以随书光盘中的 "\样板文件\机械制图模板.dwt" 作为基础样板，新建文件。

**02** 设置等轴测图绘图环境，并开启【正交】功能。

**03** 将当前层设置为"轮廓线"层，并单击【绘图】工具栏中的 ⬭ 按钮激活【椭圆】命令，绘制半径为 50 的轴测圆。

**04** 选择菜单【修改】|【复制】命令，将刚绘制的轴测圆垂直向上复制 10 个单位，结果如图 11-151 所示。

**05** 将点画线设置为当前图层，单击【绘图】工具栏上的 ✎ 按钮，绘制如图 11-152 所示的辅助线。

**06** 选择菜单【修改】|【偏移】命令，将刚绘制的辅助线分别向两边偏移 25 个绘图单位，结果如图 11-153 所示。

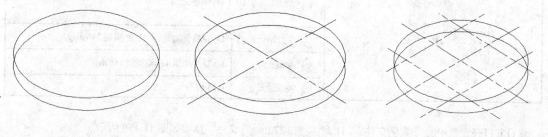

图 11-151　复制圆　　　　　　图 11-152　绘制辅助线　　　　　　图 11-153　偏移辅助线

**07** 单击【绘图】工具栏中的 ◎ 按钮，分别在偏移的辅助线交点处绘制半径为 2.5 的圆，然后使用【删除】命令，将偏移辅助线删除，结果如图 11-154 所示。

**08** 使用【直线】命令，配合【捕捉切点】功能绘制两条线段分别连接两个轴测圆，并使用【修剪】命令，修剪图形，结果如图 11-155 所示。

**09** 使用【椭圆】命令，以辅助线的交点为圆心，绘制半径为 20 和 12 的两个同心轴测圆，结果如图 11-156 所示。

图 11-154　绘制圆　　　　　　图 11-155　修剪图形　　　　　　图 11-156　绘制同心轴测圆

**10** 单击【修改】工具栏上的 ◎ 按钮激活【复制】命令，分别将刚绘制的轴测同心圆垂直向上复制 25 个绘图单位，并使用【直线】命令，连接上下轴测圆，结果如图 11-157 所示。

**11** 选择菜单【修改】|【修剪】命令，对图形进行修剪整理，并删除辅助线，结果如图 11-158 所示。

图 11-157　复制并连接

图 11-158　操作结果

## 146 为轴测图标注尺寸

本例通过对正等轴测图标注尺寸，主要使用了【对齐】、【快速引线】和【编辑标注】命令。

| | 文件路径： | DVD\实例文件\第 11 章\实例 146.dwg |
|---|---|---|
| | 视频文件： | DVD\AVI\第 11 章\实例 146.avi |
| | 播放时长： | 0:03:05 |

**01** 打开光盘中的 "\实例文件\第 11 章\实例 127.dwg" 文件，结果如图 11-159 所示。

**02** 将 "尺寸层" 设置为当前图层，单击【标注】工具栏中的 按钮，激活【对齐】标注命令，标注轴测面尺寸，结果如图 11-160 所示。

**03** 选择【标注】菜单栏中的【编辑标注】命令，将刚标注的对齐尺寸倾斜 90°。命令行操作过程如下：

```
命令：_dimedit
输入标注编辑类型 [默认(H)/新建(N)/旋转(R)/倾斜(O)] <默认>:O↙   // 输入 O，按回车键
选择对象：                      //选择文本为 15 的尺寸
选择对象：                      //选择文本为 24 的尺寸
选择对象：                      //选择文本为 20.5 的尺寸
选择对象：                      //选择文本为 55 的尺寸
选择对象：                      //选择文本为 110 的尺寸
选择对象：                      //按回车键，结束选择
输入倾斜角度（按回车表示无）:90↙   //输入 90，按回车键，结果如图 11-161 所示
```

图 11-159  打开素材

图 11-160  标注结果

图 11-161  倾斜结果

**04** 单击【标注】工具栏中的 按钮，激活【对齐】命令，标注轴测图的高度尺寸，结果如图 11-162 所示。

**05** 选择【标注】菜单栏中的【编辑标注】命令，将刚标注的对齐尺寸倾斜 30°，结果如图 11-163 所示。

**06** 选择菜单【标注】|【多重引线】命令，标注轴测图引线尺寸，结果如图 11-164 所示。

图 11-162 标注结果

图 11-163 倾斜结果

图 11-164 引线标注

## 147 为轴测图标注文字

本例主要通过为等轴测图标注文字，主要综合练习了【文字样式】和【单行文字】两个命令，学习了在等轴测平面内，投影文字的标注方法和标注技巧。

| 文件路径： | DVD\实例文件\第 11 章\实例 147.dwg |
| --- | --- |
| 视频文件： | DVD\AVI\第 11 章\实例 147.avi |
| 播放时长： | 0:03:39 |

**01** 执行【文件】|【新建】命令，新建空白文件。

**02** 使用快捷键 "L" 激活【直线】命令，在等轴测绘图环境中绘制边长为 100 的正立方体轴测图，结果如图 11-165 所示。

**03** 使用快捷键 "ST" 激活【文字样式】命令，设置名为 "30" 和 "-30" 的文字样式，参数设置如图 11-166 和图 11-167 所示，并将 "-30" 设置为当前文字样式。

图 11-165 绘制立方体

图 11-166 设置 "30" 文字样式

**04** 使用【直线】命令，配合【捕捉中点】功能，绘制如图 11-168 所示的中线，作为辅助线。

**05** 选择菜单【绘图】|【文字】|【单行文字】命令，在左轴测平面内输入 "等轴测视图左视图"，命令行操作过程如下：

命令: dt TEXT

当前文字样式: "-30"  文字高度: 0.0  注释性: 否

指定文字的起点或 [对正(J)/样式(S)]:J↙          //输入 j，激活"对正"选项

输入选项 [对齐(A)/布满(F)/居中(C)/中间(M)/右对齐(R)/左上(TL)/中上(TC)/右上(TR)/左中(ML)/正中(MC)/右中(MR)/左下(BL)/中下(BC)/右下(BR)]:M↙  //输入 m，设置"中间"对正方式

指定文字的中间点:                              //捕捉左侧视图辅助线的中点

指定高度 <0.0>:8↙                              //输入 8

指定文字的旋转角度 <30>:-30↙  //输入-30，连续按两次回车键，结果如图 11-169 所示

图 11-167  设置 "-30" 文字样式

图 11-168  绘制辅助线

图 11-169  创建左轴测文字

**06** 执行【单行文字】命令，配合【捕捉中点】功能，在上轴测平面内输入"等轴测视图俯视图"，结果如图 11-170 所示。

**07** 执行【单行文字】命令，配合【捕捉中点】功能，在上轴测平面内输入"等轴测视图右视图"，结果如图 11-171 所示。

**08** 删除 3 条定位辅助线，最终结果如图 11-172 所示。

图 11-170  在上轴侧面内创建文字

图 11-171  在右轴侧面内创建文字

图 11-172  最终结果

# 第 12 章

# 零件网格模型绘制

　　AutoCAD 共为用户提供了 4 种类型模型，分别是线框模型、曲面模型、网格模型和实体模型。线框模型是由三维对象的点和线组成的，它仅能表现出物体的轮廓框架，可视性较差；曲面模型是由表面的集合来定义三维物体，它是在线框模型的基础上增加了面边信息和表面特征信息等，不仅能着色，还可以对其进行渲染，以更形象逼真地表现物体的真实形态；三维网格是由若干个按行(M 方向)、列(N 方向)排列的微小四边形拟合而成的网格状曲面；而实体模型则是实实在在的物体，它除了包含线框模型和曲面模型的所有特点外，还具备实物的一切特性。

　　本章通过 9 个典型实例，介绍使用 AutoCAD 绘制零件网面模型的各种方法和相关技巧。

**效果展示**

## 148 视图的转化与坐标系的定义

本例通过在正方体各侧面上标注单行文字，主要学习视图的转化技巧以及坐标系的创建、存储和应用。

| | | |
|---|---|---|
| 文件路径: | DVD\实例文件\第 12 章\实例 148.dwg | |
| 视频文件: | DVD\AVI\第 12 章\实例 148.avi | |
| 播放时长: | 0:04:04 | |

01 执行【文件】|【新建】命令，新建空白文件。

02 使用快捷键 "REC" 激活【矩形】命令，绘制长宽分别为 100 的矩形，结果如图 12-1 所示。

03 选择菜单【视图】|【三维视图】|【西南等轴测】命令，将当前视图切换为西南视图，结果如图 12-2 所示。

图 12-1　绘制矩形　　　　　　　　　　图 12-2　切换视图

04 单击【建模】工具栏中的 ⬚ 按钮，激活【拉伸】命令，将矩形拉伸 50 个绘图单位，结果如图 12-3 所示。

05 在命令行中输入 "UCS" 后按回车键，使用 "三点" 功能，重新定义坐标系。命令行操作过程如下：

```
命令：ucs
当前 UCS 名称：*世界*
指定 UCS 的原点或 [面(F)/命名(NA)/对象(OB)/上一个(P)/视图(V)/世界(W)/X/Y/Z/Z 轴
(ZA)] <世界>：//输入 N，激活 "新建" 选项
    指定新 UCS 的原点或 [Z 轴(ZA)/三点(3)/对象(OB)/面(F)/视图(V)/X/Y/Z] <0,0,0>：//
输入 3，激活 "三点" 功能
    指定新原点 <0,0,0>：//捕捉如图 12-4 所示的端点作为坐标原点
    在正 X 轴范围上指定点 <1.0000,0.0000,0.0000>：//捕捉如图 12-5 所示的端点，定义 X 轴
正方向
    在 UCS XY 平面的正 Y 轴范围上指定点 <0.0000,1.0000,0.0000>：//捕捉如图 12-6 所示的
端点，定义 Y 轴正方向，结果如图 12-7 所示。
```

**06** 按回车键，重复执行【UCS】命令，将刚定义的用户坐标系命名存储。

图 12-3　拉伸矩形　　　　图 12-4　定义新坐标系原点　　　　图 12-5　定义 X 轴正方向

**07** 执行【UCS】命令，将当前系统 Y 轴旋转 90°，并命名存储，如图 12-8 所示。

图 12-6　定义 Y 轴正方向　　　　图 12-7　定义坐标系　　　　图 12-8　旋转坐标系

**技 巧**：用户还可以使用"面"选项功能，以立方体的侧面作为 UCS 的平面，进行快速创建 UCS。

**08** 选择菜单【绘图】|【文字】|【单行文字】命令，以长方体右侧面的中心点作为文字的插入点，进行标注单行文字，输入"右视图"，结果如图 12-9 所示。

**09** 选择菜单【工具】|【命名 UCS】命令，在打开的对话框中选择如图 12-10 所示的"LEFT"坐标系，并将此坐标系设置为当前。

图 12-9　标注单行文字

图 12-10　【UCS】对话框

**10** 执行【单行文字】命令，在左侧面创建单行文字，其中文字高度为 10，输入"左视图"，结果如图 12-11 所示。

**11** 在命令行输入"UCS"后按回车键，将世界坐标设置为当前坐标系，如图 12-12 所示。

**12** 使用【单行文字】命令，在顶面创建文字，输入"俯视图"，结果如图 12-13 所示。

图 12-11 标注结果

图 12-12 设置当前坐标系

图 12-13 标注结果

# 149 绘制立体网格模型

本例通过创建立体面模型，主要学习了【三维面】命令的操作方法和技巧。在具体的操作过程中，使用了三维视图工具转换视点，以创建出不同视点下面的三维面模型。

| | |
| --- | --- |
| 文件路径： | DVD\实例文件\第 12 章\实例 149.dwg |
| 视频文件： | DVD\AVI\第 12 章\实例 149.avi |
| 播放时长： | 0:05:18 |

01 执行【文件】|【新建】命令，创建空白文件。

02 单击【视图】工具栏中 ◎ 按钮，将视图切换为"西南等轴测"视图，并在【UCS Ⅱ】工具栏中将视图切换为"俯视"，如图 12-14 所示。

03 选择菜单【绘图】|【多段线】命令，绘制模型底面轮廓线（其余尺寸自行设置），结果如图 12-15 所示。

04 选择菜单【修改】|【复制】命令，将绘制的闭合轮廓沿 Z 方向复制 80 个绘图单位，结果如图 12-16 所示。

图 12-14 【UCS Ⅱ】工具栏

图 12-15 绘制轮廓

图 12-16 复制轮廓

05 使用【直线】命令，配合【捕捉端点】功能，绘制图形的棱边，结果如图 12-17 所示。

06 选择【绘图】菜单栏中的【建模】|【网格】|【三维面】命令，创建三维模型，。命令行操作过程如下：

```
命令：_3dface
指定第一点或 [不可见(I)]:                    //捕捉图 12-17 所示的端点 1
指定第二点或 [不可见(I)]:                    //捕捉图 12-17 所示的端点 2
指定第三点或 [不可见(I)] <退出>:             //捕捉图 12-17 所示的端点 3
指定第四点或 [不可见(I)] <创建三侧面>:        //捕捉图 12-17 所示的端点 4
```

指定第三点或 [不可见(I)] <退出>:↙          //按回车键，结束命令

提示：【三维面】命令主要用于构建物体的表面，在创建物体表面模型之前，一般需要将物体的轮廓画出来。

**07** 在命令行中输入"SHADE"，为面模型着色，结果如图 12-18 所示。

**08** 激活【三维面】命令，继续创建其他侧面模型，结果如图 12-19 所示。

**09** 按回车键，重复执行【三维面】命令，配合【捕捉端点】功能，捕捉如图 12-19 所示的端点 1、2、3、4、5、6、7 和 8，绘制顶面模型，结果如图 12-20 所示。

图 12-17 绘制棱边

图 12-18 平面着色

图 12-19 创建其他侧面

技 巧：巧妙使用面着色功能为创建的表面进行着色显示，可以非常直观地观察所创建的表面。

**10** 选择菜单【视图】|【三维视图】|【东北等轴测】命令，将当前视图切换为东北等轴测视图，结果如图 12-21 所示。

**11** 使用【三维面】命令，继续创建其他侧面模型，结果如图 12-22 所示。

图 12-20 创建顶面

图 12-21 切换视图

图 12-22 绘制结果

# 150 绘制基本三维网格

本例通过制作基本体三维面模型，主要综合练习了【消隐】、【三维视图】以及【MESH】命令中的长方体、球体和锥体网格模型的创建方法。

| | | |
|---|---|---|
| 文件路径： | DVD\实例文件\第 12 章\实例 150.dwg | |
| 视频文件： | DVD\AVI\第 12 章\实例 150.avi | |
| 播放时长： | 0:04:58 | |

**01** 快速创建空白文件，并启用【对象捕捉】和【对象追踪】功能。

**02** 单击【视图】工具栏中 ◎ 按钮，将视图切换为"西南等轴测"视图，并在【UCS Ⅱ】工具栏中将视图切换为"俯视"。

**03** 在命令行输入"MESH"并按回车键，使用"长方体"功能创建长宽高分别为 100、70、10 的长方体模型，结果如图 12-23 所示。

**04** 重复使用【MESH】命令，配合【捕捉自】功能，以上长方体上表面左上角端点为基点，以"@10,10"为目标点，绘制半径为 5 的球体，结果如图 12-24 所示。

**05** 将当前视图切换为正交俯视图，结果如图 12-25 所示。

图 12-23　绘制长方体

图 12-24　绘制球体

图 12-25　切换视图

**06** 选择菜单【修改】|【镜像】命令，对刚创建的球体进行镜像复制，镜像结果如图 12-26 所示。

**07** 选择菜单【视图】|【三维视图】|【前视】命令，将当前视图切换为前视图，结果如图 12-27 所示。

图 12-26　镜像复制

图 12-27　切换前视图

**08** 选择菜单【修改】|【移动】命令，将 4 个球体进行位移，结果如图 12-28 所示。

**09** 将当前视图切换为西南视图，结果如图 12-29 所示。

图 12-28　位移结果　　　　　　　　　　　　　　　图 12-29　切换西南视图

**10** 选择菜单【工具】|【新建 UCS】|【世界】命令，将当前坐标系恢复为世界坐标系。

**11** 重复【MESH】命令，配合【捕捉端点】功能，绘制圆锥体，结果如图 12-30 所示。

**12** 选择菜单【修改】|【移动】命令，配合【捕捉中点】功能和【对象追踪】功能，将刚创建的圆锥体进行位移，结果如图 12-31 所示。

**13** 选择菜单【视图】|【消隐】命令，最终效果如图 12-32 所示。

图 12-30　绘制圆锥面　　　　　图 12-31　位移圆锥面　　　　　图 12-32　最终效果

# 151　绘制回转网格

本例主要使用了【旋转网格】和【消隐】命令，学习了回转体表面模型的创建方法和技巧。

| 文件路径： | DVD\实例文件\第 12 章\实例 151.dwg |
| 视频文件： | DVD\AVI\第 12 章\实例 151.avi |
| 播放时长： | 0:03:08 |

**01** 使用【新建】命令，创建空白文件，并激活【极轴追踪】功能。

**02** 选择菜单【绘图】|【多段线】命令，配合【极轴追踪】功能，绘制闭合的轮廓线截面（其余尺寸自行设置），结果如图 12-33 所示。

**03** 选择菜单【修改】|【圆角】命令，对轮廓边进行圆角编辑，圆角半径为 0.5，结果如图 12-34 所示。

**04** 选择菜单【绘图】|【直线】命令，绘制如图 12-35 所示的水平线段。

图 12-33　绘制截面轮廓线　　　　　图 12-34　圆角结果　　　　　图 12-35　绘制直线

 **技 巧：**"多段线"选项是一个便捷的倒角选项，用于为多段线的所有相邻边同时进行圆角操作。

**05** 使用系统变量设置曲面模型的表面线框的密度。命令行操作过程如下：

```
命令：surftab1                        //按回车键，进入系统变量设置
输入 SURFTAB1 的新值 <6>:24↙         //输入 24，重新设置变量值
命令：SURFTAB2                        //按回车键，激活该系统变量
输入 SURFTAB2 的新值 <6>:24↙         //输入 24，重新设置变量值
```

**06** 选择菜单【绘图】|【建模】|【网格】|【旋转网格】命令，将轮廓截面创建为三维模型。命令行操作过程如下：

```
命令：_revsurf
当前线框密度：SURFTAB1=24  SURFTAB2=24
选择要旋转的对象：                    //选择如图 12-36 所示的轮廓截面
```

选择定义旋转轴的对象：　　　　　　　　//选择如图 12-37 所示的线段作为方向矢量

指定起点角度 <0>:↙　　　　　　　　　//按回车键，指定起始角度

指定包含角（+=逆时针，-=顺时针）<360>:↙　//按回车键，选择结果如图 12-38 所示

图 12-36　定义旋转对象

图 12-37　定义方向矢量

图 12-38　旋转结果

**07** 选择菜单【视图】|【三维视图】|【西南等轴测】命令，将当前视图切换为西南等轴测视图，结果如图 12-39 所示。

**08** 选择菜单【视图】|【消隐】命令，对模型进行消隐着色，最终结果如图 12-40 所示。

图 12-39　切换西南视图

图 12-40　最终效果

## 152　绘制平移网格

本例主要根据平移曲面的特点创建出实物的三维模型。在具体的操作过程中，首先绘制出内外轮廓线作为轨迹线，然后定义矢量方向，最后创建出平移曲面模型。

| | |
|---|---|
| 文件路径： | DVD\实例文件\第 12 章\实例 152.dwg |
| 视频文件： | DVD\AVI\第 12 章\实例 152.avi |
| 播放时长： | 0:03:18 |

**01** 使用【文件】|【新建】命令，创建空白文件。

**02** 选择菜单【绘图】|【矩形】命令，绘制如图 12-41 所示的外侧闭合倒角矩形。

图 12-41　绘制结果

**03** 选择菜单【修改】|【偏移】命令，将刚绘制的外侧轮廓线向内偏移 1 个绘图单位，结果如图 12-42 所示。

**04** 选择菜单【视图】|【三维视图】|【西南等轴测】命令，将当前视图切换为西南等轴测视图，结果如图 12-43 所示。

**05** 使用【直线】命令，配合【对象捕捉】功能，沿 z 轴正方向，绘制高度为 3 的线段，结果如图 12-44 所示。

图 12-42　偏移轮廓　　　　　图 12-43　切换视图　　　　　图 12-44　绘制线段

**06** 使用系统变量 "surftab1" 设置曲面模型的表面线框密度为 24。

**07** 选择菜单【绘图】|【建模】|【网格】|【平移网格】命令，创建平移网格。命令行操作过程如下：

```
命令：_tabsurf
当前线框密度：SURFTAB1=24
选择用作轮廓曲线的对象：            //选择如图 12-45 所示的闭合轮廓线
选择用作方向矢量的对象：            //选择高度为 3 的线段，结果如图 12-46 所示
命令：↙                          //按回车键，重复执行【平移网格】命令
TABSURF 当前线框密度：SURFTAB1=24
选择用作轮廓曲线的对象：            //选择如图 12-47 所示的闭合轮廓线
选择用作方向矢量的对象：            //选择高度为 3 的线段，结果如图 12-48 所示
```

图 12-45　选择平移对象　　　　图 12-46　创建平移网格　　　　图 12-47　选择平移对象

**技 巧**：【平移网格】命令是由一条轨迹线沿着指定方向矢量平移延伸而成的三维曲面，所以在创建此种曲面之前，需要确定轨迹线和矢量方向。

**08** 选择菜单【修改】|【移动】命令，将刚创建的两个平移网格进行外移，结果如图 12-49 所示。

**09** 选择菜单【绘图】|【边界】命令，打开【创建边界】对话框，设置参数，如图 12-50 所示。

**10** 单击对话框中的 按钮，返回绘图区，在如图 12-51 所示的区域内拾取一点 A，结果系统创建两个面域。

**11** 选择菜单【修改】|【实体编辑】|【差集】命令，将外侧的大面域减掉内部的小面域。命令行操作过程如下：

```
命令: _subtract
选择要从中减去的实体、曲面和面域...
选择对象:                              //选择外侧大的面域
选择对象: ↙                           //按回车键, 结束选择
选择对象:   选择要减去的实体、曲面和面域...
选择对象:                              //选择小的面域
选择对象: ↙                           //按回车键, 结束命令
```

图 12-48  继续创建平移表面

图 12-49  移动表面

图 12-50  【边界创建】对话框

**12** 选择菜单【修改】|【移动】命令, 选择刚创建的差集面域, 配合【捕捉中点】功能, 对齐进行位移, 结果如图 12-52 所示。

**13** 选择菜单【视图】|【消隐】命令, 对模型进行消隐着色, 结果如图 12-53 所示。

图 12-51  指定面域范围

图 12-52  位移结果

图 12-53  最终结果

## 153 绘制边界网格

本例主要使用了边界曲面的建模功能, 制作出三维模型。在具体的操作过程中, 巧妙使用了【特性】和【图层】工具栏, 更改曲面所在的图层。

| | | |
|---|---|---|
| 文件路径: | DVD\实例文件\第 12 章\实例 153.dwg | |
| 视频文件: | DVD\AVI\第 12 章\实例 153.avi | |
| 播放时长: | 0:03:42 | |

**01** 打开随书光盘中的 "\素材文件\第 12 章\实例 153.dwg" 文件, 如图 12-54 所示。

**02** 激活【图层】命令, 创建名为 "边界网格" 的图层, 并将此图层关闭。

**03** 在命令行内设置曲面的表面线宽密度都为 12。

**04** 选择菜单【绘图】|【建模】|【网格】|【边界网格】命令，创建左右两侧的面模型。命令行操作过程如下：

```
命令: _edgesurf

当前线框密度: SURFTAB1=12  SURFTAB2=12

选择用作曲面边界的对象 1:          //单击如图 12-55 所示的轮廓边 1

选择用作曲面边界的对象 2:          //单击如图 12-55 所示的轮廓边 2

选择用作曲面边界的对象 3:          //单击如图 12-55 所示的轮廓边 3

选择用作曲面边界的对象 4:          //单击如图 12-55 所示的轮廓边 4，结果如图 12-56 所示

命令:                             //按回车键，重复命令

_edgesurf 当前线框密度: SURFTAB1=12  SURFTAB2=12

选择用作曲面边界的对象 1:          //单击如图 12-55 所示的轮廓边 5

选择用作曲面边界的对象 2:          //单击如图 12-55 所示的轮廓边 6

选择用作曲面边界的对象 3:          //单击如图 12-55 所示的轮廓边 7

选择用作曲面边界的对象 4:          //单击如图 12-55 所示的轮廓边 8，结果如图 12-57 所示
```

图 12-54　打开素材　　　　　　图 12-55　定位边界线　　　　　　图 12-56　创建结果

**05** 按回车键，重复执行【边界网格】命令，创建上下两侧的面模型，轮廓边分别所示的 9、10、11、12、13、14、15 和 16，结果如图 12-58 所示。

**06** 夹点显示 4 个边界网格，然后打开【特性】对话框，修改对象图层为 "边界网格" 层，结果所选对象被隐藏，如图 12-59 所示。

**07** 根据以上步骤，使用【边界网格】命令，继续创建其他侧的面模型，然后单击【图层】工具栏上的【图层控制】列表框，打开所有被隐藏的边界网格，结果如图 12-60 所示。

图 12-57　创建结果　　　　图 12-58　创建结果　　　　图 12-59　隐藏结果　　　　图 12-60　显示边界网格

> **提示**：【边界网格】命令用于将 4 条首尾相连的空间直线或曲线作为边界，创建成空间模型。在执行此命令前，必须要定义出 4 条首尾相连的空间直线或曲线。

## 154 绘制直纹网格

本例主要根据直纹曲面特点创建实物模型。在具体的操作过程中，首先绘制出底面和顶面轮廓线作为轨迹线，然后使用【直纹曲面】命令生成三维模型。

| | 文件路径： | DVD\实例文件\第 12 章\实例 154.dwg |
|---|---|---|
| | 视频文件： | DVD\AVI\第 12 章\实例 154.avi |
| | 播放时长： | 0:04:07 |

**01** 新建文件，并激活状态栏上的【正交】功能。

**02** 选择菜单【绘图】|【多段线】命令，绘制外侧轮廓线，结果如图 12-61 所示。

**03** 使用快捷键 "C" 激活【圆】命令，配合【捕捉自】功能，绘制内部的圆，圆的直径为 50，绘制结果如图 12-62 所示。

**04** 选择菜单【视图】|【三维视图】|【西南等轴测】命令，将当前视图切换为西南等轴测视图，结果如图 12-63 所示。

图 12-61　绘制轮廓线

**05** 选择菜单【修改】|【复制】命令，选择外侧轮廓线和两个圆孔图形，沿 z 轴复制 20 和 100 个绘图单位，结果如图 12-64 所示。

图 12-62　绘制圆

图 12-63　切换视图

图 12-64　复制

**06** 使用系统变量 "surftab"，在命令行内设置曲面模型的表面线框密度为 48。

**07** 选择【绘图】菜单栏中的【建模】|【网格】|【直纹网格】命令，创建内部的圆孔模型。命令行操作过程如下：

```
命令: _rulesurf
当前线框密度：SURFTAB1=48
选择第一条定义曲线：          //选择如图 12-65 所示的圆
选择第二条定义曲线：          //选择如图 12-66 所示的圆，创建结果如图 12-67 所示
```

**08** 重复【直纹网格】命令，创建其他轮廓的面模型，结果如图 12-68 所示。

图 12-65　选择对象　　　　　　图 12-66　选择对象　　　　　　图 12-67　创建直纹网格

09 使用快捷键 "REG" 激活【面域】命令，选择如图 12-69 所示的 3 个闭合图形，将其转化为 3 个面域。

10 使用快捷键 "SU" 激活【差集】命令，对刚创建的 3 个面域进行差集运算。

11 选择菜单【修改】|【移动】命令，将差集后的面域沿 z 轴负方向移动 80 个绘图单位，结果如图所示。

图 12-68　创建直纹网格　　　　图 12-69　创建面域　　　　　图 12-70　位移结果

## 155　创建底座网格模型

本例通过制作底座立体模型，主要综合练习了【平移网格】、【边界网格】、【直纹网格】等三维网格功能以及一些二维制图工具。

| 文件路径: | DVD\实例文件\第 12 章\实例 155.dwg |
| --- | --- |
| 视频文件: | DVD\AVI\第 12 章\实例 155.avi |
| 播放时长: | 0:07:42 |

01 新建文件，并将当前视图切换为西南等轴测视图。

02 创建 "座侧面"、"座底面"、"座顶面" 和 "圆筒面" 4 个图层，并把这 4 个图层关闭。

03 选择菜单【绘图】|【圆】命令，绘制半径为 50 的圆。

04 使用【直线】命令，以圆的圆心作为起点，以 "0，0，10" 作为目标点，绘制长度为 10 的线段，结果如图 12-71 所示。

05 选择菜单【绘图】|【建模】|【网格】|【平移网格】命令，以圆作为平移对象，以线段作为方向矢量，创建底座侧面，如图 12-72 所示。

**06** 修改平移网格的图层为"座侧面"图层，然后使用【直线】命令，绘制圆的一条中心线。

**07** 使用快捷键"C"激活【圆】命令，绘制半径为 20 的圆，结果如图 12-73 所示。

图 12-71　绘制圆

图 12-72　平移网格

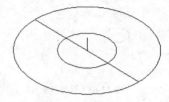

图 12-73　绘制圆

**08** 选择菜单【修改】|【修剪】命令，对圆图形和对角线进行修剪，结果如图 12-74 所示。

**09** 选择菜单【绘图】|【圆弧】|【起点、圆心、端点】命令，以图 12-74 所示的点 2 为起点，点 1 为端点，绘制圆弧。

**10** 使用变量"SURFTAB1"和"SURFTAB2"，设置曲面模型的线框密度为 30。

**11** 使用【绘图】|【建模】|【网格】|【边界网格】命令，以刚绘制的圆弧和图 12-74 所示的线段 A、弧 B 和线段 C 作为边界，创建如图 12-75 所示的网格模型。

**12** 使用【镜像】命令，选择刚创建的边界网格，进行镜像，结果如图 12-76 所示。

图 12-74　编辑结果

图 12-75　创建边界网格

图 12-76　镜像结果

**13** 使用快捷键"M"激活【移动】命令，选择两个边界网格模型进行位移，基点为任意一点，目标点为"@0，0，-10"，结果如图 12-77 所示。

**14** 选择移动后的底面模型，将图层修改为"座底面"层，将两个对象隐藏。

**15** 选择菜单【修改】|【缩放】命令，选择圆弧进行缩放，基点为原点，比例因子为 1.5，结果如图 12-78 所示。

**16** 使用【修剪】命令，以缩放后的圆弧作为剪切边界，将边界内的线段修剪掉，结果如图 12-79 所示。

图 12-77　位移结果

图 12-78　比例缩放

图 12-79　修剪结果

**17** 使用【边界网格】命令，以图 12-79 所示的弧 A 和、线 B、弧 D 和线 C 作为边界，创建如图 12-80 所示的顶面模型。

**18** 使用【镜像】命令，选择刚创建的边界网格进行镜像，结果如图 12-81 所示。

**19** 选择刚创建的顶面模型，修改其图层为"座顶面"层，然后以圆弧的圆心作为圆心，绘制直径分别为 60 和 40 的同心圆。

图 12-80　创建顶面模型　　　　　　　　　　图 12-81　镜像结果

**20** 使用【移动】命令，将同心圆沿 z 轴正方向移动 50 个绘图单位，结果如图 12-82 所示。

**21** 选择菜单【绘图】|【建模】|【网格】|【直纹网格】命令，选择两个同心圆，创建圆筒顶面模型，结果如图 12-83 所示。

图 12-82　移动结果　　　　　　图 12-83　创建直纹网格　　　　　图 12-84　创建圆锥面

**22** 使用【MESH】命令中的"圆柱体"选项功能，创建半径分别为 30 和 20，高度为 50 的圆筒模型，结果如图 12-84 所示。

**23** 打开所有关闭的图层，结果如图 12-85 所示。

**24** 选择菜单【视图】|【消隐】命令，对模型进行消隐，结果如图 12-86 所示。

图 12-85　底座模型　　　　　　　　　　　　图 12-86　消隐结果

## 156 创建斜齿轮网格模型

本例通过制作斜齿轮面模型，主要综合练习了【编辑多段线】、【平移网格】和【直纹网格】命令。

| | | |
|---|---|---|
| 文件路径： | DVD\实例文件\第 12 章\实例 156.dwg | |
| 视频文件： | DVD\AVI\第 12 章\实例 156.avi | |
| 播放时长： | 0:09:46 | |

**01** 选择菜单【文件】|【新建】命令，快速创建空白文件。

**02** 选择菜单【绘图】|【圆】命令，绘制半径分别为 38、35.8、33.5 和 25 的同心圆，如图 12-87 所示。

**03** 使用【构造线】命令，配合【捕捉圆心】功能，绘制构造线，作为辅助线。

**04** 选择菜单【修改】|【偏移】命令，选择垂直构造线分别向左偏移 0.6、1.6 和 2 个绘图单位，如图 12-88 所示。

**05** 选择菜单【绘图】|【圆弧】|【三点】命令，分别捕捉图 12-88 所示的点 1、点 2 和点 3，绘制如图 12-89 所示的圆弧。

图 12-87　绘制同心圆　　　　　图 12-88　偏移构造线　　　　　图 12-89　三点画弧

**06** 使用【镜像】命令，对刚绘制的圆弧进行镜像，并删除和修剪辅助线，结果如图 12-90 所示。

**07** 选择菜单【修改】|【阵列】命令，将刚绘制的齿轮牙环形阵列 36 份，中心点为圆心，结果如图 12-91 所示。

图 12-90　镜像圆弧　　　　　　　　　图 12-91　环形阵列

**08** 使用【修剪】和【删除】命令，对阵列后的图形进行编辑，结果如图 12-92 所示。

**09** 综合使用【偏移】、【修剪】和【删除】命令，绘制如图 12-93 所示的键槽轮廓图。

**10** 使用【编辑多段线】命令，将所示的轮廓创建为两条闭合的多段线，并将当前视图切换为西南视图，结果如图 12-94 所示。

图 12-92　修剪编辑

图 12-93　绘制键槽

图 12-94　切换视图

**11** 使用【直线】命令，以圆的圆心为起点，绘制长度为 20 的垂直线段，如图 12-95 所示。

**12** 在命令行中输入 "surftab1" 和 "surftab2"，将其值设置为 30。

**13** 选择菜单【绘图】|【建模】|【网格】|【平移网格】命令，创建如图 12-96 所示的齿轮中心孔模型。

**14** 创建名为 "曲面" 的图层，把刚创建的曲面放在此图层，并关闭此图层。

**15** 使用【复制】命令，选择外侧的闭合轮廓线进行复制，基点为任意一点，目标点为 "@0，0，20"，结果如图 12-97 所示。

图 12-95　绘制线段

图 12-96　平移网格

图 12-97　复制轮廓

**16** 选择菜单【修改】|【旋转】命令，将复制后的轮廓线旋转 6.78°，基点为垂直辅助线上端点，结果如图 12-98 所示。

**17** 在命令行中输入 "surftab1" 后按回车键，修改变量值为 360。

**18** 选择菜单【绘图】|【建模】|【网格】|【直纹网格】命令，创建如图 12-99 所示的直纹网格，并修改其图层为 "曲面"。

**19** 使用快捷键 "XL" 激活【构造线】命令，通过圆心绘制一条如图 12-100 所示的垂直辅助线。

图 12-98　旋转结果

图 12-99　创建直纹网格

图 12-100　绘制辅助线

**20** 选择菜单【修改】|【打断于点】命令，以辅助线与内外轮廓线交点作为断点，分别将内外轮廓线创建为两条多段线。

**21** 重复使用【直纹网格】命令，创建如图 12-101 所示的直纹网格，并修改其图层为 "曲面"。

**22** 使用【移动】命令，将键槽轮廓线和辅助线沿当前坐标系 z 轴正方向移动 20 个绘图单位，然后将移动后的辅助线旋转 6.78°，结果如图 12-102 所示。

**23** 重复上述操作步骤，使用【直纹网格】命令，创建如图 12-103 所示的直纹网格。

图 12-101　创建直纹网格　　　　　图 12-102　移动结果　　　　　图 12-103　创建顶面

**24** 使用【删除】命令，删除辅助线，并打开 "曲面" 图层，结果如图 12-104 所示。

**25** 选择菜单【视图】|【消隐】命令，结果如图 12-105 所示。

图 12-104　删除辅助线　　　　　　　　　　图 12-105　消隐效果

# 第**13**章

# 零件实心体模型创建

本章导读

## 本章导读

　　实体模型是三维造型技术中比较完善且常用的一种形式，它包含了绘制线框模型和曲面模型的各种功能，不但包含构成物体边棱和不透明的表面，还包含体积、质心等特性，是一个实实在在的实心体，可以进行布尔运算、切割、贴图、消隐、着色和渲染等各种操作。

　　树立正确的空间观念，灵活建立和使用三维坐标系，准确地在三维空间中设置视点，既是整个三维绘图的基础，同时也是三维绘图的难点所在。

　　本章通过 11 个实例，详细讲解了三维实心体模型的基本创建方法。

## 效果展示

## 157 绘制基本实心体

本例主要学习了使用【长方体】、【圆柱体】和【球体】命令创建长方体、圆柱体和球体基本几何实体的方法和技巧。

| | | |
|---|---|---|
| 文件路径： | DVD\实例文件\第 13 章\实例 157.dwg | |
| 视频文件： | DVD\AVI\第 13 章\实例 157.avi | |
| 播放时长： | 0:02:48 | |

**01** 新建空白文件，并设置捕捉追踪功能。

**02** 选择菜单【视图】|【三维视图】|【西南等轴测】命令，将当前视图切换为西南视图。

**03** 选择菜单【绘图】|【建模】|【长方体】命令，创建底板模型。命令行操作过程如下：

```
命令：_box
指定第一个角点或 [中心(C)]：                    //在绘图区拾取一点
指定其他角点或 [立方体(C)/长度(L)]：L↙          //输入 L，激活"长度"选项
指定长度 <50.0000>:80↙                        //输入 80
指定宽度 <25.0000>:100↙                       //输入 100
指定高度或 [两点(2P)] <10.0000>:10↙            //输入 10，创建结果如图 13-1 所示
```

**04** 选择菜单【绘图】|【建模】|【圆柱体】命令，配合【捕捉自】功能，以长方体的中心为圆心，绘制半径为 20，高度为 40 的圆柱体，结果如图 13-2 所示。

图 13-1　创建长方体

图 13-2　绘制圆柱体

**05** 使用系统变量 ISOLINES，设置实体线框密度为 12。

**06** 选择菜单【绘图】|【建模】|【球体】命令，配合【捕捉端点】和【捕捉自】功能，创建球体模型。命令行操作过程如下：

```
命令：_sphere
指定中心点或 [三点(3P)/两点(2P)/切点、切点、半径(T)]：     //激活【捕捉自】功能
_from 基点：                                           //捕捉长方体上表面左上角端点
<偏移>:@10,-20↙
指定半径或 [直径(D)] <0.000>: 5↙                        //输入球体半径，创建结果如图 13-3 所示
```

**07** 选择菜单【视图】|【三维视图】|【俯视】命令，将当前视图切换为俯视图，然后使用【镜像】命令，配合【捕捉中点】功能，对球体镜像，结果如图 13-4 所示。

**08** 将当前视图切换为西南视图，并选择菜单【视图】|【视觉样式】|【概念】命令，对模型进行着色显示，最终结果如图 13-5 所示。

图 13-3　创建球体

图 13-4　镜像球体

图 13-5　最终结果

## 158 绘制拉伸实体

本例主要学习拉伸实体建模的方法和技巧。在具体的操作过程中，首先使用【多段线】命令，绘制出模型的轮廓截面，然后将闭合截面拉伸为三维实体，并对其进行着色。

| | |
|---|---|
| 文件路径： | DVD\实例文件\第 13 章\实例 158.dwg |
| 视频文件： | DVD\AVI\第 13 章\实例 158.avi |
| 播放时长： | 0:02:21 |

**01** 新建文件，并设置对象捕捉和追踪参数。

**02** 开启【极轴追踪】功能，然后将视图切换为主视图。

**03** 选择菜单【绘图】|【多段线】命令，配合【极轴追踪】功能绘制轮廓截面，结果如图 13-6 所示。

**04** 选择菜单【视图】|【三维视图】|【西南等轴测】命令，将当前视图切换为西南视图，结果如图 13-7 所示。

图 13-6　绘制截面

图 13-7　切换视图

图 13-8　选择轮廓切面

**提　示：**【拉伸】命令用于将闭合的单个图形对象创建为三维实体。执行该命令还有另外两种方式，即 "Extrude" 和快捷键 "EXT"。

**05** 使用系统变量 ISOLINES，设置实体线框密度为 20。

**06** 选择菜单【绘图】|【建模】|【拉伸】命令，或单击【建模】工具栏上的 🔃 按钮，激活【拉伸】命令，将刚绘制的截面拉伸为三维实体面。命令行操作过程如下：

```
命令: _extrude
当前线框密度: ISOLINES=20
选择要拉伸的对象:                        //选择如图 13-8 所示的截面
指定拉伸的高度或 [方向(D)/路径(P)/倾斜角(T)] <20.0000>:5↙
                                         //输入 5，拉伸的结果如图 13-9 所示
```

**07** 选择菜单【视图】|【消隐】命令，结果如图 13-10 所示。

**08** 选择菜单【视图】|【视觉样式】|【概念】命令，对模型进行着色，最终结果如图 13-11 所示。

图 13-9　拉伸结果　　　　　　　　图 13-10　消隐效果　　　　　　　　图 13-11　最终结果

## 159 按住并拖动

按住并拖动是 AutoCAD 中一个简单有用的操作，可由有限有边界区域或闭合区域创建拉伸，可从实体上的有限有边界区域或闭合区域中创建拉伸

| | 文件路径： | DVD\实例文件\第 13 章\实例 159.dwg |
|---|---|---|
| | 视频文件： | DVD\AVI\第 13 章\实例 159.avi |
| | 播放时长： | 0:02:21 |

**01** 按 "Ctrl+N" 快捷键，新建图形文件，并开启对象捕捉和追踪参数。

**02** 使用 C【圆】命令，绘制一个 R50 和一个 R25 的圆，使用 L【直线】命令，捕捉象限点绘制出大圆直径，结果如图 13-12 所示。

**03** 选择菜单【修改】|【偏移】命令，将直径分别向上、下偏移 35 个绘图单位，结果如图 13-13 所示。

**04** 选择菜单【视图】|【三维视图】|【西南等轴测】命令，将当前视图切换为西南视图，删除大圆直径，结果如图 13-14 所示。

图 13-12　绘制圆和直线

图 13-13　偏移

图 13-14　切换视图

**05** 使用系统变量 ISOLINES，设置实体线框密度为 20。

**06** 单击【建模】工具栏上的 按钮，激活【按住并拖动】命令，选择圆与直线之间的位置，输入高度为 10，拉伸的结果如图 13-15 所示。

**07** 使用快捷键 "E"，激活【删除】命令，删除辅助直线及圆。

**08** 选择菜单【视图】|【视觉样式】|【概念】命令，对模型进行着色，最终结果如图 13-16 所示。

图 13-15　拉伸结果

图 13-16　最终结果

# 160　绘制放样实体

本例主要运用【拉伸】命令中的"放样"功能，学习放样实体模型建模的方法和技巧。在操作过程中首先使用【多段线】、【圆】、【修剪】命令，绘制出模型的轮廓线截面，然后使用【圆】和【打断】命令绘制出模型的路径，最后将轮廓截面放样，生成三维实体。

| | 文件路径： | DVD\实例文件\第 13 章\实例 160.dwg |
| --- | --- | --- |
| | 视频文件： | DVD\AVI\第 13 章\实例 160.avi |
| | 播放时长： | 0:03:34 |

**01** 新建文件，同时激活【极轴追踪】功能。

**02** 选择菜单【绘图】|【多段线】命令，配合【极轴追踪】功能绘制如图 13-17 所示的矩形。

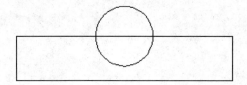

图 13-17　绘制矩形　　　　　　　　　　　　　　　　图 13-18　绘制圆

**03** 选择菜单【绘图】|【圆】命令，以矩形长的中点为圆心，绘制半径为 2 的圆，结果如图 13-18 所示。

**04** 选择菜单【修改】|【修剪】命令，对图形进行修剪，结果如图 13-19 所示。

**05** 选择【视图】|【三维视图】|【东南等轴测】命令，将当前视图切换为东南视图，并使用快捷键 "PE" 对轮廓进行合并，结果如图 13-20 所示。

图 13-19　修剪结果　　　　　　　　　　　　　　　图 13-20　切换东南视图

**06** 使用【UCS】命令中的【新建】功能，重新定义用户坐标系，结果如图 13-21 所示。

**07** 选择菜单【绘图】|【圆】|【两点】命令，绘制半径为 8 的圆的图形，结果如图 13-22 所示。

**08** 使用快捷键 "BR" 激活【打断】命令，对刚绘制的圆进行打断操作，结果如图 13-23 所示。

图 13-21　定义坐标系　　　　　　图 13-22　绘制圆　　　　　　图 13-23　打断圆

**09** 设置变量 ISOLINESDE 的值为 12。

**10** 选择菜单【绘图】|【建模】|【拉伸】命令，创建放样实体，结果如图 13-24 所示。

**11** 选择菜单【视图】|【消隐】命令，对放样后的实体模型进行消隐着色，结果如图 13-25 所示。

**12** 选择菜单【视图】|【视觉样式】|【概念】命令，对模型进行概念着色，最终结果如图 13-26 所示。

图 13-24　放样结果　　　　　　图 13-25　消隐着色　　　　　　图 13-26　最终结果

## 161 绘制回转实体

本例主要针对回转体的内部特征，使用旋转实体功能根据零件的平面图形快速创建出三维实体模型。【旋转】命令可以将一个闭合对象绕当前 UCS 的 x 轴或 y 轴旋转一定的角度生成旋转实体，也可以绕直线、多段线或两个指定的点旋转对象。

| 文件路径： | DVD\实例文件\第 13 章\实例 161.dwg |
| --- | --- |
| 视频文件： | DVD\AVI\第 13 章\实例 161.avi |
| 播放时长： | 0:02:13 |

**01** 打开随书光盘中的"\实例文件\第 13 章\实例 161.dwg"，如图 13-27 所示。

**02** 选择菜单【修改】|【修剪】命令，对图形的轮廓线进行修剪，并删除多余的线段，结果如图 13-28 所示。

图 13-27　打开结果　　　　　　　　　　　图 13-28　清理图形

**03** 使用快捷键"PE"将轮廓线合并。

**04** 使用系统变量 ISOLINES 设置实体表面的线框密度为 12。

**05** 选择菜单【绘图】|【建模】|【旋转】命令，创建三维回转实体。命令行操作过程如下：

```
命令：_revolve
当前线框密度：ISOLINES=12
选择要旋转的对象：                          //选择如图 13-29 所示的闭合对象
```

| 选择要旋转的对象：↙ | //按回车键，结束选择 |
| 指定轴起点或根据以下选项之一定义轴 [对象(O)/X/Y/Z] <对象>:↙ | //按回车键 |
| 选择对象： | //选择中心线 |
| 指定旋转角度或 [起点角度(ST)] <360>:↙ | //按回车键，结果如图 13-30 所示 |

图 13-29　选择旋转对象

图 13-30　旋转结果

**06** 选择菜单【视图】|【三维视图】|【东北等轴测】命令，将当前视图切换为东北等轴测视图，结果如图 13-31 所示。

**07** 选择菜单【视图】|【消隐】命令，对当前模型进行消隐显示，结果如图 13-32 所示。

**08** 选择菜单【视图】|【视觉样式】|【概念】命令，对模型进行概念着色，最终结果如图 13-33 所示。

图 13-31　切换东北视图

图 13-32　消隐着色

图 13-33　最终结果

> **提 示：**【旋转】命令可以将一个闭合对象绕当前 UCS 的 x 轴或 y 轴旋转一定的角度生成旋转实体，也可以绕直线、多段线或两个指定的点。

## 162 绘制组合实体

本例通过创建组合实体，主要使用了布尔运算中的【并集】和【差集】功能。

| | |
| --- | --- |
| 文件路径： | DVD\实例文件\第 13 章\实例 162.dwg |
| 视频文件： | DVD\AVI\第 13 章\实例 162.avi |
| 播放时长： | 0:01:26 |

**01** 打开随书光盘中的 "\实例文件\第 13 章\实例 162.dwg"。

**02** 选择菜单【视图】|【视觉样式】|【二维线框】命令，将当前模型进行线框着色，结果如图 13-34 所示。

图 13-34　二维线框着色　　　　　　　　　　　图 13-35　并集结果

**03** 选择菜单【修改】|【实体编辑】|【并集】命令，将多个实体模型进行合并。命令行操作过程如下：

命令：_union
选择对象：　　　　　　　　　//选择长方体
选择对象：　　　　　　　　　//选择圆柱体
选择对象：　　　　　　　　　//按回车键，结束对象的选择，并集结果如图 13-35 所示

 提　示：【并集】命令常用于将多个三维实体模型合并成为一个单独的组合体，执行该命令的快捷键为"UNI"。

**04** 单击【实体编辑】工具栏中的⚬按钮，创建球形孔洞。命令行操作过程如下：

命令：_subtract
选择要从中减去的实体、曲面和面域...
选择对象：　　　　　　　　//选择组合实体
选择对象:选择要减去的实体、曲面和面域...
选择对象：　　　　　　　　//选择图中所有的球体
选择对象:↙　　　　　　　 //按回车键结束选择，差集结果如图 13-36 所示

**05** 选择菜单【视图】|【视觉样式】|【概念】命令，将差集后的组合实体进行概念着色，最终结果如图 13-38 所示。

图 13-36　差集结果　　　　　图 13-37　消隐着色　　　　　图 13-38　真实着色

 提　示：【差集】命令常用于从一个实体或面域当中减去与其相交的另一个实体或面域，以形成新的组合对象。此命令快捷方式"SU"。

## 163 绘制剖切实体

本例主要使用了【剖切】命令创建剖切实体，以便于观察实体内部结构。【剖切】命令用于切开现有实体，移去不需要的部分，保留指定的部分实体。

| | | |
|---|---|---|
| 文件路径: | DVD\实例文件\第 13 章\实例 163.dwg | |
| 视频文件: | DVD\AVI\第 13 章\实例 163.avi | |
| 播放时长: | 0:02:53 | |

**01** 打开随书光盘中的 "\素材文件\第 13 章\实例 163.dwg"，如图 13-39 所示。

**02** 选择菜单【视图】|【视觉样式】|【二维线框】命令，对当前模型进行线框着色，结果如图 13-40 所示。

**03** 选择菜单【修改】|【实体编辑】|【并集】命令，创建外部的组合柱体结构，结果如图 13-41 所示。

图 13-39　打开结果

图 13-40　线框着色

**04** 单击【实体编辑】工具栏中的 ◎ 按钮，再次激活【并集】命令，创建内部的组合柱体结果，结果如图 13-42 所示。

图 13-41　并集结果

图 13-42　并集结果

图 13-43　差集结果

**05** 单击【实体编辑】工具栏上的 ◎ 按钮，激活【差集】命令，创建内部孔洞，结果如图 13-43 所示。

**06** 选择菜单【视图】|【消隐】命令，对差集后的实体进行消隐着色，结果如图 13-44 所示。

**07** 选择菜单【视图】|【视觉样式】|【概念】命令，将组合实体着色，结果如图 13-45 所示。

图 13-44　消隐着色

图 13-45　概念着色

图 13-46　选择组合实体

**08** 选择菜单【修改】|【三维操作】|【剖切】命令，对差集后的组合实体进行剪切，并使用【删除】命令将剖切实体右边部分删除。命令行操作过程如下：

```
命令：_slice
选择要剖切的对象：              //选择如图 13-46 所示的实体模型
选择要剖切的对象：↙            //按回车键，结束选择
指定 切面 的起点或 [平面对象(O)/曲面(S)/Z 轴(Z)/视图(V)/XY(XY)/YZ(YZ)/ZX(ZX)/三
点(3)] <三点>:XY↙↙            //输入 XY 按回车键，激活"XY 平面"选项
XY 平面上的点 <0,0,0>：         //捕捉如图 13-47 所示的圆心
在所需的侧面上指定点或 [保留两个侧面(B)] <保留两个侧面>：
                               //捕捉如图 13-48 所示的中点，剖切结果如图 13-49 所示
```

图 13-47　捕捉圆心

图 13-48　捕捉中点

图 13-49　剖切结果

## 164　绘制切割实体

　　本例主要使用【切割】命令，将三维实心体进行切割，创建出实心体的剖面结果，以方便观察物体的内部结构。【切割】命令用于创建实体内部的剖切面，其默认剖切方式为三点剖切，即以指定的 3 个点所定义的平面作为剖切面。

| | | |
|---|---|---|
| 文件路径： | DVD\实例文件\第 13 章\实例 164.dwg | |
| 视频文件： | DVD\AVI\第 13 章\实例 164.avi | |
| 播放时长： | 0:02:16 | |

**01** 打开随书光盘中的 "\素材文件\第 13 章\实例 164.dwg" 文件，如图 13-50 所示。

图 13-50　打开结果　　　　　　　　　　　　　　图 13-51　选择对象

**02** 启用【对象捕捉】功能，并设置捕捉模式为中点捕捉。

**03** 在命令行输入"Section"后按回车键，激活【切割】命令，对打开的实体模型进行切割。命令行操作过程如下：

```
命令: section
选择对象:                          //选择如图 13-51 所示的实体模型
选择对象:↙                         //按回车键，结束选择
指定 截面 上的第一个点，依照 [对象(O)/Z 轴(Z)/视图(V)/XY(XY)/YZ(YZ)/ZX(ZX)/三点
(3)] <三点>:xy↙                   //激活"XY 平面"选项
指定 XY 平面上的点 <0,0,0>:        //捕捉如图 13-52 所示的中点，剖切结果如图 13-53 所示
```

**04** 选择菜单【修改】|【移动】命令，对切割后产生的截面进行位移，结果如图 13-54 所示。

**05** 使用快捷键"X"激活【分解】命令，对剖切截面进行分解。

图 13-52　定位切割位置　　　　　　　图 13-53　切割结果　　　　　　　图 13-54　位移结果

**06** 在命令行输入"UCS"，重新定位坐标原点，结果如图 13-55 所示。

**07** 使用【图案填充】命令，将剖切截面进行图案填充，填充的图案类型为"ANSI31"，比例为 0.5，结果如图 13-56 所示。

**08** 选择菜单【视图】|【三维视图】|【俯视】命令，将当前视图切换为俯视图，结果如图 13-57 所示。

图 13-55　移动坐标系　　　　　　　图 13-56　填充图案　　　　　　　图 13-57　切换俯视图

注　意：由于切割后生成的是一个没有厚度的面域，要想为其填充剖面线，就必须将其分解二维图形。

## 165 绘制干涉实体

本例主要使用【干涉检查】命令，将两个三维实体的公共部分提取为一个单独的干涉实体模型。【干涉】命令主要用于检测多个实体之间是否存在干涉现象，并且将实体的干涉部分提取出来，自动创建为一个新的干涉实体。

| | | |
|---|---|---|
| 文件路径: | DVD\实例文件\第 13 章\实例 165.dwg | |
| 视频文件: | DVD\AVI\第 13 章\实例 165.avi | |
| 播放时长: | 0:02:17 | |

**01** 打开随书光盘中的 "\素材文件\第 13 章\实例 165.dwg"，如图 13-58 所示。

**02** 激活【对象捕捉】功能，并设置捕捉模式为圆心模式。

**03** 选择菜单【修改】|【移动】命令，对两个图形源文件进行位移，结果如图 13-59 所示。

**04** 选择菜单【修改】|【三维操作】|【干涉检查】，对位移后两个实体模型进行干涉。命令行操作过程如下:

```
命令: _interfere
选择第一组对象或 [嵌套选择(N)/设置(S)]:    //选择如图 13-60 所示的实体模型
```

图 13-58 打开结果

图 13-59 移动结果

图 13-60 选择对象

```
选择第一组对象或 [嵌套选择(N)/设置(S)]:↙    //按回车键，结束对象的选择
选择第二组对象或 [嵌套选择(N)/检查第一组(K)] <检查>:    //选择如图 13-61 所示的实体模型
选择第二组对象或 [嵌套选择(N)/检查第一组(K)] <检查>:↙    //按回车键，结束选择，此时系统
```

高亮显示干涉实体，如图 13-62 所示，同时打开如图 13-63 所示的【干涉检查】对话框

图 13-61 选择对象

图 13-62 亮显干涉实体

**05** 在【干涉检查】对话框中取消【关闭时删除已创建的干涉对象】复选项，然后单击 关闭(C) 按

钮，结束命令。选择菜单【修改】|【移动】命令，将干涉后产生的实体进行位移，结果如图 13-64 所示。

图 13-63 【干涉检查】对话框

图 13-64 位移结果

**06** 选择菜单【视图】|【消隐】命令，对干涉后的实体进行消隐着色，结果如图 13-65 所示。

**07** 选择菜单【视图】|【视觉样式】|【概念】命令，对差集后的组合实体进行着色，结果如图 13-66 所示。

图 13-65 消隐着色

图 13-66 最终结果

# 166 绘制扫掠实体

本例通过将二维闭合图形和非闭合图形扫掠为三维实体和曲面，主要学习【扫掠】命令的操作方法和技巧。【扫掠】命令主要用于将闭合二维边界扫掠为三维实体，将非闭合二维图形扫掠为曲面，此命令的表达式为 Sweep。

| | 文件路径： | DVD\实例文件\第 13 章\实例 166.dwg |
|---|---|---|
| | 视频文件： | DVD\AVI\第 13 章\实例 166.avi |
| | 播放时长： | 0:02:27 |

**01** 执行【新建】命令，快速创建空白文件。

**02** 在命令行中输入"ISOLINES"后按回车键，设置实体线框密度值为 12。

**03** 选择菜单【视图】|【三维视图】|【西南等轴测】命令，将当前视图切换为西南视图。

**04** 使用【正多边形】、【矩形】、【样条曲线】和【圆弧】命令，绘制如图 13-67 所示的对象。

**05** 选择菜单【绘图】|【建模】|【扫掠】命令，分别将矩形和多边形扫掠为实体和曲面。命令行操作过程如下：

```
命令: _sweep
当前线框密度: ISOLINES=12
```

| 选择要扫掠的对象： | //选择刚绘制的矩形 |
| 选择要扫掠的对象：↙ | //按回车键，结束对象的选择 |
| 选择扫掠路径或［对齐(A)/基点(B)/比例(S)/扭曲(T)］： | //选择右侧的样条曲线作为路径 |
| 命令：↙ | //按回车键，重复执行命令 |
| 当前线框密度： ISOLINES=12 | |
| 选择要扫掠的对象： | //选择左侧的多边形 |
| 选择要扫掠的对象：↙ | //按回车键，结束对象的选择 |
| 选择扫掠路径或［对齐(A)/基点(B)/比例(S)/扭曲(T)］： | //选择右侧的圆弧作为路径 |

**06** 扫掠结果如图 13-68 所示。

**07** 选择菜单【视图】|【消隐】命令，对扫掠模型进行消隐显示，结果如图 13-69 所示。

图 13-67　绘制结果

图 13-68　扫掠结果

图 13-69　消隐结果

## 167 绘制抽壳实体

| | 本例主要学习了【抽壳】命令以及【概念视觉样式】、【二维线框】、【消隐】和【渲染】等视图显示工具的操作方法和技巧操作。 | |
|---|---|---|
| | 文件路径： | DVD\实例文件\第 13 章\实例 167.dwg |
| | 视频文件： | DVD\AVI\第 13 章\实例 167.avi |
| | 播放时长： | 0:02:36 |

**01** 执行【新建】命令，快速创建空白文件。

**02** 选择菜单【视图】|【三维视图】|【东南等轴测】命令，将当前视图切换为东南视图。

**03** 选择菜单【视图】|【视觉样式】|【概念】命令，对当前视图进行概念着色显示。

**04** 在命令行中输入"ISOLINES"后按回车键，设置此变量的值为 25。

**05** 在命令行中输入"FACETRES"后按回车键，设置此变量的值为 10。

**06** 分别使用【圆柱体】和【棱椎体】命令，创建如图 13-70 所示的圆柱体和棱椎体。

**07** 选择菜单【修改】|【实体编辑】|【抽壳】命令，对创建的几何体进行抽壳。命令行操作过程如下：

```
命令: _solidedit
实体编辑自动检查： SOLIDCHECK=1
```

输入实体编辑选项［面(F)/边(E)/体(B)/放弃(U)/退出(X)］<退出>: _body

输入体编辑选项

［压印(I)/分割实体(P)/抽壳(S)/清除(L)/检查(C)/放弃(U)/退出(X)］<退出>: _shell

选择三维实体：　　　　　　　　　　　　　　//选择圆柱体模型

删除面或［放弃(U)/添加(A)/全部(ALL)］：　　　//选择圆柱体上表面

删除面或［放弃(U)/添加(A)/全部(ALL)］:↙　　　//按回车键，结束面的选择

输入抽壳偏移距离:5↙　　　　　　　　　　//输入 5，设置抽壳距离

已开始实体校验

已完成实体校验

输入体编辑选项［压印(I)/分割实体(P)/抽壳(S)/清除(L)/检查(C)/放弃(U)/退出(X)］<退
出>:S↙　　　　　　　　　　　　　　　//激活"抽壳"选项

选择三维实体：　　　　　　　　　　　　//选择棱椎体

删除面或［放弃(U)/添加(A)/全部(ALL)］：　　　//选择棱椎体底面

删除面或［放弃(U)/添加(A)/全部(ALL)］:↙　　　//按回车键，结束面的选择

输入抽壳偏移距离:5↙　　　　　　　　　　//设置抽壳距离

已开始实体校验

已完成实体校验

输入体编辑选项［压印(I)/分割实体(P)/抽壳(S)/清除(L)/检查(C)/放弃(U)/退出(X)］<退
出>:↙　　　　　　　　　　　　　　　//按回车键，退出实体编辑模式

实体编辑自动检查：　SOLIDCHECK=1

输入实体编辑选项［面(F)/边(E)/体(B)/放弃(U)/退出(X)］<退出>:↙
　　　　　　　　　　　　　　　//按回车键，操作结果如图 13-71 所示

**08** 选择菜单【视图】|【视觉样式】|【消隐】命令，对抽壳实体进行消隐显示，结果如图 13-72 所示。

图 13-70　创建结果　　　　　　　图 13-71　抽壳结果　　　　　　图 13-72　消隐显示

# 168 绘制加厚实体

本例主要学习了【加厚】命令来创建三维实体的方法。

| 文件路径： | DVD\实例文件\第 13 章\实例 168.dwg |
| --- | --- |
| 视频文件： | DVD\AVI\第 13 章\实例 168.avi |
| 播放时长： | 0:02:36 |

**01** 调用 NEW【新建】命令，快速创建空白文件。

**02** 选择菜单【视图】|【三维视图】|【西南等轴测】命令，将当前视图切换为西南等轴测视图。

**03** 在命令行中输入 "ISOLINES" 后按回车键，设置此变量的值为 20。

**04** 使用【圆】命令，绘制一个 R30 的圆，如图 13-73 所示。

**05** 使用快捷键 "EXT"，激活【拉伸】命令，拉伸绘制的圆为曲面，设置拉伸高度为 40，结果如图 13-74 所示。

图 13-73　绘制圆

图 13-74　拉伸曲面

**06** 选择菜单【修改】|【三维操作】|【加厚】命令，选择拉伸得到的曲面，进行加厚，设置拉伸厚度为-10，如图 13-75 所示。

**07** 选择菜单【视图】|【视觉样式】|【概念】命令，对模型进行着色，最终结果如图 13-76 所示。

图 13-75　加厚

图 13-76　最终结果

## 169　绘制三维弹簧

| | 通过绘制三维弹簧，主要学习【扫掠】和【螺旋】命令，并对【消隐】和【视觉样式】工具进行了综合练习。 |
|---|---|
| 文件路径： | DVD\实例文件\第 13 章\实例 169.dwg |
| 视频文件： | DVD\AVI\第 13 章\实例 169.avi |
| 播放时长： | 0:02:11 |

**01** 选择菜单【文件】|【新建】命令，快速创建空白文件。

**02** 选择菜单【视图】|【三维视图】|【东南等轴测】命令，将视图切换为东南等轴测视图。

**03** 选择菜单【绘图】|【螺旋】命令，绘制顶面和底面半径分别为100，高度为200，顺时针旋转8圈的螺旋线。命令行操作过程如下：

```
命令：_Helix
圈数 = 3.0000        扭曲=CCW
指定底面的中心点：//选取一点
指定底面半径或 [直径(D)] <1.0000>:100↙          //指定螺旋线底面半径
指定顶面半径或 [直径(D)] <100.0000>:100↙          //指定螺旋线顶面半径
指定螺旋高度或 [轴端点(A)/圈数(T)/圈高(H)/扭曲(W)] <1.0000>:t↙  //设置螺旋线圈数
输入圈数 <3.0000>:8↙          //指定螺旋线圈数
指定螺旋高度或 [轴端点(A)/圈数(T)/圈高(H)/扭曲(W)] <1.0000>:w↙
                                //设置螺旋线的扭曲方向
输入螺旋的扭曲方向 [顺时针(CW)/逆时针(CCW)] <CCW>:cw↙  //指定螺旋线扭转方向为顺时针
指定螺旋高度或 [轴端点(A)/圈数(T)/圈高(H)/扭曲(W)] <1.0000>:200↙
                                //输入200，指定螺旋线高度，结果如图13-77所示
```

**04** 将视图切换为前视图，绘制半径为2的圆，并将其创建为面域，结果如图13-78所示。

图 13-77 绘制结果

图 13-78 绘制圆

**05** 选择菜单【绘图】|【建模】|【扫掠】命令，将创建的圆面域以螺旋线路径进行扫掠，结果如图13-79所示。

**06** 选择菜单【视图】|【消隐】命令，结果如图13-80所示。

**07** 选择菜单【视图】|【视觉样式】|【真实】命令，对模型进行着色，最终结果如图13-81所示。

图 13-79 扫掠结果

图 13-80 消隐结果

图 13-81 最终结果

# 第 14 章

# 零件实心体模型编辑

本章导读

　　在 AutoCAD 2013 建模环境中，要想准确、有效地创建出复杂的三维实体，单单依靠基本的实体工具是远远不够的，还需要通过实体编辑和三维操作工具对创建的实体进行辅助操作，从而将设计意图转化为真实的实体。在 AutoCAD 2013 三维建模操作过程中，除了可以使用【修改】工具栏中的工具编辑三维对象以外，该软件还提供了更专业的三维对象编辑工具，例如三维移动、三维旋转、三维对齐、三维镜像和三维阵列等，从而创建出更加复杂的实体模型。

效果展示

## 170 实体环形阵列

三维阵列的环形阵列是通过指定旋转轴来确定环形阵列,在二维阵列中却是通过拾取中心点来确定环形阵列的中心。

| | | |
|---|---|---|
| 文件路径: | DVD\实例文件\第 14 章\实例 170.dwg |
| 视频文件: | DVD\AVI\第 14 章\实例 170.avi |
| 播放时长: | 0:01:41 |

**01** 打开随书光盘中的 "\素材文件\第 14 章\实例 170.dwg",打开结果如图 14-1 所示。

**02** 选择菜单【修改】|【三维操作】|【三维阵列】命令,或在命令行中输入表达式 "3Darray" 按回车键,激活三维阵列命令,对拉伸实体进行阵列。命令行操作过程如下:

```
命令:_3darray
正在初始化... 已加载 3DARRAY。
选择对象:                                    //选择如图 14-2 所示的实体
选择对象:↙                                  //按回车键,结束选择过程
输入阵列类型 〔矩形(R)/环形(P)〕<矩形>:p↙      //激活 "环形" 选项
输入阵列中的项目数目:24↙                      //输入阵列数目
指定要填充的角度 (+=逆时针,-=顺时针) <360>:↙   //按回车键,设置阵列角度
旋转阵列对象?〔是(Y)/否(N)〕<Y>:↙             //按回车键,选择旋转对象选项
指定阵列的中心点:                             //捕捉圆的圆心
指定旋转轴上的第二点:        //将光标沿 Z 轴正方向移动并任取一点,结果如图 14-3 所示
```

图 14-1 打开素材

图 14-2 选择对象

图 14-3 阵列结果

**提 示:**【三维阵列】命令用于创建三维空间中的矩形和环形阵列。与二维阵列相比,在三维矩形阵列中,增加了沿 z 轴方向的层数和层间距。

**03** 选择菜单【修改】|【实体编辑】|【并集】命令,或使用 "SU" 激活【并集】命令,将图形中的轮齿进行合并,结果如图 14-4 所示。

**04** 选择菜单【视图】|【消隐】命令,对并集后的实体模型进行消隐着色,着色结果如图 14-5 所示。

**05** 选择菜单【视图】|【视觉样式】|【概念】命令,对并集后的实体模型进行着色,结果如图 14-6 所示。

图 14-4　合并结果　　　　　　　　　图 14-5　消隐结果　　　　　　　　图 14-6　最终结果

## 171　实体矩形阵列

本例主要使用了【三维阵列】命令中的"矩形阵列"功能。三维阵列的矩形阵列除了二维矩形阵列要求的指定行数和列数外，还需要指定层数。

| | |
|---|---|
| 文件路径： | DVD\实例文件\第 14 章\实例 171.dwg |
| 视频文件： | DVD\AVI\第 14 章\实例 171.avi |
| 播放时长： | 0:01:52 |

**01** 打开随书光盘中的"\素材文件\第 14 章\实例 171.dwg"文件，如图 14-7 所示。

图 14-7　打开素材　　　　　　　　　　　　　　图 14-8　选择对象

**02** 选择菜单【修改】|【三维操作】|【三维阵列】命令，将圆柱体进行阵列复制。命令行操作过程如下：

```
命令: _3darray
正在初始化... 已加载 3DARRAY。
选择对象:                                //选择如图 14-8 所示的圆柱体
选择对象:↙                              //按回车键，结束选择
输入阵列类型 [矩形(R)/环形(P)] <矩形>:↙  //按回车键，采用默认设置
输入行数 (---) <1>: 2↙
输入列数 (|||) <1>: 2↙
输入层数 (...) <1>: 1↙
指定行间距 (---):60↙
指定列间距 (|||):160↙                    //阵列结果如图 14-9 所示
```

**03** 使用【差集】命令将阵列后的实体进行差集处理。

**04** 选择菜单【视图】|【消隐】命令，对差集后的实体模型进行消隐，结果如图 14-10 所示。

**05** 选择菜单【视图】|【视觉样式】|【概念】命令，对实体模型进行着色，最终结果如图 14-11 所示。

图 14-9 阵列结果

图 14-10 消隐结果

图 14-11 最终结果

**提 示：** 三维阵列工具用于在三维操作空间内复制对象，当将三维轴测视图切换为正交视图或平面视图，就可以使用二维阵列工具对二维图形或三维图形进行阵列复制。

## 172 实体空间镜像

【三维镜像】命令用于在三维空间内，将三维模型进行对称复制。不过与二维镜像不同，它需要指定镜像平面。默认镜像平面为三点定义的平面。

| | | |
|---|---|---|
| 文件路径： | DVD\实例文件\第 14 章\实例 172.dwg |
| 视频文件： | DVD\AVI\第 14 章\实例 172.avi |
| 播放时长： | 0:01:12 |

**01** 打开随书光盘中的 "\素材文件\第 14 章\实例 172.dwg" 文件，结果如图 14-12 所示。

**02** 按下 "F3" 功能键打开状态栏上的【对象捕捉】功能。

**03** 选择菜单【修改】|【三维操作】|【三维镜像】命令，将实体模型镜像。命令行操作过程如下：

```
命令：_mirror3d
选择对象：                            //选择如图 14-13 所示的实体
选择对象：↙                           //按回车键，结束选择
指定镜像平面（三点）的第一个点或[对象(O)/最近的(L)/Z 轴(Z)/视图(V)/XY 平面(XY)/YZ
平面(YZ)/ZX 平面(ZX)/三点(3)] <三点>：XY↙   //激活 "xy 平面" 功能
指定 XY 平面上的点 <0,0,0>：               //选择如图 14-14 所示的端点
是否删除源对象？[是(Y)/否(N)] <否>：N↙     //输入 N，镜像结果如图 14-15 所示
```

**提 示：**【三维镜像】命令用于三维空间内，将三维模型进行对称复制。不过与二维镜像不同，它需要指定镜像平面。

图 14-12　打开素材

图 14-13　选择对象

图 14-14　镜像结果

**04** 使用【并集】命令将镜像后的实体进行并集处理。

**05** 旋转实体并选择菜单【视图】|【消隐】命令，对实体模型进行消隐，结果如图 14-16 所示。

**06** 选择菜单【视图】|【视觉样式】|【概念】命令，对实体模型进行着色，最终结果如图 14-17 所示。

图 14-15　定位参照点

图 14-16　消隐结果

图 14-17　最终结果

## 173　实体空间旋转

本例主要使用了【复制】和【三维旋转】等命令，将实体模型进行复制旋转。三维模型的旋转是指将三维对象绕三维空间中任意轴、视图、对象或两点旋转。

| 文件路径： | DVD\实例文件\第 14 章\实例 173.dwg |
| --- | --- |
| 视频文件： | DVD\AVI\第 14 章\实例 173.avi |
| 播放时长： | 0:01:38 |

**01** 打开随书光盘 "\素材文件\第 14 章\实例 173.dwg" 文件，如图 14-18 所示。

**02** 选择菜单【修改】|【复制】命令，选择要旋转的实体部分原位置复制。

**03** 选择菜单【修改】|【三维操作】|【三维旋转】命令，将复制后的实体模型进行旋转。命令行操作过程如下：

```
命令： 3DROTATE
UCS 当前的正角方向： ANGDIR=逆时针　ANGBASE=0
选择对象：                  //选择如图 14-19 所示的实体
```

选择对象：　　　　　　　　　　//按回车键，结束选择

指定基点：　　　　　　　　　　//选择如图 14-20 所示的圆心

图 14-18　打开素材

图 14-19　选择对象

图 14-20　指定基点

拾取旋转轴：　　　　　　　　　//拾取 Z 轴，如图 14-21 所示

指定角的起点或键入角度：-120↵　//输入旋转角度，旋转结果如图 14-22 所示

图 14-21　定位旋转轴

图 14-22　旋转结果

**04** 选择菜单【视图】|【消隐】，对实体模型进行消隐，结果如图 14-23 所示。

**05** 选择菜单【视图】|【视觉样式】|【概念】命令，将实体模型进行着色，最终结果如图 14-24 所示。

图 14-23　消隐结果

图 14-24　最终结果

## 174 实体边角细化

本例主要使用了【圆角】命令，对三维实体模型进行了圆角细化。

| | | |
|---|---|---|
| 文件路径： | DVD\实例文件\第 14 章\实例 174.dwg | |
| 视频文件： | DVD\AVI\第 14 章\实例 174.avi | |
| 播放时长： | 0:01:22 | |

**01** 打开随书光盘中的 "\素材文件\第 14 章\实例 174.dwg"。

**02** 选择菜单【视图】|【视觉样式】|【二维线框】命令，将模型的着色方式设置为线框着色，结果如图 14-25 所示。

**03** 选择菜单【修改】|【圆角】命令，对模型进行圆角，半径为 20，结果如图 14-26 所示。

图 14-25　线框着色

图 14-26　圆角结果

**04** 按回车键，重复执行【圆角】命令，采用当前的圆角半径，继续对实体模型的其他边进行细化，结果如图 14-27 所示。

**05** 选择菜单【视图】|【视觉样式】|【概念】命令，对实体模型进行着色，结果如图 14-28 所示。

图 14-27　圆角结果

图 14-28　最终结果

> **提 示：**【圆角】命令不仅能对二维图形进行圆角，也可以对三维实体的棱边进行圆角细化，使三维实体的棱角得以磨合圆滑。

## 175 实体综合建模

本例主要综合练习了【拉伸】、【差集】、【三维阵列】、【三维镜像】和【消隐】命令。在操作过程中，巧妙使用了【边界】创建面域等命令，创建实体模型。

| | | |
|---|---|---|
| 文件路径： | DVD\实例文件\第 14 章\实例 175.dwg | |
| 视频文件： | DVD\AVI\第 14 章\实例 175.avi | |
| 播放时长： | 0:04:24 | |

**01** 启动 AutoCAD 2013，选择【文件】|【新建】命令，在【选择样板】对话框中选择 "acad.dwt" 模

板，单击【打开】按钮创建一个图形文件。

**02** 绘制齿轮廓线。将视图切换为"主视图"方向，利用【圆弧】和【直线】等工具尺寸绘制轮廓线，如图 14-29 所示。单击【修改】工具栏【镜像】按钮，选取轮廓线进行镜像操作，然后利用【面域】工具将其创建成面域，结果如图 14-30 所示。

图 14-29 绘制轮廓线

图 14-30 镜像操作

**03** 绘制轮廓线。利用【圆】工具如图 14-31 所示尺寸绘制轮廓线。然后利用【面域】以及【差集】工具如图 14-32 所示创建面域。

图 14-31 绘制轮廓线

图 14-32 创建面域

**04** 创建实体。将视图切换为西南等轴测模式。单击"建模"工具栏中的"拉伸"按钮，将面域 1、面域 2 和面域 4 拉伸 15，面域 3 拉伸 10，面域 5 拉伸 50，结果如图 14-33 所示。

**05** 阵列轮齿。选择【修改】|【三维操作 3】|【三维阵列】命令，选取轮齿为阵列对象，设置环形阵列，阵列项目为 50，进行阵列操作，结果如图 14-34 所示。

**06** 选择【修改】|【三维操作】|【三维镜像】命令，将所创建的齿轮实体进行镜像操作，然后利用【并集】工具将各实体部分合并为一个整体，最后选择"视图"|"消隐"命令，结果如图 14-35 所示。至此，齿轮实体创建完成。

图 14-33 创建实体

图 14-34 阵列轮齿

图 14-35 齿轮

# 176 拉伸实体面

本例通过拉伸圆柱体表面，主要学习了【拉伸面】命令的操作方法和技巧。在面拉伸过程中，需要注意倾角的正负值。

| | | |
|---|---|---|
| 文件路径： | DVD\实例文件\第 14 章\实例 176.dwg | |
| 视频文件： | DVD\AVI\第 14 章\实例 176.avi | |
| 播放时长： | 0:01:22 | |

**01** 打开随书光盘中的 "\实例文件\第 14 章\实例 176.dwg"，如图 14-36 所示。

**02** 选择菜单【修改】|【实体编辑】|【拉伸面】命令，或单击工具栏上的 ⊞ 按钮，激活【拉伸面】命令拉伸面。命令行操作过程如下：

```
命令: _solidedit
实体编辑自动检查： SOLIDCHECK=1
输入实体编辑选项 [面(F)/边(E)/体(B)/放弃(U)/退出(X)] <退出>: _face
输入面编辑选项[拉伸(E)/移动(M)/旋转(R)/偏移(O)/倾斜(T)/删除(D)/复制(C)/颜色(L)/材
质(A)/放弃(U)/退出(X)] <退出>:_extrude
选择面或 [放弃(U)/删除(R)]:                          //选择如图 14-37 所示的实体面
```

图 14-36  源文件

图 14-37  选择实体面

```
选择面或 [放弃(U)/删除(R)/全部(ALL)]:↵           //按回车键，结束选择
指定拉伸高度或 [路径(P)]:10↵
指定拉伸的倾斜角度 <0>:15↵
已开始实体校验。
已完成实体校验。
输入面编辑选项[拉伸(E)/移动(M)/旋转(R)/偏移(O)/倾斜(T)/删除(D)/复制(C)/颜色(L)/材
质(A)/放弃(U)/退出(X)] <退出>:
实体编辑自动检查： SOLIDCHECK=1
输入实体编辑选项 [面(F)/边(E)/体(B)/放弃(U)/退出(X)] <退出>:↵   //按回车键,结束命令,
结果如图 14-38 所示
```

**03** 选择菜单【视图】|【视觉样式】|【概念】命令，最终结果如图 14-39 所示。

图 14-38　拉伸结果　　　　　　　　　　　　　　图 14-39　最终结果

> **注 意：** 在具体的面拉伸过程中，如果用户输入的高度值和锥度值都较大，可能会使实体面在到达所指定的高度之前，就已缩成为小点，此时操作失败。

# 177 放样实体面

本例主要学习了【拉伸面】命令中的"路径"选项功能。使用此项功能，可以将实体面沿着指定的路径进行放样。

| | | |
|---|---|---|
| 文件路径： | DVD\实例文件\第 14 章\实例 177.dwg | |
| 视频文件： | DVD\AVI\第 14 章\实例 177.avi | |
| 播放时长： | 0:01:35 | |

**01** 打开随书光盘中的"\素材文件\第 14 章\实例 177.dwg"，如图 14-40 所示。

**02** 选择菜单【绘图】|【多段线】命令，配合【捕捉中点】功能绘制如图 14-41 所示的多段线。

图 14-40　源文件　　　　　　　　　　　　　　图 14-41　绘制多段线

**03** 选择【视图】|【视觉样式】|【概念】命令，结果如图 14-42 所示。

**04** 单击【实体编辑】工具栏上的 按钮，激活【拉伸面】命令，根据命令行提示操作放样面。命令行操作过程如下：

```
命令：_solidedit
```

实体编辑自动检查：SOLIDCHECK=1

输入实体编辑选项 [面(F)/边(E)/体(B)/放弃(U)/退出(X)] <退出>：_face

输入面编辑选项[拉伸(E)/移动(M)/旋转(R)/偏移(O)/倾斜(T)/删除(D)/复制(C)/颜色(L)/材质(A)/放弃(U)/退出(X)] <退出>：_extrude

选择面或 [放弃(U)/删除(R)]:                   //选择如图 14-43 所示的实体面

选择面或 [放弃(U)/删除(R)/全部(ALL)]：↙      //按回车键，结束面的选择

指定拉伸高度或 [路径(P)]：p↙         //激活 "路径" 选项

p 选择拉伸路径：                        //选择多段线路径

已开始实体校验。

已完成实体校验。

输入面编辑选项[拉伸(E)/移动(M)/旋转(R)/偏移(O)/倾斜(T)/删除(D)/复制(C)/颜色(L)/材质(A)/放弃(U)/退出(X)] <退出>：↙      //按回车键，退出实体编辑模式

实体编辑自动检查：SOLIDCHECK=1

输入实体编辑选项 [面(F)/边(E)/体(B)/放弃(U)/退出(X)] <退出>：↙

                                 //按回车键，结果如图 14-44 所示

图 14-42 修改视觉样式         图 14-43 选择拉伸面         图 14-44 最终结果

提 示：拉伸路径的一个端点一般定位在拉伸的面内。否则，CAD 将把路径移至到面的轮廓的中心。在拉伸面时，面从初始位置开始沿路径拉伸，直至路径的终点结束。

## 178 移动实体面

【移动面】命令可以通过移动实体的表面，修改实体的尺寸或改变孔和槽的位置，在移动面的过程中将保持面的法线方向不变。

| | | |
|---|---|---|
| 文件路径： | DVD\实例文件\第 14 章\实例 178.dwg | |
| 视频文件： | DVD\AVI\第 14 章\实例 178.avi | |
| 播放时长： | 0:01:17 | |

**01** 打开随书光盘中的"\素材文件\第 14 章\实例 178.dwg",如图 14-45 所示。

**02** 选择菜单【视图】|【视觉样式】|【概念】命令,对模型进行着色显示,结果如图 14-46 所示。

图 14-45 打开素材

图 14-46 着色效果

**03** 选择菜单【修改】|【实体编辑】|【移动面】命令,或单击【实体编辑】工具栏上的 按钮,激活【移动面】命令,进行实体面移动。命令行操作过程如下:

```
命令: _solidedit
实体编辑自动检查: SOLIDCHECK=1
输入实体编辑选项 [面(F)/边(E)/体(B)/放弃(U)/退出(X)] <退出>: _face
输入面编辑选项
[拉伸(E)/移动(M)/旋转(R)/偏移(O)/倾斜(T)/删除(D)/复制(C)/颜色(L)/材质(A)/放弃
(U)/退出(X)] <退出>: _move
选择面或 [放弃(U)/删除(R)]: 找到 1 个面。      //选择要移动的面,如图 14-47 所示。
选择面或 [放弃(U)/删除(R)/全部(ALL)]: ↙      //回车结束选择
指定基点或位移:                              //选择基点,如图 14-48 所示。
指定位移的第二点: @-50,0↙                    //指定位移第二点
已开始实体校验。
已完成实体校验。
输入面编辑选项[拉伸(E)/移动(M)/旋转(R)/偏移(O)/倾斜(T)/删除(D)/复制(C)/颜色(L)/材
质(A)/放弃(U)/退出(X)] <退出>: *取消*          //按 Esc 键结束命令,结果如图 14-49 所示。
```

图 14-47 选择面

图 14-48 指定基点

**提示:**【移动面】命令可以通过移动实体的表面,修改实体的尺寸或改变孔和槽的位置,在移动面的过程中将保持面的法线方向不变。

图 14-49 最终效果

## 179 偏移实体面

本例主要学习了实体编辑中的【偏移面】命令。使用此命令，可以通过偏移实体的表面来改变实体及孔、槽等特征的大小。

| | | |
|---|---|---|
| 文件路径： | DVD\实例文件\第 14 章\实例 179.dwg | |
| 视频文件： | DVD\AVI\第 14 章\实例 179.avi | |
| 播放时长： | 0:01:04 | |

**01** 打开随书光盘中的"\素材文件\第 14 章\实例 179.dwg"文件，如图 14-50 所示。

**02** 选择菜单【视图】|【视觉样式】|【概念】命令，对模型进行着色显示，结果如图 14-51 所示。

图 14-50 打开素材

图 14-51 着色效果

**03** 选择菜单【修改】|【实体编辑】|【偏移面】命令，或单击【实体编辑】工具栏上的 按钮，激活【偏移面】命令，对实体进行偏移。命令行操作过程如下：

```
令：_solidedit
实体编辑自动检查： SOLIDCHECK=1
输入实体编辑选项 [面(F)/边(E)/体(B)/放弃(U)/退出(X)] <退出>：_face
输入面编辑选项[拉伸(E)/移动(M)/旋转(R)/偏移(O)/倾斜(T)/删除(D)/复制(C)/颜色(L)/材
```

质(A)/放弃(U)/退出(X)] <退出>:

    _offset

    选择面或 [放弃(U)/删除(R)]: 找到一个面。      //选择底板圆孔内侧面

    选择面或 [放弃(U)/删除(R)/全部(ALL)]: 找到一个面。    //选择底板圆孔内侧面

    选择面或 [放弃(U)/删除(R)/全部(ALL)]: ↙    //回车结束选择

    指定偏移距离: 2↙                //指定偏移距离并回车,如图 14-52 所示。

    已开始实体校验。

    已完成实体校验。

    输入面编辑选项[拉伸(E)/移动(M)/旋转(R)/偏移(O)/倾斜(T)/删除(D)/复制(C)/颜色(L)/材质(A)/放弃(U)/退出(X)] <退出>: o    //选择"偏移"备选项

    选择面或 [放弃(U)/删除(R)]: 找到一个面。    //选择圆孔内侧面,结果如图 14-53 所示

    选择面或 [放弃(U)/删除(R)/全部(ALL)]: ↙    //回车结束选择

    指定偏移距离: -1↙           //指定偏移距离并回车,结果如图 14-54 所示

    已开始实体校验。

    已完成实体校验。

    输入面编辑选项[拉伸(E)/移动(M)/旋转(R)/偏移(O)/倾斜(T)/删除(D)/复制(C)/颜色(L)/材质(A)/放弃(U)/退出(X)] <退出>:    //按 Esc 键退出命令

图 14-52　选择面        图 14-53　选择面        图 14-54　最终结果

## 180 旋转实体面

本例主要学习了实体编辑中的【旋转面】命令。使用此命令,可以通过旋转实体的表面来改变实体面的倾斜角度,或将一些孔、槽等旋转到新位置。

| | | |
|---|---|---|
| 文件路径: | DVD\实例文件\第 14 章\实例 180.dwg | |
| 视频文件: | DVD\AVI\第 14 章\实例 180.avi | |
| 播放时长: | 0:01:15 | |

**01** 打开随书光盘中的 "\素材文件\第 14 章\实例 180.dwg" 文件，如图 14-55 所示。

图 14-55　打开素材

图 14-56　选择面

**02** 选择菜单【修改】|【实体编辑】|【旋转面】命令，或单击【实体编辑】工具栏中的 按钮，激活【旋转面】命令，对实体面进行旋转。命令行操作过程如下：

```
命令: _solidedit
实体编辑自动检查： SOLIDCHECK=1
输入实体编辑选项 [面(F)/边(E)/体(B)/放弃(U)/退出(X)] <退出>: _face
输入面编辑选项[拉伸(E)/移动(M)/旋转(R)/偏移(O)/倾斜(T)/删除(D)/复制(C)/颜色(L)/材
质(A)/放弃(U)/退出(X)] <退出>: _rotate
选择面或 [放弃(U)/删除(R)]:                //选择如图 14-56 所示的实体面
选择面或 [放弃(U)/删除(R)/全部(ALL)]:↙    //按回车键结束选择
指定轴点或 [经过对象的轴(A)/视图(V)/X 轴(X)/Y 轴(Y)/Z 轴(Z)] <两点>:
                                          //捕捉如图 14-57 所示的端点
在旋转轴上指定第二个点:                    //捕捉如图 14-58 所示的端点
指定旋转角度或 [参照(R)]:30↙              //输入面的旋转角度
已开始实体校验。
已完成实体校验。
输入面编辑选项[拉伸(E)/移动(M)/旋转(R)/偏移(O)/倾斜(T)/删除(D)/复制(C)/颜色(L)/材
质(A)/放弃(U)/退出(X)] <退出>:
实体编辑自动检查： SOLIDCHECK=1
输入实体编辑选项 [面(F)/边(E)/体(B)/放弃(U)/退出(X)] <退出>:↙    //按回车键，结果如图
14-59 所示
```

图 14-57　捕捉端点

图 14-58　捕捉端点

图 14-59　旋转结果

# 181 倾斜实体面

本例主要学习了实体编辑中的【倾斜面】命令。使用此命令,可以通过倾斜实体的表面,使用实体表面产生一定的锥度。

| | 文件路径: | DVD\实例文件\第 14 章\实例 181.dwg |
|---|---|---|
| | 视频文件: | DVD\AVI\第 14 章\实例 181.avi |
| | 播放时长: | 0:01:12 |

**01** 打开随书光盘中的 "\素材文件\第 14 章\实例 181.dwg" 文件,如图 14-60 所示。

**02** 选择菜单【修改】|【实体编辑】|【倾斜面】命令,或单击【实体编辑】工具栏中的 按钮,激活【倾斜面】命令对实体表面进行倾斜。命令行操作过程如下:

```
命令: _solidedit
实体编辑自动检查: SOLIDCHECK=1
输入实体编辑选项 [面(F)/边(E)/体(B)/放弃(U)/退出(X)]、<退出>: _face
输入面编辑选项[拉伸(E)/移动(M)/旋转(R)/偏移(O)/倾斜(T)/删除(D)/复制(C)/颜色(L)/材
质(A)/放弃(U)/退出(X)] <退出>: _taper
选择面或 [放弃(U)/删除(R)]:                   //选择如图 14-61 所示的面
选择面或 [放弃(U)/删除(R)/全部(ALL)]:        //按回车键,结束选择
指定基点:                                  //捕捉如图 14-62 所示的圆心
```

图 14-60  打开结果

图 14-61  选择面

图 14-62  捕捉圆心

```
指定沿倾斜轴的另一个点:                      //捕捉如图 14-63 所示的圆心
指定倾斜角度:15↵
已开始实体校验。
已完成实体校验。
输入面编辑选项[拉伸(E)/移动(M)/旋转(R)/偏移(O)/倾斜(T)/删除(D)/复制(C)/颜色(L)/材
```

质 (A) /放弃 (U) /退出 (X)] <退出>:

    实体编辑自动检查: SOLIDCHECK=1

    输入实体编辑选项 [面 (F) /边 (E) /体 (B) /放弃 (U) /退出 (X)] <退出>:↙

                                                    //按回车键，结果如图 14-64 所示

图 14-63 捕捉圆心                                       图 14-64 倾斜结果

注 意：在进行面的倾斜操作时，倾斜的方向是由锥角的正负号及定义矢量时的基点决定的。如果输入的倾角为正值，则 CAD 将已定义的矢量绕基点向实体内部倾斜面，反之，向实体外部倾斜。

## 182 删除实体面

本例主要学习了实体编辑中的【删除面】命令。使用此命令，可以在实体表面上删除某些特征面，如倒圆角和倒斜角时形成的面。

| | | |
|---|---|---|
| 文件路径： | DVD\实例文件\第 14 章\实例 182.dwg | |
| 视频文件： | DVD\AVI\第 14 章\实例 182.avi | |
| 播放时长： | 0:01:01 | |

**01** 打开随书光盘 "\素材文件\第 14 章\实例 182.dwg"，如图 14-65 所示。

**02** 选择菜单【修改】|【实体编辑】|【删除面】命令，或单击【实体编辑】工具栏上的按钮，激活【删除面】命令将实体上表面删除。命令行操作过程如下：

    命令： _solidedit

    实体编辑自动检查: SOLIDCHECK=1

    输入实体编辑选项 [面 (F) /边 (E) /体 (B) /放弃 (U) /退出 (X)] <退出>: _face

    输入面编辑选项 [拉伸 (E) /移动 (M) /旋转 (R) /偏移 (O) /倾斜 (T) /删除 (D) /复制 (C) /颜色 (L) /材质 (A) /放弃 (U) /退出 (X)] <退出>: _delete

    选择面或 [放弃 (U) /删除 (R)]:                         //选择实体面

选择面或 [放弃(U)/删除(R)]:      //选择如图 14-66 所示的实体面

选择面或 [放弃(U)/删除(R)/全部(ALL)]:↙  //按回车键结束选择

已开始实体校验。

已完成实体校验。

输入面编辑选项[拉伸(E)/移动(M)/旋转(R)/偏移(O)/倾斜(T)/删除(D)/复制(C)/颜色(L)/材质(A)/放弃(U)/退出(X)] <退出>:

实体编辑自动检查: SOLIDCHECK=1

输入实体编辑选项 [面(F)/边(E)/体(B)/放弃(U)/退出(X)] <退出>:↙

                //按回车键结果如图 14-67 所示

图 14-65　打开素材    图 14-66　选择面    图 14-67　删除结果

# 第 **15** 章

# 各类零件模型创建

## 本章导读

通过前面几章的学习，我们对实体空间编辑功能以及实体面边的编辑功能有了一定的了解。本章主要对 AutoCAD 的三维制图功能、三维编辑功能和常用修改编辑工具，进行彻底的操作练习，以掌握常见零件模型的创建方法和编辑技巧。

## 效果展示

# 183 绘制平键模型

本例通过绘制平键模型，主要练习【拉伸】【圆角】和【消隐】等命令。在具体操作过程中巧妙使用【圆角】命令中的"链"功能，可以一次性快速选择需要圆角的边。

| | | |
|---|---|---|
| 文件路径： | DVD\实例文件\第 15 章\实例 183.dwg | |
| 视频文件： | DVD\AVI\第 15 章\实例 183.avi | |
| 播放时长： | 00:01:32 | |

**01** 打开随书光盘中的"\实例文件\第 15 章\实例 183.dwg"文件，如图 15-1 所示。

**02** 选择【视图】菜单中的【三维视图】|【西南等轴测】命令，将当前视图切换为西南视图，同时删除主视图和俯视图内部轮廓线，结果如图 15-2 所示。

图 15-1 打开素材

图 15-2 切换视图

**03** 单击【建模】工具栏中的 按钮，激活【拉伸】命令，将图形拉伸为三维实体，其拉伸的高度为 8，结果如图 15-3 所示。

**04** 使用【圆角】命令，对拉伸的实体进行圆角，其圆角半径为 1.5，结果如图 15-4 所示。

图 15-3 拉伸

图 15-4 圆角

**05** 选择菜单【视图】|【消隐】命令，对模型进行消隐显示，结果如图 15-5 所示。

**06** 选择菜单【视图】|【视觉样式】|【概念】命令，对模型进行着色，最终结果如图 15-6 所示。

图 15-5 消隐效果

图 15-6 最终结果

# 184 绘制转轴模型

本例通过绘制轴零件立体模型，主要练习【实体旋转】、【差集】和【概念视觉样式】等命令的使用方法和技巧。

| | 文件路径： | DVD\实例文件\第 15 章\实例 184.dwg |
|---|---|---|
| | 视频文件： | DVD\AVI\第 15 章\实例 184.avi |
| | 播放时长： | 0:04:03 |

**01** 打开随书光盘中的 "\素材文件\第 15 章\实例 184.dwg" 文件，如图 15-7 所示。

**02** 使用【图层】命令，关闭点画线图层。

**03** 选择菜单【绘图】|【边界】命令，分别在图 15-8 所示的虚线区域内拾取一点，创建两条闭合边界。

图 15-7　打开素材　　　　　　　　　　　　　　图 15-8　创建边界

**04** 单击【视图】工具栏上的 按钮，将当前视图切换为西南视图，结果如图 15-9 所示。

**05** 使用【拉伸】命令，将刚创建的两条闭合边界拉伸 20 个单位，然后将拉伸实体的图层修改为 "其他层"，并把此图层关闭。

**06** 打开点画线图层，并使用【修剪】和【删除】命令，将图形编辑为如图 15-10 所示的状态。

**07** 使用快捷键 "BO" 激活【边界】命令，在闭合的区域内拾取一点，创建闭合的边界。

**08** 选择菜单【绘图】|【建模】|【旋转】命令，将刚创建的闭合多段线旋转为三维实体，结果如图 15-11 所示。

图 15-9　切换视图　　　　　　　图 15-10　编辑结果　　　　　　图 15-11　旋转结果

**09** 展开【图层】工具栏上的【图层控制】下拉列表，然后打开被关闭的 "其它层"，如图 15-12 所示。

**10** 选择菜单【修改】|【实体编辑】|【差集】命令，对 3 个实体模型进行差集运算，如图 15-13 所示。

**11** 删除内部的中心及轮廓线，然后将视图切换为东南视图，结果如图 15-14 所示。

**12** 设置系统变量 "FACETRES" 的值为 5。

**13** 选择菜单【视图】|【消隐】命令，对模型消隐显示，结果如图 15-15 所示。

图 15-12 打开"其它图层"效果          图 15-13 差集运算          图 15-14 切换视图

**14** 选择菜单【视图】|【视觉样式】|【概念】命令，对模型进行着色显示，最终结果如图 15-16 所示。

图 15-15 消隐结果                      图 15-16 最终结果

## 185 绘制吊环螺钉模型

本例通过绘制吊环螺钉模型，主要练习了【图层】、【UCS】、【多段线】、【圆柱体】、【圆锥体】、【阵列】和【旋转】命令。在具体操作过程中还综合运用了【差集】和【并集】等命令。

| | |
|---|---|
| 文件路径： | DVD\实例文件\第 15 章\实例 185.dwg |
| 视频文件： | DVD\AVI\第 15 章\实例 185.avi |
| 播放时长： | 0:07:38 |

**01** 执行【新建】命令，创建一个空白文件。

**02** 单击【建模】工具栏上的 ◎ 按钮，以（0，0，0）为中心，创建圆环半径为 28，圆管半径为 8.7 的圆环模型，结果如图 15-17 所示。

**03** 单击【视图】工具栏上的 ◎ 按钮，将当前视图切换为西南视图。

**04** 选择菜单【工具】|【新建 UCS】|【原点】命令，以（0，-36，0）为新的坐标原点。

**05** 单击【UCS】工具栏上的 ◎ 按钮，将 X 轴旋转 90°。

**06** 单击【图层】工具栏上的 ◎ 按钮，新建名为"裙部"的图层，并将上一个图层关闭。

**07** 单击【建模】工具栏上的 ◎ 按钮，以（0，0，6）为底面中心，创建半径为 15，高度为 -12 的圆柱体。

**08** 单击【建模】工具栏上的 △ 按钮，以（0，0，-6）为底面中心，创建半径为 12，高度为 -6 的圆锥体，结果如图 15-18 所示。

**09** 选择菜单【修改】|【实体编辑】|【并集】命令，将创建的圆锥体和圆柱体进行合并。

**10** 单击【建模】工具栏上的 ▢ 按钮，创建第一个角点为（–12，–6，8），第二个角点为（12，6，–8）的长方体，然后使用【并集】命令将其与刚创建的合并实体进行合并，结果如图 15-19 所示。

图 15-17　创建圆环体　　　　　图 15-18　创建圆锥体模型　　　　　图 15-19　创建长方体

**11** 单击【图层】工具栏上的 ▦ 按钮，将关闭的图层打开，并将其与另一实体进行合并处理，消隐结果如图 15-20 所示。

**12** 单击【UCS】工具栏上的 ∟ 按钮，指定新的原点为（0，0，6），并将 X 轴旋转 90°。

**13** 使用【图层】命令，新建名为"螺杆"的图层，将此图层设置为当前层，并将上面两个图层关闭。

**14** 单击【绘图】工具栏上的 ╱ 按钮，以（0，0，0）为起点、（0，35，0）为终点绘制一条直线作为螺杆中心轴线。

**15** 使用【直线】命令，以（0，0，0）为起点、（10，0，0）为终点绘制第二条直线；以（0，35，0）为起点、（10，35，0）为终点绘制第三条直线；以（10，0，0）为起点、（10，4，0）为终点绘制第四条直线，结果如图 15-21 所示。

**16** 单击【绘图】工具栏上的 ⊃ 按钮，绘制多段线，命令行操作过程如下：

```
命令: _pline
指定起点: //10,4
当前线宽为 0.0000
指定下一个点或 [圆弧(A)/半宽(H)/长度(L)/放弃(U)/宽度(W)]:@-1.5,0.67↙
指定下一点或 [圆弧(A)/闭合(C)/半宽(H)/长度(L)/放弃(U)/宽度(W)]:@0,0.5↙
指定下一点或 [圆弧(A)/闭合(C)/半宽(H)/长度(L)/放弃(U)/宽度(W)]:@1.5,0.67↙
指定下一点或 [圆弧(A)/闭合(C)/半宽(H)/长度(L)/放弃(U)/宽度(W)]:@0,0.5↙
指定下一点或 [圆弧(A)/闭合(C)/半宽(H)/长度(L)/放弃(U)/宽度(W)]: ↙  //按回车键，结
```
束命令，结果如图 15-22 所示。

图 15-20　并集结果　　　　　图 15-21　绘制直线　　　　　图 15-22　绘制多段线

**17** 单击【修改】工具栏上的 ▦ 按钮，设置行数为 14、列为 1、行偏移为 2.34、列偏移为 0、阵列角度为 0，然后选择上步绘制的多段线进行矩形阵列，然后使用【修剪】命令将螺旋线最下面多余部分修剪掉，结果如图 15-23 所示。

**18** 单击【建模】工具栏上的 按钮，将封闭的轮廓曲线沿 Y 轴旋转 360°，结果如图 15-24 所示。

**19** 单击【图层】工具栏上的 按钮，将关闭的图层打开，然后选择菜单【视图】|【视觉样式】|【概念】命令，将图形进行着色，最终结果如图 15-25 所示。

图 15-23  绘制螺旋线

图 15-24  旋转结果

图 15-25  最终效果

## 186 绘制连接轴套模型

本实例通过绘制连接轴套模型，主要练习了【矩形】、【圆锥体】、【旋转】和【视图】命令。在具体的操作过程中还综合运用了【差集】和【并集】等功能。

| 文件路径： | DVD\实例文件\第 15 章\实例 186.dwg |
|---|---|
| 视频文件： | DVD\AVI\第 15 章\实例 186.avi |
| 播放时长： | 0:04:06 |

**01** 执行【新建】命令，创建一个空白文件。

**02** 单击【绘图】工具栏上的 按钮，激活【矩形】命令，以（0，0）为第一个角点，以（80，20）为另一个角点，创建矩形，结果如图 15-26 所示。

**03** 选择菜单【绘图】|【建模】|【旋转】命令，以 X 轴为旋转轴，将矩形旋转 360°，结果如图 15-27 所示。

**04** 选择菜单【绘图】|【矩形】命令，以（0，0）为第一角点，以（80，16）为另一角点，绘制矩形。

**05** 单击【建模】工具栏上的 按钮，将刚创建的矩形沿 X 轴旋转 360°，结果如图 15-28 所示。

图 15-26  创建矩形

图 15-27  旋转矩形

图 15-28  旋转矩形

**06** 使用【视图】命令，将视图切换为西南等轴侧视图，然后单击【实体编辑】工具栏上的 按钮，将刚创建的圆柱体进行差集处理，消隐结果如图 15-29 所示。

**07** 选择菜单【工具】|【新建 UCS】|【三点】命令，新建 UCS 坐标，命令行操作过程如下：

```
命令：_ucs
当前 UCS 名称：*世界*
```

指定 UCS 的原点或 ［面(F)/命名(NA)/对象(OB)/上一个(P)/视图(V)/世界(W)/X/Y/Z/Z 轴 (ZA)］<世界>: _3

指定新原点 <0,0,0>:↵

在正 X 轴范围上指定点 <1.0000,0.0000,0.0000>: 0,0,-1↵

在 UCSXY 平面的正 Y 轴范围上指定点<0.0000,1.0000,0.0000>:1,0,0↵ //如图 15-30 所示

**08** 单击【建模】工具栏上的 △ 按钮，以（0，20，-25）为中心点，创建底面半径为 4，高度为 100 的圆锥体，结果如图 15-31 所示。

图 15-29　消隐效果

图 15-30　新建坐标

图 15-31　创建圆锥体

**09** 将"UCS"坐标切换为"世界"坐标系，然后选择菜单【绘图】|【建模】|【圆锥体】命令，以点（60，0，26）为中心点，创建底面半径为 4 高度为-100 的圆锥体，消隐结果如图 15-32 所示。

**10** 单击【实体编辑】工具栏上的 ◎ 按钮，对轴套和两个圆锥体进行差集处理，消隐结果如图 15-33 所示。

**11** 选择菜单【视图】|【视觉样式】|【概念】，对模型进行着色，最终结果如图 15-34 所示。

图 15-32　创建圆锥体

图 15-33　差集结果

图 15-34　最终结果

# 187　绘制锥齿轮模型

通过绘制锥齿轮模型，主要练习了【多段线】、【圆锥体】和【旋转】命令，在具体操作过程中还使用了【视图】等命令。

| | 文件路径: | DVD\实例文件\第 15 章\实例 187.dwg |
|---|---|---|
| | 视频文件: | DVD\AVI\第 15 章\实例 187.avi |
| | 播放时长: | 0:06:27 |

**01** 使用【新建】命令，快速创建空白文件。

**02** 设置"ISOLINES"的值设置为 12。

**03** 选择菜单【绘图】|【多段线】命令，绘制如图 15-35 所示的轮廓线。命令行操作过程如下：

```
命令：_pline
指定起点：0,0
当前线宽为 0.0000
指定下一个点或 [圆弧(A)/半宽(H)/长度(L)/放弃(U)/宽度(W)]:@0,15↙
指定下一点或 [圆弧(A)/闭合(C)/半宽(H)/长度(L)/放弃(U)/宽度(W)]:@-1,1↙
指定下一点或 [圆弧(A)/闭合(C)/半宽(H)/长度(L)/放弃(U)/宽度(W)]:↙      //结束命令
命令：↙                                       //按回车键，重复命令
PLINE
指定起点：12,0↙
当前线宽为 0.0000
指定下一个点或 [圆弧(A)/半宽(H)/长度(L)/放弃(U)/宽度(W)]: @0,15↙
指定下一点或 [圆弧(A)/闭合(C)/半宽(H)/长度(L)/放弃(U)/宽度(W)]: @-2.5,0↙
指定下一点或 [圆弧(A)/闭合(C)/半宽(H)/长度(L)/放弃(U)/宽度(W)]: @0,6↙
指定下一点或 [圆弧(A)/闭合(C)/半宽(H)/长度(L)/放弃(U)/宽度(W)]: @-2,2↙
指定下一点或 [圆弧(A)/闭合(C)/半宽(H)/长度(L)/放弃(U)/宽度(W)]: ↙     //结束命令
```

**04** 选择【视图】工具栏中的 ◎ 按钮，将当前视图切换为西南视图，并使用快捷键 "PE"，激活【编辑多段线】命令，对其合并处理，结果如图 15-36 所示。

**05** 选择菜单【绘图】|【建模】|【旋转】命令，将创建的闭合多段线进行旋转，结果如图 15-37 所示。

图 15-35  绘制轮廓线          图 15-36  切换视图          图 15-37  旋转结果

**06** 将视图切换为主视图，并使用【多段线】命令，配合点的精确输入功能，绘制如图 15-38 所示的多段线，并将其合并。

**07** 单击【视图】工具栏上的 ◎ 按钮，将视图切换为西南视图。

**08** 选择菜单【绘图】|【建模】|【旋转】命令，将刚绘制的闭合多段线绕 X 轴旋转 18°，结果如图 15-39 所示。

图 15-38  绘制多段线          图 15-39  旋转结果          图 15-40  消隐着色

**09** 选择菜单【视图】|【消隐】命令，对实体进行消隐着色，结果如图 15-40 所示。

**10** 选择菜单【修改】|【三维操作】|【三维阵列】，将刚旋转的实体以圆心为阵列中心，阵列数目为 10，进行环形阵列，结果如图 15-41 所示。

**11** 单击【实体编辑】工具栏中的 ⊚ 按钮，对视图中所有的图形进行并集处理。

**12** 单击【建模】工具栏中的 ▢ 按钮，绘制半径为 7，高度为-12 的圆柱体，结果如图 15-42 所示。

图 15-41　环形阵列

图 15-42　绘制圆柱体

**13** 单击【实体编辑】工具栏中的 ⊚ 按钮，分别对绘制的齿轮与圆柱体进行差集处理，消隐结果如图 15-43 所示。

**14** 删除内部轮廓线，并将视图切换为东北等轴测视图，结果如图 15-44 所示。

**15** 选择菜单【视图】|【视觉样式】|【概念】命令，对模型进行着色，最终结果如图 15-45 所示。

图 15-43　差集运算

图 15-44　切换视图

图 15-45　最终结果

## 188　盘形凸轮建模

| | 通过创建盘形凸轮模型，主要练习【样条曲线】、【圆】、【拉伸】和【镜像】命令，在操作过程中还综合使用了【差集】和【并集】等命令。 |
| --- | --- |
| 文件路径： | DVD\实例文件\第 15 章\实例 188.dwg |
| 视频文件： | DVD\AVI\第 15 章\实例 188.avi |
| 播放时长： | 0:03:06 |

**01** 使用【文件】|【新建】命令，快速创建空白文件。

**02** 单击【绘图】工具栏上的 按钮，绘制如图 15-46 所示的闭合曲线。

**03** 单击【绘图】工具栏上的 按钮，以原点为圆心绘制半径分别为 10、15、20 和 30 的圆，结果如图 15-47 所示。

**04** 使用【视图】命令，将当前视图切换为西南等轴侧视图，然后单击【建模】工具栏上的 按钮，将闭合的样条曲线拉伸 20 个高度，结果如图 15-48 所示。

图 15-46  绘制样条曲线　　　　图 15-47  绘制圆　　　　　图 15-48  拉伸样条曲线

**05** 使用【拉伸】命令，将半径为 10、15、20 和 30 的圆，设定高度分别为 200、100、50 和 30，如图 15-49 所示。

**06** 单击【修改】工具栏上的 按钮，对图形进行镜像处理，结果如图 15-50 所示。

**07** 单击【实体编辑】工具栏上的 按钮，将所有拉伸实体进行合并，消隐结果如图 15-51 所示。

**08** 选择菜单【视图】|【视觉样式】|【概念】命令，对模型进行着色，最终结果如图 15-52 所示。

图 15-49  拉伸圆　　　　图 15-50  镜像　　　　图 15-51  消隐处理　　　　图 15-52  最终结果

## 189  绘制曲杆模型

本例通过绘制曲杆模型，主要练习【编辑多段线】、【拉伸】、【圆柱体】、【差集】、【圆角】以及【渲染】命令的操作方法。

| | |
|---|---|
| 文件路径： | DVD\实例文件\第 15 章\实例 189.dwg |
| 视频文件： | DVD\AVI\第 15 章\实例 189.avi |
| 播放时长： | 0:04:14 |

**01** 使用【新建】命令，新建空白文件。

**02** 选择菜单【视图】|【三维视图】|【西南等轴测】命令，将视图切换为西南视图。

**03** 使用快捷键 "PL"，激活【多段线】命令，配合坐标输入功能绘制如图 15-53 所示的多段线。

**04** 选择菜单【修改】|【对象】|【多段线】命令，对刚绘制的多段线进行拟合，结果如图 15-54 所示。

**05** 在命令行输入 "UCS"，将当前坐标系统 Y 轴旋转 270°，创建如图 15-55 所示的新坐标系。

图 15-53　绘制多段线　　　　　图 15-54　编辑结果　　　　　图 15-55　旋转坐标系

**06** 执行【矩形】命令，以当前坐标系的原点为中心点，绘制长为 74，宽为 56 的矩形，结果如图 15-56 所示。

**07** 选择菜单【绘图】|【建模】|【拉伸】命令，将矩形拉伸放样为如图 15-57 所示的三维实体。

**08** 执行【UCS】命令，将系统坐标绕 Y 旋转 90°，结果如图 15-58 所示。

图 15-56　绘制矩形　　　　　图 15-57　拉伸放样　　　　　图 15-58　旋转坐标

 **技 巧**：对矩形进行路径拉伸时，所选择的路径必须与选择的矩形截面垂直。

**09** 选择菜单【绘图】|【建模】|【圆柱体】，分别在矩形实体上创建半径为 70，高度为 90 的圆柱体，结果如图 15-59 所示。

**10** 单击【绘图】工具栏上的 按钮，以圆柱体上表面圆心为中心，绘制半径为 55 的正六边形，结果如图 15-60 所示。

**11** 单击【建模】工具栏上的 按钮，将六边形拉伸成实体，高度为-90，结果如图 15-61 所示。

图 15-59　创建圆柱体　　　　　图 15-60　绘制六边形　　　　　图 15-61　拉伸多边形

**12** 选择菜单【视图】|【消隐】命令，对实体进行消隐着色，结果如图 15-62 所示。

**13** 使用【差集】和【并集】命令，对图形进行布尔运算，结果如图 15-63 所示。

**14** 选择菜单【视图】|【视觉样式】|【概念】命令，对模型进行着色，结果如图 15-64 所示。

图 15-62　消隐结果

图 15-63　差集结果

图 15-64　最终结果

## 190　绘制连杆模型

本例主要学习使用【面域】、【拉伸】和【差集】等命令绘制连杆立体模型的方法和技巧。在具体操作过程中使用了先平面后立体的建模方法。

| 文件路径： | DVD\实例文件\第 15 章\实例 190.dwg |
| --- | --- |
| 视频文件： | DVD\AVI\第 15 章\实例 190.avi |
| 播放时长： | 0:03:56 |

**01** 使用【新建】命令，创建空白文件。

**02** 使用快捷键"C"激活【圆】命令，配合【捕捉自】和【捕捉圆心】功能绘制如图 15-65 所示的两组同心圆。

**03** 选择菜单【绘图】|【圆】|【相切、相切、半径】命令，绘制外切圆和内接圆，并使用【修剪】命令修剪多余的线段，结果如图 15-66 所示。

图 15-65　绘制结果

图 15-66　绘制相切圆

 **技 巧**：用户可按住"Ctrl"键单击右键，从弹出的对象临时捕捉快捷菜单上选择相应的功能。

**04** 选择菜单【绘图】|【边界】命令，在如图 15-67 所示的 A 点里面拾取一点，创建一个闭合的面域。

**05** 选择菜单【视图】|【西南等轴测】命令，将视图切换为西南视图，结果如图 15-68 所示。

**06** 设置变量"ISOLINES"的值为 20，设置变量"FACETRES"的值为 6。

**07** 选择菜单【绘图】|【建模】|【拉伸】命令，将两端的圆图形拉伸 13 个绘图单位，将中间的连接体面域拉伸 6 个绘图单位，结果如图 15-69 所示。

**08** 使用【移动】命令，将中间的连接体模型沿 Z 轴移动 3.5 个绘图单位，结果如图 15-70 所示。

图 15-67 指定位置

图 15-68 切换视图

图 15-69 拉伸

**09** 使用快捷键"SU"激活【差集】命令，创建连杆两端的圆孔，并进行消隐显示，结果如图 15-71 所示。

**10** 选择菜单【视图】|【视觉样式】|【概念】命令，对模型进行概念着色，最终结果如图 15-72 所示。

图 15-70 位移

图 15-71 差集结果

图 15-72 最终结果

# 191 绘制底座模型

<table>
<tr><td rowspan="4"></td><td colspan="2">本例主要学习使用【长方体】、【圆柱体】、【差集】、【三维阵列】以及【消隐】等命令绘制底座立体模型的方法和技巧。而且，使用【圆角】命令为三维实体进行边角细化。</td></tr>
<tr><td>文件路径：</td><td>DVD\实例文件\第 15 章\实例 191.dwg</td></tr>
<tr><td>视频文件：</td><td>DVD\AVI\第 15 章\实例 191.avi</td></tr>
<tr><td>播放时长：</td><td>0:04:04</td></tr>
</table>

**01** 新建空白文件，并启用【对象捕捉】和【对象追踪】功能。

**02** 将当前视图切换到西南视图，然后使用【长方体】命令，以坐标（0，0，0）为中心，创建长宽分别为 150，高为 15 的长方体，结果如图 15-73 所示。

**03** 选择菜单【绘图】|【建模】|【圆柱体】命令，创建半径为 5，高度为-15 的圆柱体，结果如图 15-74 所示。

**04** 选择菜单【修改】|【三维操作】|【三维阵列】命令，对圆柱体进行矩形阵列，行数和列数为 2，层数为 1，行间距和列间距分别为 110，结果如图 15-75 所示。

**05** 单击【建模】工具栏上的□按钮，以长方体上的表面中心为圆心，分别创建半径为 40 和 30，高度为 50 的圆柱体，结果如图 15-76 所示。

**06** 选择菜单【修改】|【实体编辑】|【差集】命令，对实体进行差集运算，消隐结果如图 15-77 所示。

图 15-73　创建长方体

图 15-74　创建圆柱体

图 15-75　三维阵列

**07** 使用快捷键 "F" 激活【圆角】命令，将圆角半径设置为 20，分别对长方体的 4 个角进行圆角，结果如图 15-78 所示。

图 15-76　创建圆柱

图 15-77　差集结果

图 15-78　圆角结果

> **技 巧**：巧妙使用【圆角】命令中的"修剪"选项，可以将圆角的修剪模式更改为"不修剪"以确保圆角对象不发生变化。

**08** 在命令行输入系统变量 "FACETRES"，设置值为 5。

**09** 选择菜单【视图】|【消隐】命令，结果如图 15-79 所示。

**10** 选择菜单【视图】|【视觉样式】|【概念】命令，对模型进行概念着色，结果如图 15-80 所示。

图 15-79　消隐结果

图 15-80　着色效果

## 192　绘制轴承圈模型

本例主要学习使用【圆柱体】、【圆环体】、【球体】和【拉伸】等命令绘制轴承圈模型。在操作过程中综合使用了【视图】、【差集】和【三维阵列】等命令。

| | | |
|---|---|---|
| 文件路径： | DVD\实例文件\第 15 章\实例 192.dwg | |
| 视频文件： | DVD\AVI\第 15 章\实例 192.avi | |
| 播放时长： | 0:05:03 | |

**01** 使用【文件】|【新建】命令，创建空白文件。

**02** 选择菜单【格式】|【图层】命令，新建"滚子"、"轴承内圈"和"轴承外圈"3 个图层，并将"轴承外圈"设置为当前图层。

**03** 将当前视图切换为东南等轴测视图，然后单击【建模】工具栏上的 ⬚ 按钮，创建以坐标原点为底面中心，半径为 80，高度为 25 的圆柱体，结果如图 15-81 所示。

**04** 使用【圆柱体】命令，创建一个与刚绘制的圆柱体同心等高半径为 60 的圆柱体，消隐结果如图 15-82 所示。

**05** 单击【实体编辑】工具栏上的 ◎ 按钮，对实体进行差集处理，消隐结果如图 15-83 所示。

图 15-81　创建圆柱体　　　　　图 15-82　创建圆柱体　　　　　图 15-83　差集运算

**06** 将"轴承内圈"设置为当前层，并将视图切换为俯视图，结果如图 15-84 所示。

**07** 单击【绘图】工具栏上 ⊙ 按钮，以同心圆的圆心为圆心，绘制半径分别为 45 和 20 的同心圆，结果如图 15-85 所示。

**08** 将视图切换为东南等轴测视图，并单击【建模】工具栏上的 ⬆ 按钮，对刚绘制的同心圆进行拉伸，高度为 25，结果如图 15-86 所示。

图 15-84　切换视图　　　　　图 15-85　绘制同心圆　　　　　图 15-86　拉伸结果

**09** 单击【实体编辑】工具栏的 ◎ 按钮，对刚拉伸的圆柱体进行差集处理，消隐结果如图 15-87 所示。

**10** 单击【建模】工具栏上的 ◎ 按钮，配合【捕捉自】功能以圆柱体下表面圆心为基点，偏移坐标为（0，0，12.5）为中心点，创建圆环内侧半径为 52.5，圆管半径为 12.5 的圆环体，消隐结果如图 15-88 所示。

**11** 综合使用【差集】和【并集】命令，对实体进行布尔运算，消隐结果如图 15-89 所示。

图 15-87　差集结果　　　　　图 15-88　创建圆环体　　　　　图 15-89　差集处理

**12** 单击【建模】工具栏上的的○按钮，以坐标（52.5，0，12.5）为中心，创建半径为 12.5 的球，结果如图 15-90 所示。

**13** 单击【建模】工具栏上的▦按钮，对球体进行环形阵列，阵列数目为 12，消隐结果如图 15-91 所示。

**14** 选择菜单【视图】|【视觉样式】|【概念】命令，对模型进行着色，最终结果如图 15-92 所示。

图 15-90　创建球体

图 15-91　阵列结果

图 15-92　最终结果

## 193 创建法兰轴模型

本例主要学习使用【多段线】、【圆】、【旋转】、【三维阵列】等命令创建法兰轴。在具体的操作中还使用了【修剪】、【移动】和【捕捉自】功能。

| | 文件路径： | DVD\实例文件\第 15 章\实例 193.dwg |
| --- | --- | --- |
| | 视频文件： | DVD\AVI\第 15 章\实例 193.avi |
| | 播放时长： | 0:05:58 |

**01** 使用【文件】|【新建】命令，创建空白文件。

**02** 使用【多段线】命令，配合【正交】功能绘制如图 15-93 所示的多段线轮廓。

**03** 将视图切换为西南等轴测视图，然后单击【建模】工具栏上的⬡按钮，对闭合多段线进行旋转，结果如图 15-94 所示。

图 15-93　绘制轮廓线

图 15-94　旋转轮廓

**04** 将视图切换为左视图，然后使用【圆】命令，配合【捕捉象限点】和【捕捉圆心】功能，绘制如图 15-95 所示的圆。

**05** 将视图切换为西南等轴测视图，并单击【建模】工具栏中的⬚按钮，对刚绘制的小圆进行拉伸，高度为-30，结果如图 15-96 所示。

**06** 选择菜单【修改】|【三维操作】|【三维阵列】命令，对刚拉伸的实体进行环形阵列，阵列数目为3，结果如图 15-97 所示。

图 15-95 绘制圆　　　　　　图 15-96 拉伸结果　　　　　　图 15-97 环形阵列

**07** 单击【实体编辑】工具栏上的 ◎ 按钮，对图形进行差集处理，消隐结果如图 15-98 所示。

**08** 将视图切换为俯视图，使用【直线】、【圆】和【修剪】命令，创建如图 15-99 所示的半圆键槽，并将其创建为面域。

**09** 将视图切换为西南等轴测图，并使用【拉伸】命令，对刚创建的面域沿 Z 轴方向拉伸 6 个绘图单位，结果如图 15-100 所示。

图 15-98 差集运算　　　　　　图 15-99 创建半圆键槽　　　　　　图 15-100 拉伸

**10** 使用【移动】命令，将键槽实体向下移动 3 个绘图单位，并单击【实体编辑】工具栏上的 ◎ 按钮，创建出键槽特征。

**11** 使用【三维旋转】工具将轴体旋转 90°，消隐结果如图 15-101 所示。

**12** 将视图切换为左视图，使用【圆】命令，绘制如图 15-102 所示的圆。

**13** 将视图切换为西南等轴测视图，并使用【拉伸】命令，将刚绘制的圆沿 Z 轴反方向拉伸 223 个绘图单位，结果如图 15-103 所示。

图 15-101 旋转结果　　　　　　图 15-102 绘制圆　　　　　　图 15-103 拉伸圆

**14** 单击【实体编辑】工具栏上的 ◎ 按钮，对实体进行差集处理，消隐结果如图 15-104 所示。

**15** 选择菜单【视图】|【视觉样式】|【概念】命令，对模型进行着色，最终结果如图 15-105 所示。

图 15-104　差集运算

图 15-105　最终结果

## 194　创建密封盖模型

| | 本例通过创建密封盖模型，主要综合练习了【圆】、【构造线】、【拉伸】、【三维阵列】、【面域】以及【旋转】等命令。 |
|---|---|
| 文件路径： | DVD\实例文件\第 15 章\实例 194.dwg |
| 视频文件： | DVD\AVI\第 15 章\实例 194.avi |
| 播放时长： | 0:06:55 |

**01** 使用【文件】|【新建】命令，创建空白文件。

**02** 单击【绘图】工具栏上的 ⊙ 按钮，绘制如图 15-106 所示的圆轮廓线。

**03** 单击【修改】工具栏上的 品 按钮，将半径为 12 的圆进行环形阵列，阵列总数为 6，结果如图 15-107 所示。

图 15-106　绘制圆轮廓线

图 15-107　阵列圆

图 15-108　创建面域

**04** 使用【修剪】命令，修剪图形中多余的线段，并使用【面域】命令，创建外轮廓面域，结果如图 15-108 所示。

**05** 将视图切换为西南等轴测视图，并单击【建模】工具栏上的 囗 按钮，选取刚创建的那个面域和半径为 82 的圆，沿 Z 轴方向拉伸 8 个绘图单位，结果如图 15-109 所示。

**06** 使用【移动】命令，选取半径为 7 的圆轮廓线向上移动 6，然后使用【拉伸】命令，选取半径为 4 的圆为拉伸对象，沿 Z 轴正方向拉伸 6，接着选取移动后的圆为拉伸对象，沿同方向拉伸 2，结果如图 15-110

所示。

**07** 选择菜单【修改】|【三维操作】|【三维阵列】选项，分别将半径为 4 和 7 的圆柱体绕中心点进行环形阵列操作，圆周阵列总数为 6，结果如图 15-111 所示。

图 15-109 拉伸面域　　　　　图 15-110 拉伸圆　　　　　图 15-111 阵列圆柱体

**08** 单击【实体编辑】工具栏上的 ⊚ 按钮，将其他小圆柱实体从大圆柱实体中去除，并将实体进行消隐处理，结果如图 15-112 所示。

**09** 使用【构造线】命令，绘制如图 15-113 所示的中心线。

**10** 使用【直线】命令，沿中心交点向下绘制长度为 37.08 的线段，然后使用【圆】命令，以该线段中点为圆心，分别绘制半径为 95 和 90 的圆轮廓线，结果如图 15-114 所示。

图 15-112 差集运算　　　　　图 15-113 绘制中心线　　　　　图 15-114 绘制轮廓线

**11** 使用【修剪】和【删除】命令，修剪和删除多余线段，并使用【直线】命令，连接两圆弧线，结果如图 15-115 所示。

**12** 使用【面域】命令，将刚绘制的圆弧线和连接线创建成面域。

**13** 单击【建模】工具栏上的 ☎ 按钮，对刚创建的面域进行旋转，创建出球面实体，并将其合并处理，消隐结果如图 15-116 所示。

**14** 选择菜单【视图】|【视图样式】|【概念】，对实体模型进行着色，最终结果如图 15-117 所示。

图 15-115 操作结果　　　　　图 15-116 旋转面域　　　　　图 15-117 最终结果

# 195 创建螺栓模型

本例通过创建螺栓模型，主要练习了【多段线】、【旋转】、【三维阵列】、【圆柱体】和【多边形】等命令。在具体操作中还灵活运用了布尔运算。

| | | |
|---|---|---|
| 文件路径： | DVD\实例文件\第 15 章\实例 195.dwg | |
| 视频文件： | DVD\AVI\第 15 章\实例 195.avi | |
| 播放时长： | 0:03:59 | |

**01** 使用【新建】命令，创建空白文件。

**02** 使用【多段线】命令，根据坐标点的输入功能，绘制如图 15-118 所示的多段线，结果如图 15-118 所示。

**03** 将视图切换为西南等轴测视图，并单击【建模】工具栏中的 按钮，以 Y 轴为旋转轴，对刚绘制的闭合多段线进行旋转，结果如图 15-119 所示。

**04** 选择菜单【修改】|【三维操作】|【三维阵列】命令，对刚旋转的实体进行矩形阵列，行数为 16，其他为默认，消隐结果如图 15-120 所示。

图 15-118　绘制多段线

图 15-119　旋转轮廓

图 15-120　阵列实体

**05** 单击【实体编辑】工具栏上的 按钮，对图中所有的图形作并集处理。

**06** 单击【建模】工具栏上的 按钮，以图 15-121 所示的圆心为中心绘制半径为 4 高度为 —4 的圆柱体，消隐结果如图 15-122 所示。

图 15-121　指定圆心

图 15-122　创建圆柱体

图 15-123　绘制正六边形

**07** 单击【绘图】工具栏上的 按钮，以刚绘制的圆柱体底面圆心为中心，绘制半径为 5 的正六边形，结果如图 15-123 所示。

**08** 单击【建模】工具栏上的 按钮，对刚绘制的正六边形拉伸—3 个绘图单位，消隐结果如图 15-124 所示。

**09** 单击【实体编辑】工具栏中的 按钮，将图中的实体进行并集处理。

**10** 将视图切换为东北等轴测视图，并使用【圆角】命令，对圆柱体圆角，半径为 1，消隐结果如图 15-125 所示。

**11** 选择菜单【视图】|【视图样式】|【概念】，对实体模型进行着色，最终结果如图 15-126 所示。

图 15-124 拉伸

图 15-125 圆角

图 15-126 最终结果

## 196 绘制箱体模型

| | |
|---|---|
|  | 本例通过绘制箱体模型，主要练习了【矩形】、【圆】、【偏移】、【拉伸】、【阵列】、【三维镜像】等命令。在操作过程中还灵活使用了对象捕捉功能捕捉各点。 |
| 文件路径： | DVD\实例文件\第 15 章\实例 196.dwg |
| 视频文件： | DVD\AVI\第 15 章\实例 196.avi |
| 播放时长： | 0:07:34 |

**01** 新建文件，并启用【对象捕捉】功能。

**02** 选择菜单【绘图】|【矩形】命令，绘制长为 350，宽度为 115 的矩形，结果如图 15-127 所示。

**03** 使用快捷键 "C" 激活【圆】命令，在矩形上分别绘制如图 15-128 所示的 4 个圆。

图 15-127 绘制矩形

图 15-128 绘制圆

**04** 使用【矩形】命令，绘制如图 15-129 所示的内部矩形。

**05** 使用快捷键 "O" 激活【偏移】命令，将矩形向内偏移 5 个绘图单位，结果如图 15-130 所示。

**06** 选择菜单【视图】|【三维视图】|【东南等轴测】命令，将当前视图切换为东南视图。

图 15-129 绘制矩形

图 15-130 偏移矩形

**07** 在命令行设置系统变量 "ISOLINES" 的值为 30。

**08** 使用快捷键 "EXT" 激活【拉伸】命令，将内侧的两个矩形拉伸 220 个绘图单位，结果如图 15-131 所示。

**09** 使用快捷键 "SU" 激活【差集】命令，将两个实体拉伸进行差集运算，然后对其消隐，结果如图 15-132 所示。

图 15-131 拉伸矩形

图 15-132 差集运算

**10** 使用快捷键 "L" 激活【直线】命令，配合【捕捉中点】功能，绘制如图 15-133 所示的辅助线。

**11** 使用快捷键 "C" 激活【圆】命令，配合捕捉功能绘制半径分别为 70、50 和 5 的圆，并删除辅助线，结果如图 15-134 所示。

**12** 选择菜单【修改】|【阵列】命令，以刚绘制的同心圆作为中心点，将半径为 5 的圆环形阵列 4 份，结果如图 15-135 所示。

图 15-133 绘制辅助线

图 15-134 绘制圆

图 15-135 阵列圆

**13** 使用快捷键 "EXT" 激活【拉伸】名，分别将 6 个圆形拉伸 15 个绘图单位，拉伸结果如图 15-136 所示。

**14** 使用【移动】命令，将拉伸后的圆柱体模型沿 Y 轴移动 5 个绘图单位。

**15** 选择菜单【修改】|【三维操作】|【三维镜像】命令，将移动后的模型镜像复制，镜像面为当前 ZX 坐标平面，镜像结果如图 15-137 所示。

**16** 综合使用【并集】和【差集】命令，对个实体模型进行布尔运算，消隐结果如图 15-138 所示。

图 15-136　拉伸圆

图 15-137　镜像

图 15-138　布尔运算

**17** 将当前视图恢复为二维线框着色，然后使用快捷键 "EXT" 激活【拉伸】命令，将底板矩形和圆拉伸 7 个绘图单位，结果如图 15-139 所示。

**18** 使用【并集】和【差集】命令，对实体模型进行布尔运算，然后对其消隐显示，结果如图 15-140 所示。

**19** 选择菜单【视图】|【视觉样式】|【概念】，对实体模型进行着色，最终结果如图 15-141 所示。

图 15-139　拉伸矩形和圆

图 15-140　操作结果

图 15-141　最终结果

# 197 绘制弯管模型

| | 本例主要学习使用了【三维多段线】、【分解】、【编辑多段线】、【拉伸】和【视觉样式】等多种命令绘制弯管零件立体模型的方法和技巧。在柱体建模过程中使用【拉伸】和【拉伸面】命令中的【路径】功能创建三维模型。 |
|---|---|
| 文件路径: | DVD\实例文件\第 15 章\实例 197.dwg |
| 视频文件: | DVD\AVI\第 15 章\实例 197.avi |
| 播放时长: | 0:06:26 |

**01** 新建文件，并激活【对象捕捉】功能。

**02** 选择菜单【视图】|【三维视图】|【东南等轴测】命令，将视图切换为东南视图。

**03** 选择菜单【绘图】|【三维多段线】命令，使用坐标输入法绘制弯管中心线，结果如图 15-142 所示。

**04** 选择菜单【修改】|【分解】命令，将绘制的三维多段线分解。

**05** 选择菜单【修改】|【圆角】命令，将分解的多段线进行圆角，半径为 40，结果如图 15-143 所示。

**06** 使用快捷键 "PE" 激活【编辑多段线】命令，将图 15-143 所示的各对象编辑为多段线，命令行提示如下：

命令：Pe PEDIT                                              //调用【编辑多段线】命令

选择多段线或 [多条(M)]：M↙                               //输入 "M" 选项

选择对象：指定对角点：找到 3 个                          //选择直线和圆弧对象

选择对象：↙                                              //按回车键结束选择

是否将直线、圆弧和样条曲线转换为多段线？[是(Y)/否(N)]？<Y>↙  //选择 "是(Y)" 选项

输入选项 [闭合(C)/打开(O)/合并(J)/宽度(W)/拟合(F)/样条曲线(S)/非曲线化(D)/线型生成(L)/反转(R)/放弃(U)]：J↙     //选择 "合并(J)" 选项

合并类型 = 延伸

输入选项 [闭合(C)/打开(O)/合并(J)/宽度(W)/拟合(F)/样条曲线(S)/非曲线化(D)/线型生成(L)/反转(R)/放弃(U)]：           //回车退出命令

**07** 使用快捷键 "C" 激活【圆】命令，以中心线最上侧的端点为圆心，绘制半径为 15 和 25 的同心圆，结果如图 15-144 所示。

图 15-142　绘制中心线

图 15-143　圆角结果

图 15-144　绘制同心圆

**技 巧：** 在对分解后的三段线进行圆角时，需要从下向上，依次选择圆角对象。

**08** 使用快捷键 "REG" 激活【面域】命令，将刚绘制的两个同心圆转化为圆形面域。

**09** 选择菜单【修改】|【实体编辑】|【差集】命令，将两个圆形面域进行差集运算。

**10** 使用【多边形】命令，绘制半径为 80 的三角形，结果如图 15-145 所示。

图 15-145　绘制三角形

图 15-146　圆角

图 15-147　绘制圆

**11** 选择菜单【修改】|【圆角】命令，对三角形进行圆角，半径为 10，结果如图 15-146 所示。

**12** 使用快捷键 "C" 激活【圆】命令，在三角形各角绘制半径为 5 的圆，结果如图 15-147 所示。

**13** 在命令行输入 "ISOLINES" 将当前实体线框密度设置为 25。

**14** 使用快捷键 "EXT" 激活【拉伸】命令，将圆角三角形和 3 个圆孔拉伸 18 个单位，结果如图 15-148 所示。

**15** 使用【拉伸】命令，使用命令中的 "路径" 功能，将弯曲截面进行拉伸，消隐结果如图 15-49 所示。

图 15-148　拉伸　　　　　　　　　　　　　　　　图 15-149　路径拉伸

**16** 选择菜单【修改】|【实体编辑】|【拉伸面】命令，继续创建弯管的实体模型，结果如图 15-150 所示。

**17** 使用【构造线】命令，绘制如图 15-151 所示的辅助线。

图 15-150　拉伸面　　　　　　　　　　　　　　　图 15-151　绘制辅助线

**18** 使用快捷键 "CYL" 激活【圆柱体】命令，以刚绘制的辅助线的交点为圆心，创建底面半径为 25，高度为-18 的圆柱体，消隐结果如图 15-152 所示。

**19** 使用【删除】命令，将辅助线删除，并使用【差集】命令，对个别实体进行差集处理，消隐结果如图 15-153 所示。

**20** 选择菜单【视图】|【视觉样式】|【概念】，对实体模型进行着色，最终结果如图 15-154 所示。

图 15-152　创建圆柱体　　　　　　　图 15-153　差集运算　　　　　　　图 15-154　最终结果

## 198 绘制腔体模型

本例主要学习使用【长方体】、【圆柱体】、【UCS】、【拉伸】、【差集】、【并集】和【消隐】等命令绘制腔体零件立体模型的方法和技巧。

| | 文件路径： | DVD\实例文件\第 15 章\实例 198.dwg |
|---|---|---|
| | 视频文件： | DVD\AVI\第 15 章\实例 198.avi |
| | 播放时长： | 0:04:41 |

**01** 新建文件，并激活【对象捕捉】功能。

**02** 将当前视图切换为西南视图，并设置系统变量 "ISOLINES" 的值为 20。

**03** 单击【建模】工具栏上的□按钮，创建长、宽、高分别为 80、80 和 8 的长方体，结果如图 15-155 所示。

**04** 选择菜单【修改】|【圆角】命令，对长方体的 4 个角进行圆角，圆角半径为 5，结果如图 15-156 所示。

**05** 单击【建模】工具栏上的□按钮，激活【圆柱体】命令，在长方体的 4 个角上创建半径为 4，高度为 −8 的圆柱体，结果如图 15-157 所示。

图 15-155　创建长方体　　　　　图 15-156　圆角　　　　　图 15-157　创建圆柱体

**06** 使用快捷键 "SU" 激活【差集】命令，对长方体和圆柱体进行差集运算，其消隐着色效果如图 15-158 所示。

**07** 使用快捷键 "CYL" 激活【圆柱体】命令，配合捕捉和追踪功能，以长方体的中心为圆心，创建底面半径为 20 和 15，高度为 80 的同心圆柱体，消隐结果如图 15-159 所示。

**08** 使用快捷键 "SU" 激活【差集】命令，对刚创建的两个圆柱体进行差集，消隐结果如图 15-160 所示。

图 15-158　差集运算　　　　　图 15-159　创建圆柱体　　　　　图 15-160　差集结果

**09** 选择菜单【修改】|【复制】命令,将底板复制至如图 15-161 所示的位置。

**10** 使用【移动】命令,将刚复制的底板向上移动八个绘图单位,消隐结果如图 15-162 所示。

图 15-161 复制

图 15-162 移动

**11** 使用【圆柱体】命令,配合捕捉和追踪功能,创建底面半径为 10,高度为-8 的圆柱体,消隐结果如图 15-163 所示。

**12** 使用快捷键 "SU" 激活【差集】命令,对刚创建的圆柱体进行差集,消隐效果如图 15-164 所示。

**13** 选择菜单【视图】|【视觉样式】|【概念】,对实体模型进行着色,最终结果如图 15-165 所示。

图 15-163 创建圆柱体

图 15-164 差集运算

图 15-165 最终结果

## 199 创建定位支座

| | 本例主要学习使用了【圆】【直线】【面域】【拉伸】、【圆柱体】、【锲体】、【交集】、【并集】和【三维镜像】等命令绘制定位支座立体模型的方法和技巧。 | |
|---|---|---|
| 文件路径: | DVD\实例文件\第 15 章\实例 199.dwg | |
| 视频文件: | DVD\AVI\第 15 章\实例 199.avi | |
| 播放时长: | 0:08:35 | |

**01** 使用【新建】命令,创建空白文件。

**02** 将视图切换为前视图,使用【直线】和【圆】命令,绘制轮廓线;并使用【修剪】命令,修剪多余的线段,并将其切换为西南视图,结果如图 15-166 所示。

**03** 单击【绘图】工具栏中的 按钮,将所有的轮廓线创建为面域。

**04** 单击【建模】工具栏上的 按钮，选取刚创建的面域向前拉伸 95 个绘图单位，结果如图 15-167 所示。

图 15-166 绘制轮廓线

图 15-167 拉伸

**05** 单击【修改】工具栏中的 按钮，将实体的各棱边创建半径为 15 的圆角，结果如图 15-168 所示。

**06** 切换俯视图为当前视图方向，单击【建模】工具栏上的 按钮，在实体上连续创建 4 个直径为 15，高度为 −12 的圆柱体，结果如图 15-169 所示。

**07** 单击【实体编辑】工具栏上的 按钮，将实体进行差集运算，结果如图 15-170 所示。

图 15-168 创建圆角

图 15-169 创建圆柱体

图 15-170 差集运算

**08** 使用【直线】命令，绘制辅助线，并单击【建模】工具栏上的 按钮，分别创建半径为 35、高度为 58 的圆柱体，以半径为 15 的半圆弧圆心为底圆圆心，创建直径为 30、高度为 −95 的圆柱体，结果如图 15-171 所示。

**09** 单击【实体编辑】工具栏中的 按钮，将上一步创建的圆柱体从与之相交的实体中去除，消隐结果如图 15-172 所示。

**10** 选择菜单【绘图】|【建模】|【圆柱体】命令，创建底面半径为 20，高度为 −70 的圆柱体，结果如图 15-173 所示。

图 15-171 创建圆柱体

图 15-172 差集运算

图 15-173 创建圆柱体

**11** 综合使用【差集】和【并集】命令，对实体进行布尔运算，消隐结果如图 15-174 所示。

**12** 单击【建模】工具栏上的□按钮，创建长为 95，宽为 15，高为 96 的长方体，结果如图 15-175 所示。

**13** 使用【差集】命令，将实体进行差集处理，消隐结果如图 15-176 所示。

图 15-174　布尔运算　　　　　　图 15-175　创建长方体　　　　　　图 15-176　差集运算

**14** 单击【建模】工具栏上的◁，在绘图区空白处，绘制长度为 24，宽度为 15，厚度为 10 的肋板实体，结果如图 15-177 所示。

**15** 将【视觉样式】切换为二维线框，并使用快捷键"M"将刚创建的肋板移至如图 15-178 所示的位置。

**16** 选择菜单【修改】|【三维操作】|【三维镜像】命令，将刚移动的肋板在 YZ 平面中镜像，消隐结果如图 15-179 所示。

图 15-177　创建肋板　　　　　　图 15-178　移动结果　　　　　　图 15-179　三维镜像

**17** 使用【并集】命令，对实体进行并集处理，消隐结果如图 15-180 所示。

**18** 选择菜单【视图】|【视觉样式】|【概念】，对实体模型进行着色，最终结果如图 15-181 所示。

图 15-180　并集结果　　　　　　　　　　图 15-181　最终结果

# 200 创建支架模型

本例主要学习使用了【长方体】、【倾斜面】、【多段线】、【偏移】、【修剪】和【三维阵列】等命令创建支架模型的方法和技巧。

| | | |
|---|---|---|
| 文件路径: | DVD\实例文件\第 15 章\实例 200.dwg | |
| 视频文件: | DVD\AVI\第 15 章\实例 200.avi | |
| 播放时长: | 0:09:26 | |

**01** 使用【新建】命令，创建空白文件。

**02** 选择菜单【视图】|【三维视图】|【西南视图】命令，将视图转换为西南等轴测视图。

**03** 在命令行输入"ISOLINES"，将当前实体线框密度设置为 12。

**04** 单击【建模】工具栏上的□按钮，绘制支架的底板，第一角点（0，0，0），另一个角点（@80，50，15），效果如图 15-182 所示。

**05** 使用【长方体】命令，绘制支架的支撑体，第一个角点（5，16，0），另一个角点（@70，18，120），效果如图 15-183 所示。

**06** 单击【实体编辑】工具栏上的 按钮，将刚创建的长方体的一侧面倾斜 8 个角度，结果如图 15-184 所示。

图 15-182 绘制底板

图 15-183 绘制支撑体

图 15-184 倾斜面效果

**07** 使用【倾斜面】命令，根据第 5 步的方法创建另一侧面的倾斜面，效果如图 15-185 所示。

**08** 在命令行中输入"UCS"，将当前 UCS 坐标原点移动到（40，40，120），并绕 X 轴旋转 90°，然后将视图切换为东南等轴测视图。

**09** 选择菜单【绘图】|【建模】|【圆柱体】命令，创建底面圆心为（0，0，0），底面半径为 25，高为 30 的圆柱体，效果如图 15-186 所示。

**10** 使用【圆柱体】命令，以当前坐标系下的（0，0，0）点为圆柱体底面圆心，半径为 22，高为 35，创建轴孔圆柱体，效果如图 15-187 所示。

图 15-185　创建倾斜面　　　　图 15-186　创建半径为 25 圆柱体　　　图 15-187　绘制半径 22 圆柱体

**11** 单击【实体编辑】工具栏上的 ◎ 按钮，将上面所创建的长方体、斜面体、半径为 25 的圆柱体合并。

**12** 单击【实体编辑】工具栏上的 ◎ 按钮，将刚合并的实体和半径为 22 的圆柱体进行差集运算，结果如图 15-188 所示。

**13** 将视图转换为主视图，单击【绘图】工具栏上的 ／ 按钮，利用对象捕捉功能捕捉支撑体的端点，然后再使用【圆弧】命令，利用捕捉功能绘制圆弧。

**14** 使用快捷键 "O" 激活【偏移】命令，对刚绘制的曲线向内偏移 4 个单位，结果如图 15-189 所示。

**15** 单击【修改】工具栏上的 ／ 按钮，对刚偏移的曲线进行修剪，并删除多余的部分，结果如图 15-190 所示。

图 15-188　差集结果　　　　　　图 15-189　偏移　　　　　　　图 15-190　修剪

**16** 使用快捷键 "PE" 激活【多段线】命令，将刚修剪的轮廓进行合并。

**17** 将视图切换为西南等轴测视图，并单击【建模】工具栏上的 ◎ 按钮，对刚合并的多段线进行拉伸操作，拉伸高度为 −4，结果如图 15-191 所示。

**18** 在命令行输入 "UCS"，将 UCS 坐标系移动到当前坐标系下的（0，0，−25）点。

**19** 选择菜单【修改】|【三维操作】|【三维镜像】命令，将刚创建的拉伸实体沿 XY 平面镜像，结果如图 15-192 所示。

**20** 单击【实体编辑】编辑工具栏上的 ◎ 按钮，将创建的实体模型进行差集处理，消隐结果如图 15-193 所示。

**21** 在命令行中输入 "UCS"，将坐标系移至轴孔圆柱体以侧面的中心点处。

> **技 巧**：巧妙使用【移动 UCS】命令更换当前坐标系的原点位置，可以避免点的错误定位，这种技巧无论是三维空间或是二维操作空间内，都是非常适用的。

图 15-191 拉伸　　　　　　　图 15-192 镜像　　　　　　　图 15-193 差集运算

**22** 选择菜单【绘图】|【建模】|【圆柱体】命令，以当前坐标系下（0，-28，0）为圆柱体底面圆心，创建半径为分别为 4 和 3，高为-30 的两个圆柱体，结果如图 15-194 所示。

**23** 选择菜单【修改】|【三维操作】|【三维阵列】命令，将刚创建的圆柱体进行环形阵列，设置阵列数目为 3，角度为 360°，中心点为（0，0，0），第二点为（0，0，5），结果如图 15-195 所示。

**24** 单击【实体编辑】工具栏上的 ⊚ 按钮，将主体部分和半径为 4 的 3 个圆柱体合并。

**25** 单击【实体编辑】工具栏上的 ⊚ 按钮，将主体部分和半径 3 的 3 个圆柱体进行差集处理，消隐结果如图 15-196 所示。

**26** 选择菜单【视图】|【视觉样式】|【概念】，对实体模型进行着色，最终结果如图 15-197 所示。

图 15-194 绘制圆柱体　　　图 15-195 阵列圆柱体　　　图 15-196 差集结果　　　图 15-197 最终结果

## 201 绘制泵体模型

　　本例主要学习使用了【圆】【圆柱体】【面域】【拉伸】、【修剪】、【复制】和【圆角】等命令创建泵体模型的方法和技巧。

| | |
|---|---|
| 文件路径： | DVD\实例文件\第 15 章\实例 201.dwg |
| 视频文件： | DVD\AVI\第 15 章\实例 201.avi |
| 播放时长： | 0:09:51 |

**01** 使用【新建】命令，创建空白文件。

**02** 在命令行输入"ISOLINES"，将当前实体线框密度设置为10。

**03** 单击【视图】工具栏上的 按钮，将当前视图设置为主视图方向。

**04** 使用【直线】和【圆】命令，绘制轮廓线，并使用【修剪】命令，对图形进行修剪，结果如图 15-198 所示。

**05** 单击【绘图】工具栏上的 按钮，将刚绘制的闭合轮廓创建成一个面域。

**06** 将视图切换为西南等轴测视图，并单击【建模】工具栏上的 按钮，将面域拉伸 26 个绘图单位，结果如图 15-199 所示。

**07** 将视图切换为前视图，并使用【直线】和【圆】命令，绘制如图 15-200 所示的内部轮廓线。

图 15-198　绘制轮廓线

图 15-199　拉伸

图 15-200　绘制内外轮廓

**08** 将视图切换为西南等轴测视图，并使用【面域】命令，将刚绘制的轮廓创建为面域。

**09** 单击【建模】工具栏上的 按钮，将刚绘制的轮廓拉伸 26 个绘图单位，结果如图 15-201 所示。

**10** 选择菜单【修改】|【实体编辑】|【差集】命令，对实体进行差集处理，消隐结果如图 15-202 所示。

图 15-201　拉伸

图 15-202　差集运算

图 15-203　指定中心

**11** 单击【建模】工具栏上的 按钮，以如图 15-203 所示的交点为底面中心，绘制底面半径为 12，高度为-7 的圆柱体，结果如图 15-204 所示。

**12** 重复使用【圆柱体】命令，根据以上步骤，绘制底面半径为 12，高度为 7 的圆柱体，结果如图 15-205 所示。

**13** 使用【并集】命令，将图中的实体进行并集处理。

**14** 单击【修改】工具栏中的 按钮，对图形进行圆角，圆角半径为 3，消隐结果如图 15-206 所示。

图 15-204　创建圆柱体

图 15-205　创建圆柱体

图 15-206　圆角

**15** 将视图切换为主视图，单击【绘图】工具栏中的⊙按钮，绘制圆心为（-22，0），半径为 3.5 的圆，结果如图 15-207 所示。

**16** 选择菜单【修改】|【复制】命令，以刚绘制的圆的圆心为基点，复制至坐标（0，-28.76）、（0，-50.76）、（22，-28.76）、（22，0）和（0，22）的点，结果如图 15-208 所示。

**17** 将当前视图切换为西南等轴测视图，并单击【建模】工具栏上的⬚按钮，对上步的 6 个圆进行拉伸处理，拉伸高度为 26，消隐结果如图 15-209 所示。

图 15-207　绘制圆

图 15-208　复制结果

图 15-209　拉伸圆

**18** 使用【差集】命令，将刚拉伸的 6 个圆柱体进行差集处理，消隐结果如图 15-210 所示。

**19** 选择菜单【绘图】|【建模】|【圆柱体】命令，创建半径为 5，拉伸高度为-70 的圆柱体，结果如图 15-211 所示。

**20** 使用【差集】命令，对刚创建的圆柱体进行差集处理，消隐效果如图 15-212 所示。

**21** 选择菜单【视图】|【视图样式】|【概念】，对实体模型进行着色，最终结果如图 15-213 所示。

图 15-210　差集运算

图 15-211　创建圆柱体

图 15-212　差集运算

图 15-213　最终效果

## 202 创建球塞模型

本例主要学习使用了【球体】、【圆柱体】、【长方体】、【三维旋转】和【移动】等命令创建三维球塞模型的方法和技巧。

| | 文件路径： | DVD\实例文件\第 15 章\实例 202.dwg |
|---|---|---|
| | 视频文件： | DVD\AVI\第 15 章\实例 202.avi |
| | 播放时长： | 0:03:37 |

**01** 使用【新建】命令，创建空白文件。

**02** 选择菜单【视图】|【三维视图】|【西南等轴测】命令，将视图切换为西南等轴测视图。

**03** 单击【建模】工具栏上的〇按钮，以原点（0，0，0）为中心点，创建半径为 35 的球体，结果如图 15-214 所示。

**04** 单击【建模】工具栏上的〇按钮，以（0，0，-45）为底面中心，创建底面半径为 20，高度为 90 的圆柱体，结果如图 15-215 所示。

**05** 单击【建模】工具栏上的〇按钮，以（0，0，0）为中心创建长度为 80，宽度为 11，高度为 16 的长方体，结果如图 15-216 所示。

图 15-214　创建球体

图 15-215　绘制圆柱体

图 15-216　绘制长方体

**06** 选择菜单【视图】|【消隐】命令，对图形进行消隐着色，结果如图 15-217 所示。

**07** 选择菜单【修改】|【三维操作】|【三维旋转】命令，以（0，0，0）为基点，Y 轴为旋转轴，将圆柱体旋转 90°，消隐结果如图 15-218 所示。

**08** 选择菜单【修改】|【移动】命令，将长方体沿 Z 轴正方向移动 31 个绘图单位，消隐结果如图 15-219 所示。

**09** 单击【实体编辑】工具栏上的◎按钮，激活【差集】命令，对实体进行差集处理，消隐结果如图 15-220 所示。

**10** 选择菜单【视图】|【视觉样式】|【概念】，对实体模型进行着色，最终结果如图 15-221 所示。

图 15-217　消隐结果

图 15-218　旋转圆柱体

图 15-219　移动长方体

图 15-220　差集运算

图 15-221　最终结果

# 203　创建管接头模型

本例主要学习使用了【拉伸】、【螺纹】、【扫掠】、【差集】和【并集】等命令创建三维管接口模型的方法和技巧。

| | 文件路径： | DVD\实例文件\第 15 章\实例 203.dwg |
|---|---|---|
| | 视频文件： | DVD\AVI\第 15 章\实例 203.avi |
| | 播放时长： | 0:03:37 |

01 使用【新建】命令，创建空白图形文件。

02 选择菜单【视图】|【三维视图】|【西南等轴测】命令，将视图切换为西南等轴测视图。

03 单击【绘图】工具栏上的 ⊙ 按钮，以原点（0，0，0）为圆心，绘制半径为 8 的圆，如图 15-222 所示。

04 选择菜单【视图】|【三维视图】|【左视】命令，将视图切换为左视图。

05 单击【绘图】工具栏上的 ᵕ 按钮，以（0，0）为起始端点，创建拉伸路径，结果如图 15-223 所示。

06 将视图切换回西南等轴测视图，单击【建模】工具栏上的 ⬜ 按钮，选择圆为拉伸对象，选择多段线为拉伸路径，拉伸结果如图 15-224 所示。

图 15-222　绘制圆　　　　　　　　图 15-223　绘制拉伸路径　　　　　　图 15-224　路径拉伸

**07** 单击【实体编辑】工具栏上的 按钮，删除两个端面，设置抽壳距离为 3 个绘图单位，对图形进行抽壳，消隐结果如图 15-225 所示。

**08** 移动旋转坐标系，以管道端面圆心为坐标系原点，结果如图 15-226 所示。

**09** 选择菜单【绘图】|【多边形】命令，以原点（0，0，0）为中心点，绘制内接圆半径为 12 的正六边形，结果如图 15-227 所示。

图 15-225　抽壳　　　　　　　　图 15-226　调整坐标系　　　　　　　图 15-227　绘制六边形

**10** 单击【建模】工具栏上的 按钮，激活【按住并拖动】命令，对六边形与管体之间的部位进行拉伸处理，拉伸高度为-8，结果如图 15-228 所示。

**11** 单击【实体编辑】工具栏上的 按钮，激活【并集】命令，将两个图形合并一起，并删除正六边形，消隐结果如图 15-229 所示。

**12** 移动旋转坐标系，结果如图 15-230 所示。

图 15-228　按住并拖动　　　　　　图 15-229　并集运算　　　　　　　图 15-230　移动坐标系

**13** 选择菜单【绘图】|【多边形】命令，以原点（0,0,0）为中心点，绘制内接圆半径为 12 的正六边形，

结果如图 15-231 所示。

**14** 单击【建模】工具栏上的 按钮，激活【按住并拖动】命令，对六边形与管体之间的部位进行拉伸处理，拉伸高度为 8，结果如图 15-232 所示。

**15** 调用 M【移动】命令，将拉伸的图形向上移动 16 个绘图单位，选择菜单【修改】|【实体编辑】|【并集】，合并图形，消隐结果如图 15-233 所示。

图 15-231 绘制正六边形

图 15-232 按住并拖动

图 15-233 并集运算

**16** 选择菜单【修改】|【实体编辑】|【倒角边】，对实体模型进行倒角处理，倒角距离为 0.5，结果如图 15-234 所示。

**17** 选择菜单【绘图】|【螺旋】为鬼为蜮，以（0,0,0.5）为中心点，绘制螺旋线，结果如图 15-235 所示。命令行操作过程如下：

```
命令：_Helix                                          //调用【螺旋】命令
圈数 = 3.0000        扭曲=CCW
指定底面的中心点:0,0,0.5↙                              //指定中心点
指定底面半径或 [直径(D)] <2.0000>: 8↙                  //输入底面圆半径
指定顶面半径或 [直径(D)] <2.0000>: 8↙                  //输入顶面圆半径
指定螺旋高度或 [轴端点(A)/圈数(T)/圈高(H)/扭曲(W)] <0.0000>: t↙    //选择圈数
输入圈数 <3.0000>: 20↙                                //输入圈数
指定螺旋高度或 [轴端点(A)/圈数(T)/圈高(H)/扭曲(W)] <0.0000>:18↙   //输入高度回车
```

**18** 选择菜单【绘图】|【多边形】命令，绘制内接圆半径为 0.375 的正三角形，结果如图 15-236 所示。

图 15-234 倒角边

图 15-235 绘制螺旋

图 15-236 按住并拖动

**19** 使用【复制】命令，复制一份正三角形备用；单击【建模】工具栏上的 按钮，激活【扫掠】命令，选择正三角形为扫掠对象，选择螺旋为扫掠路径，进行扫掠，结果如图 15-237 所示。

**20** 选择菜单【修改】|【实体编辑】|【差集】，绘制出螺纹效果，结果如图 15-238 所示。

**21** 移动旋转坐标系，如图 15-239 所示。

图 15-237　扫掠图形

图 15-238　差集

图 15-239　移动坐标系

**22** 选择菜单【绘图】|【螺旋】命令，以（0,0,-0.5）为中心点，绘制螺旋线，结果如图 15-240 所示。命令行操作过程如下：

```
命令：_Helix
圈数 = 20.0000        扭曲=CCW
指定底面的中心点:0, 0, -0.5                                    //指定中心点
指定底面半径或 [直径(D)] <8.0000>: 5                          //输入底面圆半径
指定顶面半径或 [直径(D)] <8.0000>: 5                          //输入顶面圆半径
指定螺旋高度或 [轴端点(A)/圈数(T)/圈高(H)/扭曲(W)] <18.0000>: t    //选择圈数
输入圈数 <20.0000>: 7                              //输入圈数
指定螺旋高度或 [轴端点(A)/圈数(T)/圈高(H)/扭曲(W)] <18.0000>:-8    //输入高度回车
```

**23** 单击【建模】工具栏上的按钮，激活【扫掠】命令，选择正三角形为扫掠对象，选择螺旋为扫掠路径，进行扫掠，结果如图 15-241 所示。

图 15-240　绘制螺旋

图 15-241　扫掠螺旋

**24** 单击【实体编辑】工具栏上的按钮，激活【差集】命令，对实体进行差集处理，消隐结果如图 15-242 所示。

**25** 选择菜单【视图】|【视觉样式】|【概念】，对实体模型进行着色，最终结果如图 15-243 所示。

图 15-242　差集运算

图 15-243　概念视觉样式

## 204 创建玩具赛车车轮模型

本例主要学习使用了【圆柱体】、【正多边形】、【拉伸】和【面域】等命令创建玩具赛车车轮模型。在操作过程中还使用了【圆角】命令对边角进行细化处理。

| 文件路径： | DVD\实例文件\第 15 章\实例 204.dwg |
| --- | --- |
| 视频文件： | DVD\AVI\第 15 章\实例 204.avi |
| 播放时长： | 0:03:39 |

**01** 使用【新建】命令，创建空白文件。

**02** 选择菜单【视图】|【三维视图】|【西南等轴测】命令，将当前视图切换为西南等轴测视图。

**03** 选择菜单【绘图】|【建模】|【圆柱体】命令，以（0，0，0）为底面中心，创建半径为 23 高度为 17 的圆柱体，结果如图 15-244 所示。

**04** 继续使用【圆柱体】命令，创建圆孔实体。以刚创建的圆柱体上表面圆心为底面圆心，创建半径为 15 高度为-5 的圆柱体，结果如图 15-245 所示。

**05** 再次激活【圆柱体】命令，以大圆柱体底面圆心为底面圆心，创建半径为 15、高度为 5 的圆柱体，结果如图 15-246 所示。

图 15-244　创建圆柱体

图 15-245　创建圆柱体

图 15-246　创建圆柱体

**06** 单击【实体编辑】工具栏上的 ⊙ 按钮激活【差集】命令，对刚创建的三个圆柱体进行差集处理。

**07** 单击【绘图】工具栏上的 ⬡ 按钮激活【多边形】命令，在上面孔的底部绘制正六边形，设置内接圆半径为 15，结果如图 15-247 所示。

**08** 单击【绘图】工具栏上的◎按钮，将绘制的正六边形创建为一个面域。

**09** 单击【建模】工具栏上的按钮，激活【拉伸】命令，将刚创建的正六边形面域拉伸 4 个高度，消隐结果如图 15-248 所示。

图 15-247 绘制正六边形　　　图 15-248 拉伸六边形　　　图 15-249 创建圆柱体

**10** 单击【实体编辑】工具栏上的◎按钮，将正六边形实体合并。

**11** 单击【建模】工具栏上的按钮，以圆柱体上表面为圆心，创建底面半径为 4，高度为-1 的圆柱体，消隐结果如图 15-249 所示。

**12** 单击【实体编辑】工具栏上的◎按钮，将刚创建的圆柱体合并。

**13** 单击【修改】工具栏上的按钮，激活【圆角】命令，对创建的圆柱体两条外缘边圆角，圆角半径为 3，消隐结果如图 15-250 所示。

**14** 选择菜单【视图】|【视觉样式】|【概念】，对实体模型进行着色，最终结果如图 15-251 所示。

图 15-250 圆角　　　　　图 15-251 最终结果

## 205 创建风扇叶片模型

本例主要学习使用了【图层】、【圆柱体】、【球体】、【多段线】、【拉伸】、【三维旋转】和【三维阵列】等命令创建风扇叶片模型的方法和技巧。

| 文件路径： | DVD\实例文件\第 15 章\实例 205.dwg |
| --- | --- |
| 视频文件： | DVD\AVI\第 15 章\实例 205.avi |
| 播放时长： | 0:04:51 |

**01** 使用【新建】命令，创建空白文件。

**02** 选择菜单【格式】|【图层】命令，新建"转轴"和"叶片"两个图层，并将"转轴"设置为当前图层。

**03** 选择菜单【视图】|【三维视图】|【西南等轴测】命令，将视图切换为西南等轴测视图。

**04** 在命令行输入"ISOLINES"，将当前实体线框密度设置为 8。

**05** 单击【建模】工具栏上的 按钮，以（0，0，0）为底面中心，创建半径为 80，高度为 200 的圆柱体，结果如图 15-252 所示。

**06** 单击【建模】工具栏上的 按钮，以（0，0，-50）为中心点，创建半径为 150 的球体，结果如图 15-253 所示。

**07** 单击【实体编辑】工具栏上的 按钮，对创建的实体进行交集处理，消隐结果如图 15-254 所示。

图 15-252　创建圆柱体　　　　图 15-253　创建球体　　　　图 15-254　交集运算

**08** 单击【建模】工具栏上的 按钮，以（0，0，0）为底面中心，创建半径为 50、高度为-50 的圆柱体，消隐结果如图 15-255 所示。

**09** 将"叶片"图层设置为当前图层，单击【绘图】工具栏上的 按钮，，绘制多段线。命令行操作过程如下：

```
命令: _pline
指定起点: -50,50↙
当前线宽为 0.0000
指定下一个点或 [圆弧(A)/半宽(H)/长度(L)/放弃(U)/宽度(W)]:@100,0↙
指定下一点或 [圆弧(A)/闭合(C)/半宽(H)/长度(L)/放弃(U)/宽度(W)]:a↙
指定圆弧的端点或[角度(A)/圆心(CE)/闭合(CL)/方向(D)/半宽(H)/直线(L)/半径(R)/第二个
点(S)/放弃(U)/宽度(W)]: @160,360↙
指定圆弧的端点或[角度(A)/圆心(CE)/闭合(CL)/方向(D)/半宽(H)/直线(L)/半径(R)/第二个
点(S)/放弃(U)/宽度(W)]: @-600,0↙
指定圆弧的端点或[角度(A)/圆心(CE)/闭合(CL)/方向(D)/半宽(H)/直线(L)/半径(R)/第二个
点(S)/放弃(U)/宽度(W)]: @20,-120↙
指定圆弧的端点或[角度(A)/圆心(CE)/闭合(CL)/方向(D)/半宽(H)/直线(L)/半径(R)/第二个
点(S)/放弃(U)/宽度(W)]:d↙
指定圆弧的起点切向: @1,0↙
指定圆弧的端点: -50,50↙
指定圆弧的端点或[角度(A)/圆心(CE)/闭合(CL)/方向(D)/半宽(H)/直线(L)/半径(R)/第二个
点(S)/放弃(U)/宽度(W)] ↙                        //按回车键，结果如图 15-256 所示
```

**10** 单击【建模】工具栏上的 按钮，对刚绘制的多段线拉伸 10 个单位，结果如图 15-257 所示。

图 15-255 创建圆柱体　　　　图 15-256 绘制叶片轮廓　　　　图 15-257 拉伸多段线

**11** 选择菜单【修改】|【三维操作】|【三维旋转】命令，以（-50, 50, 0）为基点，将叶片沿 y 轴旋转 15°，结果如图 15-258 所示。

**12** 选择菜单【修改】|【三维操作】|【三维阵列】命令，以（0, 0, 0）为中心点，项目总数为 3，对叶片进行环形阵列，结果如图 15-259 所示。

**13** 单击【实体编辑】工具栏上的 ◎ 按钮，将所有实体进行合并处理，消隐结果如图 15-260 所示。

**14** 选择菜单【视图】|【视觉样式】|【概念】，对实体模型进行着色，最终结果如图 15-261 所示。

图 15-258 旋转叶片　　　图 15-259 环形阵列　　　图 15-260 并集运算　　　图 15-261 最终结果

## 206 制作花键轴模型

本例主要学习使用了【圆柱体】、【拉伸】、【旋转】、【移动】、【阵列】、【交集】、【并集】和【三维旋转】等命令创建花键轴模型的操作方法和技巧。

| | |
|---|---|
| 文件路径： | DVD\实例文件\第 15 章\实例 206.dwg |
| 视频文件： | DVD\AVI\第 15 章\实例 206.avi |
| 播放时长： | 0:04:57 |

**01** 使用【文件】|【新建】命令，创建空白文件。

**02** 选择菜单【视图】|【三维视图】|【西南等轴测】命令，将视图切换为西南等轴测视图。

**03** 选择菜单【绘图】|【建模】|【圆柱体】命令，创建底面半径为 20、高度为 100 的圆柱体，结果如图 15-262 所示。

**04** 选择菜单【视图】|【三维视图】|【前视】命令，将当前视图调整为前视图，结果如图 15-263 所示。

**05** 使用快捷键 "PL" 激活【多段线】命令，以圆柱体底面圆心为起点，绘制闭合多段线，结果如图 15-264 所示。

图 15-262　创建圆柱体　　　　　图 15-263　调整视图　　　　　图 15-264　绘制多段线

**06** 单击【视图】工具栏上的■按钮，将视图切换为俯视图，如图 15-265 所示。单击【建模】工具栏上的■按钮，将闭合多段线拉伸 5 个单位，结果如图 15-266 所示。

**07** 使用快捷键 "RO" 激活【旋转】命令，选择拉伸后的实体模型，将其旋转 90°。

**08** 使用快捷键 "M" 激活【移动】命令，配合【捕捉象限点】功能将旋转后的拉伸实体进行位移，结果如图 15-267 所示。

**09** 使用快捷键 "AR" 激活【阵列】命令，选择移动后的实体进行环形阵列，阵列中心为圆柱体面的圆心，阵列数目为 6，阵列结果如图 15-268 所示。

图 15-265　调整视图　　　　图 15-266　拉伸多段线　　　　图 15-267　移动拉伸实体　　　　图 15-268　环形阵列

**10** 单击【视图】工具栏上的■按钮，将当前视图切换为西南视图，如图 15-269 所示。

**11** 使用【移动】命令，将阵列后的个拉伸实体向上移动 70 个绘图单位，结果如图 15-270 所示。

**12** 单击【实体编辑】工具栏上的■按钮，激活【差集】命令，创建出轴上的键槽。

**13** 选择菜单【修改】|【三维操作】|【三维旋转】命令，对差集后的组合实体沿 Y 轴旋转 90°，结果如图 15-271 所示。

**14** 选择菜单【视图】|【视觉样式】|【概念】，对实体模型进行着色，最终结果如图 15-272 所示。

图 15-269　切换视图　　　　图 15-270　移动实体　　　　图 15-271　旋转　　　　图 15-272　最终结果

## 207　创建扳手模型

本例主要学习使用了【圆】、【正多边形】、【构造线】、【旋转】、【镜像】和【拉伸】等命令创建扳手模型的方法和技巧。

| | | |
|---|---|---|
| 文件路径: | DVD\实例文件\第 15 章\实例 207.dwg | |
| 视频文件: | DVD\AVI\第 15 章\实例 207.avi | |
| 播放时长: | 0:04:24 | |

**01** 使用【新建】命令，创建空白文件。

**02** 使用快捷键 "C" 激活【圆】命令，绘制半径为 50 的圆。

**03** 选择菜单【绘图】|【正多边形】命令，以圆的圆心为中心，绘制边长为 25 的正六边形，结果如图 15-273 所示。

**04** 使用快捷键 "RO" 激活【旋转】命令，将刚绘制的正六边形旋转 90°。

**05** 使用快捷键 "XL" 激活【构造线】命令，绘制如图 15-274 所示的构造线作为辅助线。

**06** 使用【修剪】命令，对图形进行修剪，结果如图 15-275 所示。

图 15-273　绘制六边形　　　　图 15-274　绘制构造线　　　　图 15-275　修剪图形

**07** 选择菜单【修改】|【镜像】命令，对正六边形和修剪后的圆进行镜像复制，结果如图 15-276 所示。

**08** 使用【移动】命令，选择镜像后的正六边形配合【捕捉中点】和【捕捉交点】功能进行移动，结果如图 15-277 所示。

**09** 单击【绘图】工具栏上的 按钮，将两个正六边形和外轮廓分别转化为面域。

**10** 单击【实体编辑】工具栏上的 按钮，对刚创建的 3 和面域进行差集处理，结果如图 15-278 所示。

**11** 单击【视图】工具栏上的 按钮，将视图切换为西南视图。

图 15-276　镜像复制　　　　　图 15-277　移动六边形　　　　　图 15-278　差集运算

**12** 单击【建模】工具栏上的 按钮，将差集后的对象进行拉伸，高度为 12，结果如图 15-279 所示。

**13** 选择菜单【视图】|【视图样式】|【概念】，对实体模型进行着色，最终结果如图 15-280 所示。

图 15-279　拉伸结果

图 15-280　最终结果

## 208　创建螺丝刀柄模型

本例通过使用【圆】、【多段线】、【阵列】、【旋转】和【边界】等命令创建螺丝刀柄模型。在具体的操作过程中还使用了【视图】和【新建 UCS】命令定位。

| | |
|---|---|
| 文件路径： | DVD\实例文件\第 15 章\实例 208.dwg |
| 视频文件： | DVD\AVI\第 15 章\实例 208.avi |
| 播放时长： | 0:04:52 |

**01** 使用【新建】命令，创建空白文件。

**02** 单击【绘图】工具栏上的 ⊙ 按钮，绘制直径为 180 的大圆，然后再以大圆的象限点为圆心，绘制一个直径为 40 的小圆，绘制结果如图 15-281 所示。选择菜单【修改】|【阵列】命令，以大圆的圆心作为中心点，将小圆阵列复制 8 份，结果如图 15-282 所示。

图 15-281　绘制圆

图 15-282　环形阵列

图 15-283　创建闭合边界

**03** 选择菜单【绘图】|【边界】命令，在【边界创建】对话框中设置对象类型为"多段线"，创建如图 15-283 所示的闭合多段线。

**04** 使用快捷键"M"激活【移动】命令，将创建的闭合多段线进行位移，结果如图 15-284 所示。

**05** 单击【视图】工具栏上的 ⊙ 按钮，激活【西南等轴测视图】命令，将当前视图切换为西南视图。

**06** 在命令行中输入"UCS"，激活【新建 UCS】命令，将当前坐标系绕 X 轴旋转 90°，结果如图 15-285 所示。

图 15-284　移动边界

图 15-285　创建用户坐标系

图 15-286　捕捉追踪虚线的交点

**07** 激活状态栏上的对象追踪和极轴追踪功能，并设置极轴角为 30°。

**08** 使用快捷键 "PL" 激活【多段线】命令，以大圆的圆心作为起点，绘制螺丝刀柄的侧面轮廓线。命令行操作过程如下：

```
命令：_pline
指定起点：  //捕捉大圆的圆心
当前线宽为 0.0000
指定下一个点或 [圆弧(A)/半宽(H)/长度(L)/放弃(U)/宽度(W)]:a↙
                    //输入 a，激活【圆弧】选项
指定圆弧的端点或[角度(A)/圆心(CE)/方向(D)/半宽(H)/直线(L)/半径(R)/第二个点(S)/放弃
(U)/宽度(W)]:        //捕捉如图 15-286 所示的追踪虚线的交点
指定圆弧的端点或[角度(A)/圆心(CE)/闭合(CL)/方向(D)/半宽(H)/直线(L)/半径(R)/第二个
点(S)/放弃(U)/宽度(W)]:L↙   //输入 L，激活【直线】选项
指定下一点或 [圆弧(A)/闭合(C)/半宽(H)/长度(L)/放弃(U)/宽度(W)]:@0,300↙
指定下一点或 [圆弧(A)/闭合(C)/半宽(H)/长度(L)/放弃(U)/宽度(W)]:  //捕捉如图 15-287
所示的追踪虚线交点
指定下一点或 [圆弧(A)/闭合(C)/半宽(H)/长度(L)/放弃(U)/宽度(W)]:C↙  //输入 c，闭合
对象，绘制结果如图 15-288 所示
```

**09** 选择菜单【绘图】|【建模】|【旋转】命令，将刚绘制的轮廓线旋转 360° 创建为实体，结果如图 15-289 所示。

图 15-287　捕捉追踪虚线的交点

图 15-288　绘制结果

图 15-289　旋转多段线

**10** 使用快捷键 "EXT" 激活【拉伸】命令，选择俯视图轮廓线将其拉伸至旋转实体上顶面圆心，结果如图 15-290 所示。

**11** 单击【实体编辑】工具栏上的⑩按钮，激活【交集】命令，将所创建的两个实体模型进行交集运算，创建如图 15-291 所示的组合对象。

**12** 使用快捷键 "F" 激活【圆角】命令，将圆角半径设置为 10，对交集后的实体进行圆角，消隐结果如图 15-292 所示。

**13** 选择菜单【视图】|【视图样式】|【概念】，对实体模型进行着色，最终结果如图 15-293 所示。

图 15-290 拉伸

图 15-291 交集运算

图 15-292 圆角

图 15-293 最终结果

## 209 创建飞轮模型

本例通过使用【圆】、【直线】、【拉伸】、【差集】和【阵列】等命令创建飞轮模型。在具体的操作过程中还使用了【视图】和【新建 UCS】命令定位。

| | 文件路径： | DVD\实例文件\第 15 章\实例 209.dwg |
|---|---|---|
| | 视频文件： | DVD\AVI\第 15 章\实例 209.avi |
| | 播放时长： | 0:04:52 |

**01** 使用【新建】命令，创建空白文件。

**02** 使用 C【圆】命令，绘制 R10、R20 和 R25 的三个圆，如图 15-294 所示。

**03** 使用 L【直线】命令，配合【极轴追踪】功能，绘制如图 15-295 所示的辅助线。

**04** 使用快捷键 "L"，激活【直线】命令，绘制键槽轮廓线及齿轮拉伸轮廓线，并调用【删除】命令，删除辅助线，结果如图 15-296 所示。

图 15-294 绘制圆

图 15-295 绘制辅助线

图 15-296 绘制轮廓线

**05** 单击【修改】工具栏上的 ✂ 按钮，激活【修剪】命令，修剪删除多余线段，并创建面域，结果如图 15-297 所示。

**06** 选择菜单【视图】|【三维视图】|【西南等轴测】命令，将视图切换至吸纳等轴测视图，使用快捷键 "EXT"，激活【拉伸】命令，选择所有图形进行拉伸，拉伸高度为 4 个绘图单位，结果如图 15-298 所示。

图 15-297　修剪

图 15-298　拉伸图形

**07** 选择菜单【修改】|【阵列】|【环形阵列】命令，选择原点为中心点，环形阵列齿轮，设置项目数为 18，结果如图 15-299 所示。

**08** 选择菜单【视图】|【视觉样式】|【概念】命令，对实体进行着色处理，结果如图 15-300 所示。

图 15-299　环形阵列

图 15-300　着色

**09** 选择菜单【修改】|【实体编辑】|【差集】命令，对实体进行差集处理，创建孔特征，结果如图 15-301 所示。

**10** 重复使用【差集】命令，创建齿轮特征，最终结果如图 15-302 所示。

图 15-301　差集

图 15-302　最终结果

# 第 **16** 章
# 零件模型的装配、分解、标注与输出

## 本章导读

由于三维立体图比二维平面图更加形象和直观，因此，三维绘制和装配在机械设计领域的运用越来越广泛。比较复杂的实体可以通过先绘制三维实体再转换为二维工程图，这种绘制工程图的方式可以减少工作量、提高绘图速度与精度。

本章介绍零件模型的装配、分解、标注与输出的方法。

## 效果展示

# 210 零件模型的装配

本例主要综合使用【设计中心】、【对齐】、【三维旋转】、【复制】、【剖切】、【视口】、【三维视图】以及【概念着色】等命令，学习了零件立体装配的方法和技巧。

| | | |
|---|---|---|
| 文件路径： | DVD\实例文件\第 16 章\实例 210.dwg | |
| 视频文件： | DVD\AVI\第 16 章\实例 210.avi | |
| 播放时长： | 0:03:00 | |

**01** 新建文件，并开启【对象捕捉】功能。

**02** 使用快捷键"Ctrl+2"激活【设计中心】命令，在打开的资源管理器窗口中定位随书光盘中的"\素材文件\第 16 章"文件夹，如图 16-1 所示。

**03** 在【设计中心】右侧窗口中定位"泵体.dwg"文件，然后单击鼠标右键，选择快捷键菜单上的"插入为块"选项，如图 16-2 所示。

图 16-1　设计中心窗口

图 16-2　选择"插入为块"选项

**04** 在弹出的【插入】对话框中，采用默认参数设置，将图形以块的形式插入到当前文档中，结果如图 16-3 所示。

**05** 参照第 3 步和第 4 步操作，分别将左端盖、右端盖文件，以块的形式插入到当前文档中，并将视图切换为西南等轴测视图，结果如图 16-4 所示。

图 16-3　插入泵体块

图 16-4　切换西南等轴测视图

**06** 选择菜单【视图】|【三维视图】|【左视图】命令，将当前视图切换为左视图方向。

**07** 选择菜单【修改】|【旋转】命令，将右端盖旋转-90°，结果如图 16-5 所示。

**08** 使用【移动】命令，将右端盖移动到如图 16-6 所示的位置，并为装配后的图形切换为西南等轴测视图，消隐结果如图 16-7 所示。

图 16-5　旋转右端盖　　　　　　　　　　　　　　图 16-6　指定位置

**09** 选择菜单【视图】|【三维视图】|【左视图】命令，将当前视图切换为左视图方向。

**10** 选择菜单【修改】|【旋转】命令，将左端盖旋转 90°，结果如图 16-8 所示。

图 16-7　移动结果　　　　　　　　　　　　　　图 16-8　旋转左端盖

**11** 使用【移动】命令，将左端盖移动到如图 16-9 所示的位置，并为装配后的图形切换为西南等轴测视图，消隐结果如图 16-10 所示。

**12** 选择菜单【视图】|【视觉样式】|【概念】命令，对模型进行着色显示，最终结果如图 16-11 所示。

图 16-9　指定位置　　　　　　　　图 16-10　移动结果　　　　　　　图 16-11　最终结果

## 211 零件模型的分解

| | | |
|---|---|---|
| 本例主要学习使用【构造线】、【移动】、【消隐】和【体着色】等命令分解三维装配图的方法和技巧。 | | |
| 文件路径: | DVD\实例文件\第 16 章\实例 211.dwg | |
| 视频文件: | DVD\AVI\第 16 章\实例 211.avi | |
| 播放时长: | 0:01:54 | |

**01** 打开随书光盘中的"\实例文件\第 16 章\实例 211.dwg"文件。

**02** 选择菜单【视图】|【视觉样式】|【二维线框】命令,对模型进行着色。

**03** 选择菜单【视图】|【消隐】命令,对模型进行着色,结果如图 16-12 所示。

**04** 选择菜单【绘图】|【构造线】命令,以右端盖的圆心作为通过点,绘制如图 16-13 所示的水平构造线作为定位辅助线。

**05** 选择菜单【视图】|【视觉样式】|【二维线框】命令,对模型进行着色。

**06** 选择菜单【修改】|【移动】命令,对如图 16-14 所示的壳体进行外移。

图 16-12 消隐效果　　　图 16-13 绘制水平构造线　　　图 16-14 选择壳体模型　　　图 16-15 定位基点

**07** 根据命令行操作提示,选择如图 16-15 所示的最近点作为基点,移动结果如图 16-16 所示。

图 16-16 移动壳体　　　　　　　　　　图 16-17 移动左端盖

**08** 选择菜单【修改】|【移动】命令,对左端盖进行外移,结果如图 16-17 所示。

**09** 选择菜单【视图】|【消隐】，对分解的模型进行着色，结果如图 16-18 所示。

**10** 选择菜单【视图】|【视觉样式】|【概念】，对分解的模型进行概念着色，最终结果如图 16-19 所示。

图 16-18　消隐结果

图 16-19　最终结果

# 212　零件模型的标注

　　本例主要学习了零件立体图尺寸的标注方法和标注技巧。对三维模型进行尺寸标注时，【UCS】命令的应用是标注的关键，在不同的三维面上标注尺寸，要将当前坐标系的平面放在不同的标注面上，这样才能标注出正确的零件图尺寸。

| 文件路径： | DVD\实例文件\第 16 章\实例 212.dwg |
| --- | --- |
| 视频文件： | DVD\AVI\第 16 章\实例 212.avi |
| 播放时长： | 0:02:33 |

**01** 打开随书光盘中的"\素材文件\第 16 章\实例 212.dwg"文件，将图形进行二维着色，结果如图 16-20 所示。

**02** 将当前的"defpoints"设置为当前层，然后单击【标注】工具栏上的 按钮，标注如图 16-21 所示的尺寸。

**03** 重复执行【线性标注】命令，配合端点和捕捉圆心功能，标注其他位置的尺寸，结果如图 16-22 所示。

图 16-20　线框显示

图 16-21　标注结果

图 16-22　标注结果

**04** 单击【标注】工具栏上的 ⊙ 按钮，激活【半径】命令，标注圆孔半径和圆角半径，结果如图 16-23 所示。

**05** 使用【UCS】命令中的【三点】功能，创建如图 16-24 所示的坐标系。

图 16-23　标注半径尺寸

图 16-24　新建坐标系

**06** 使用【线性】命令，配合【捕捉端点】功能，标注模型的厚度，结果如图 16-25 所示。

**07** 将世界坐标系设置为当前坐标系，然后使用快捷键 "HI" 激活【消隐】命令，结果如图 16-26 所示。

图 16-25　标注结果

图 16-26　视图消隐

## 213　零件模型的剖视图

A-A (1:1)

AutoCAD2013 新增了三维剖切功能，可以灵活地绘制出三维实体的半剖、全剖及阶梯剖等剖视图，本例将以草图与注释空间来学习如何生成三维实体剖视图。

| | |
|---|---|
| 文件路径 | DVD\实例文件\第 16 章\实例 213.dwg |
| 视频文件 | DVD\AVI\第 16 章\实例 213.avi |
| 播放时长 | 0:01:01 |

**01** 打开随书光盘 "\素材文件\第 16 章\实例 213.dwg"，如图 16-27 所示。

**02** 鼠标右键单击绘图区左下角 布局1 标签，在弹出的如图 16-28 所示的快捷菜单中选择 "新建布局"，新建三个布局空间。

图 16-27 打开素材

图 16-28 新建布局

**03** 单击绘图区左下角 布局1 标签，进入如图 16-29 所示的"布局 1"空间。

**04** 使用快捷键"E"激活【删除】命令，删除系统自动产生的矩形视口，结果如图 16-30 所示。

图 16-29 布局 1

图 16-30 删除视口

**05** 选择【布局】选项卡，在【创建视图】面板中，单击【基础】下拉式按钮，选择【从模型空间】，如图 16-31 所示。

**06** 此时可以向布局窗口中插入三维图形的三视图，结果如图 16-32 所示，至此三视图绘制完成。

图 16-31 从模型空间

图 16-32 创建零件三视图

**07** 单击绘图区左下角 布局2 标签，进入如图 16-33 所示的"布局 2"空间。

**08** 使用前面介绍的方法，生成三视图，结果如图 16-34 所示。

图 16-33　布局 2

图 16-34　三视图

**09** 使用快捷键"E"激活【删除】命令，删除俯视图及左视图，结果如图 16-35 所示。

**10** 选择【布局】选项卡，在【创建视图】面板中，单击【截面】下拉式按钮，选择【全剖】，结合【对象捕捉】功能，对图形进行剖切，结果如图 16-36 所示，至此，全剖视图绘制完成。

图 16-35　删除视口

图 16-36　创建全剖视图

**11** 单击绘图区左下角 布局3 标签，进入如图 16-37 所示的"布局 3"空间。

**12** 使用前面介绍的方法，生成三视图，结果如图 16-38 所示。

图 16-37　布局 3

图 16-38　创建三视图

**13** 使用快捷键"E"激活【删除】命令，删除前视图及俯视图，结果如图 16-39 所示。

**14** 选择【布局】选项卡，在【创建视图】面板中，单击【截面】下拉式按钮，选择【半剖】，结合【对象捕捉】功能，对图形进行剖切，结果如图 16-40 所示，至此，半剖视图绘制完成。

图 16-39　删除视口

图 16-40　创建半剖视图

**15** 单击绘图区左下角 **布局**4 标签，进入如图 16-41 所示的"布局 4"空间。

**16** 使用前面介绍的方法，生成三视图，结果如图 16-42 所示。

图 16-41　布局 4

图 16-42　创建三视图

**17** 使用快捷键"E"激活【删除】命令，删除前视图及左视图，结果如图 16-43 所示。

**18** 选择【布局】选项卡，在【创建视图】面板中，单击【截面】下拉式按钮，选择【阶梯剖】，结合【对象捕捉】功能，对图形进行阶梯剖切，结果如图 16-44 所示，至此，阶梯剖视图绘制完成。

图 16-43　删除视口

图 16-44　创建阶梯剖

**19** 单击绘图区左下角 布局5 标签，进入如图 16-45 所示的"布局 5"空间。

**20** 使用前面介绍的方法，生成三视图，结果如图 16-46 所示。

图 16-45 布局 5

图 16-46 创建三视图

**21** 使用快捷键"E"激活【删除】命令，删除前视图及左视图，结果如图 16-47 所示。

**22** 选择【布局】选项卡，在【创建视图】面板中，单击【截面】下拉式按钮菜单，选择【旋转剖】，结合【对象捕捉】功能，对图形进行旋转剖，结果如图 16-48 所示，至此，旋转剖视图绘制完成。

图 16-47 删除视口

图 16-48 创建旋转剖

## 214 零件轴测图的输出

本例通过打印立体零件图，主要综合练习了【绘图仪管理器】、【页面设置管理器】和【打印预览】等命令，学习了在模型空间内快速出图的具体方法和技巧。

| 文件路径： | DVD\实例文件\第 16 章\实例 214.dwg |
|---|---|
| 视频文件： | DVD\AVI\第 16 章\实例 214.avi |
| 播放时长： | 0:04:08 |

**01** 打开随书光盘中的"\实例文件\第 11 章\实例 214.dwg"文件，如图 16-49 所示。

**02** 将"0图层"设置为当前图层，然后使用【插入块】命令，插入随书光盘中的"\图块文件\A4-H.dwg"文件，其中块参数设置如图 16-50 所示。

图 16-49　打开结果

图 16-50　设置参数

**03** 使用【移动】命令，适当移动图框的位置，结果如图 16-51 所示。

**04** 选择菜单【文件】|【页面设置管理器】命令，在打开的对话框单击 新建(N)… 按钮，为新页面设置命名，如图 16-52 所示。

图 16-51　调整图框位置

图 16-52　为新页面设置命名

**05** 单击 确定(O) 按钮，打开【页面设置-模型】对话框，设置打印机的名称、图纸尺寸、打印偏移、打印比例和图形方向等页面参数，如图 16-53 所示。

图 16-53　设置页面参数

图 16-54　设置当前页面

**06** 单击【打印范围】下拉列表框，在展开的下拉列表内选择【窗口】选项。

**07** 系统自动返回绘图区，在"指定第一个角点、对角点等"操作提示下，捕捉图框的两个对角点，作为打印区域。

**08** 当指定打印区域后，系统自动返回【页面设置-模型】对话框，单击 确定(O) 按钮，返回【新建页面设置】对话框，将刚创建的新页面"设置 1"置为当前，如图 16-54 所示。

**09** 选择菜单【文件】|【打印预览】命令，对当前图形进行打印预览，预览结果如图 16-55 所示。

**10** 打击鼠标右键，在弹出的快捷菜单中选择【打印】选项，此时系统打开如图 16-56 所示的【浏览打印文件】对话框，在此对话框内设置打印文件的保存路径及文件名。

**11** 单击　　保存(S)　　按钮，系统弹出【打印作业进度】对话框，等此对话框关闭后，打印过程即将结束。

图 16-55　打印预览　　　　　　　　　图 16-56　保存打印

# 第**17**章

# 曲面模型与工业产品设计

**本章导读**

　　通过前面几章的学习，我们对三维模型的创建和编辑功能有了一定的了解。本章以常见的生活用品、工业产品造型建模为例，实战演练 AutoCAD 的三维建模功能，以掌握常见曲面模型的创建方法和编辑技巧。

**效果展示**

# 215　创建手柄网格曲面

本例通过创建手柄曲面模型,重点练习【样条】、【椭圆】和【网格】等命令。

| | | |
|---|---|---|
| 文件路径: | DVD\实例文件\第 17 章\实例 215.dwg | |
| 视频文件: | DVD\AVI\第 17 章\实例 215.avi | |
| 播放时长: | 0:09:46 | |

**01** 按 Ctrl+N 键新建文件,利用【直线】、【样条】等命令在 XY 平面上绘制如图 17-1 所示的二维轮廓曲线。

**02** 将视图切换到东南等轴测视图,选择菜单【工具】|【新建 UCS】|【X】命令,将坐标系绕 X 轴旋转 90°。

**03** 单击【绘图】工具栏中的 按钮,激活【椭圆】命令,在绘图区中指定椭圆轴的端点,绘制样条曲线两端的椭圆。命令操作过程如下:

```
命令: _ellipse
指定椭圆的轴端点或 [圆弧(A)/中心点(C)]: ↙        //选择样条曲线靠近坐标系的端点
指定轴的端点: ↙                              //选择样条曲线靠近坐标系的另一端点
指定另一条半轴长度或 [旋转(R)]: 20↙           //结果如图 17-2 所示
命令: ellipse//按回车键再次启动绘制椭圆命令
指定椭圆的轴端点或 [圆弧(A)/中心点(C)]: ↙        //选择样条曲线另一端的端点
指定轴的端点: ↙
指定另一条半轴长度或 [旋转(R)]: 15↙           //结果如图 17-3 所示
```

图 17-1　绘制轮廓曲线

图 17-2　绘制椭圆 1

图 17-3　绘制椭圆 2

**04** 单击【修改】工具栏中的 按钮,激活【修剪】命令,在绘图区中将两个椭圆的下半部分修剪掉,如图 17-4 所示。

**05** 选择菜单【绘图】|【建模】|【曲面】|【网格】命令,在绘图区中选择两个椭圆弧为第一个方向的曲线,选择两条样条曲线为第二个方向的曲线。命令操作过程如下:

```
命令: _SURFNETWORK
沿第一个方向选择曲线或曲面边:找到 1 个,总计 2 个
沿第一个方向选择曲线或曲面边: ↙              //选择两个椭圆弧,按回车确定
```

沿第二个方向选择曲线或曲面边:找到 1 个,总计 2 个

沿第二个方向选择曲线或曲面边:↙                    //选择两条曲线,按回车确定,结果如图 17-5 所示

**06** 如图 17-6 所示为手柄曲面模型概念视觉样式显示结果。

图 17-4 修剪椭圆

图 17-5 创建网格曲面

图 17-6 概念视觉样式显示效果

# 216 创建圆锥过渡曲面

本例通过创建圆锥手柄模型,重点练习【圆】、【网格】和【过渡】等命令。

| | | |
|---|---|---|
| 文件路径: | DVD\实例文件\第 17 章\实例 216.dwg |
| 视频文件: | DVD\AVI\第 17 章\实例 216.avi |
| 播放时长: | 0:09:46 |

**01** 新建文件,利用【直线】、【圆】等命令在 XY 平面上绘制如图 17-7 所示的二维轮廓曲线。

**02** 将视图切换到西南等轴测视图,选择菜单【工具】|【新建 UCS】|【Y】命令,将坐标系绕 Y 轴旋转 90º,如图 17-8 所示。

图 17-7 绘制轮廓线

图 17-8 旋转坐标系

**03** 选择菜单【绘图】|【圆弧】|【起点,端点,半径】命令,在绘图区中绘制 2 个半径分别为 15 和 20 的圆弧,如图 17-9 所示。

**04** 选择菜单【绘图】|【建模】|【曲面】|【网格】命令,在绘图区中选择两条圆弧为第一个方向的曲线,选择两根直线为第二个方向的曲线,创建网格曲面如图 17-10 所示。

**05** 选择菜单【绘图】|【建模】|【拉伸】命令,在绘图区中选择底端的 2 个圆弧,创建拉伸距离为 5 的曲面,如图 17-11 所示。

图 17-9 绘制圆弧

图 17-10 创建网格曲面

图 17-11 创建拉伸曲面

**06** 选择菜单【绘图】|【建模】|【曲面】|【过渡】命令，在绘图区中分别选择两个过渡曲面的边缘线，并设置与相邻曲线的连续性为 G2。命令操作过程如下：

```
命令：_SURFBLEND
连续性 = G1 - 相切，凸度幅值 = 0.5
选择要过渡的第一个曲面的边：找到 1 个
选择要过渡的第一个曲面的边：↙                    //选择网格曲面的圆弧线，按回车确定
选择要过渡的第二个曲面的边：找到 1 个
选择要过渡的第二个曲面的边：↙                    //选择拉伸曲面的圆弧线，按回车确定
按 Enter 键接受过渡曲面或 [连续性(CON)/凸度幅值(B)]：con↙
第一条边的连续性 [G0(G0)/G1(G1)/G2(G2)] <G1>：g2↙
第二条边的连续性 [G0(G0)/G1(G1)/G2(G2)] <G1>：g2↙
按 Enter 键接受过渡曲面或 [连续性(CON)/凸度幅值(B)]：↙//按回车确定，结果如图 17-12
```
所示。按同样方法创建另一端过渡曲面，结果如图 17-13 所示

**07** 隐藏 2 个拉伸曲面，选择菜单【修改】|【实体编辑】|【并集】命令，将绘图区中的全部曲面合并为一个曲面。

**08** 圆锥手柄概念视觉样式显示效果如图 17-14 所示。

图 17-12 创建过渡曲面 1

图 17-13 创建过渡曲面 2

图 17-14 概念视觉样式效果

# 217 创建音箱面板修剪曲面

本例通过创建音箱面板曲面，重点练习【拉伸】、【平面】、【修剪】和【圆角边】等命令。

| | | |
|---|---|---|
| 文件路径： | DVD\实例文件\第 17 章\实例 217.dwg | |
| 视频文件： | DVD\AVI\第 17 章\实例 217.avi | |
| 播放时长： | 0:09:46 | |

**01** 新建文件，利用【直线】、【圆】等命令在 XY 平面上绘制如图 17-15 所示的二维轮廓曲线。

**02** 将视图切换到西南等轴测视图，选择菜单【绘图】|【建模】|【拉伸】命令，创建拉伸距离为 50 的拉伸曲面，如图 17-16 所示。

图 17-15  绘制轮廓曲线

图 17-16  创建拉伸曲面

**03** 单击【绘图】工具栏中的 ✎ 按钮，激活【直线】命令，在绘图区中连接拉伸曲面末端的两个端点，使其成为一个封闭的面，如图 17-17 所示。

**04** 选择菜单【修改】|【三维操作】|【提取边】命令，在绘图区中选择步骤 3 创建的拉伸面，抽取曲面的边缘线。

**05** 选择菜单【绘图】|【建模】|【曲面】|【平面】命令，依次在工作区中选择拉伸曲面端面的封闭线，创建有界平面，如图 17-18 所示。

**06** 选择菜单【工具】|【新建 UCS】|【Y】命令，将坐标系统 Y 轴旋转 90°。并选择菜单【视图】|【三维视图】|【平面视图】|【当前 UCS】命令，将视图切换到当前的 XY 基准平面。绘制如图 17-19 所示的修剪线轮廓。

图 17-17  绘制直线

图 17-18  创建平面

图 17-19  绘制修剪线轮廓

**07** 选择菜单【修改】|【对象】|【多线段】命令，将绘图区中上步骤绘制的轮廓线合并为一条曲线。

**08** 选择菜单【修改】|【曲面编辑】|【修剪】命令，选择绘图区中的拉伸曲面为要修剪的面，选择上步骤绘制的轮廓线为剪切线。命令行操作过程如下：

```
命令：_SURFTRIM
延伸曲面 = 是，投影 = 自动
选择要修剪的曲面或面域或者 [延伸(E)/投影方向(PRO)]：找到 1 个//在绘图区中选择拉伸曲面
选择剪切曲线、曲面或面域：找到 1 个//在绘图区中选择修剪轮廓线
选择要修剪的区域 [放弃(U)]：↙ //用鼠标单击工作区中要修剪的区域，结果如图 17-20 所示
```

**09** 选择菜单【修改】|【实体编辑】|【并集】命令，将绘图区中的全部曲面合并为一个曲面。

**10** 选择菜单【修改】|【实体编辑】|【圆角边】命令，在绘图区中选择面板的边缘线，创建半径为 2 的圆角，结果如图 17-21 所示。其概念显示样式如图 17-22 所示。

图 17-20　修剪曲面　　　　　图 17-21　创建圆角边　　　　　图 17-22　概念显示样式

## 218　创建扣盖修补曲面

本例通过创建扣盖曲面模型，重点练习【拉伸】、【并集】、【差集】、【圆角边】和【修补】等命令。

| | |
|---|---|
| 文件路径： | DVD\实例文件\第 17 章\实例 218.dwg |
| 视频文件： | DVD\AVI\第 17 章\实例 218.avi |
| 播放时长： | 0:09:46 |

**01** 新建文件，利用【圆】命令在 XY 平面上绘制如图 17-23 所示的圆。

**02** 将视图切换到西南等轴测视图，选择菜单【绘图】|【建模】|【拉伸】命令，创建拉伸曲面，拉伸距离为 6。命令行操作过程如下：

```
命令：_extrude
当前线框密度： ISOLINES=4，闭合轮廓创建模式 = 曲面
选择要拉伸的对象或 [模式(MO)]：_MO 闭合轮廓创建模式 [实体(SO)/曲面(SU)] <实体>：_SO
选择要拉伸的对象或 [模式(MO)]：找到 1 个　　　　　//选择上步骤绘制的圆
选择要拉伸的对象或 [模式(MO)]：mo↙
闭合轮廓创建模式 [实体(SO)/曲面(SU)] <实体>：su↙
指定拉伸的高度或 [方向(D)/路径(P)/倾斜角(T)]：6↙　　//结果如图 17-24 所示
```

**03** 选择菜单【绘图】|【建模】|【修补】命令，在绘图区中选择拉伸曲面的上面的边缘线，创建连续性为 G1 的修补面。命令行操作过程如下：

```
命令：_SURFPATCH
连续性 = G0 - 位置，凸度幅值 = 0.5
选择要修补的曲面边或 <选择曲线>：找到 1 个
选择要修补的曲面边或 <选择曲线>：↙　　　　　　　//选择拉伸曲面边　线，　　　定
    Enter　　　修补曲面或 [连续性(CON)/凸度幅值(B)/　　　图 (CONS)]：con↙
修补曲面连续性 [G0(G0)/G1(G1)/G2(G2)] <G0>：g1↙
    Enter　　　修补曲面或 [连续性(CON)/凸度幅值(B)/　　　图 (CONS)]：↙
                                    //结果如图 17-25 所示
```

图 17-23　绘制圆

图 17-24　创建拉伸曲面

图 17-25　修补曲面 1

**04** 选择菜单【视图】|【三维视图】|【平面视图】|【当前 UCS】命令，将视图切换到当前的 XY 基准平面。利用【直线】、【圆】、【圆角】等命令在 XY 平面上绘制如图 17-26 所示的二维轮廓曲线。

**05** 选择菜单【修改】|【对象】|【多线段】命令，将上步骤绘制的轮廓线合并为一条曲线。

**06** 将视图切换到西南等轴测视图，选择菜单【绘图】|【建模】|【拉伸】命令，创建拉伸曲面，拉伸距离为 28，如图 17-27 所示。

**07** 选择菜单【绘图】|【建模】|【修补】命令，在绘图区中选择拉伸曲面的上面的边缘线，创建连续性为 G0 的修补面。命令行操作过程如下：

```
命令: _SURFPATCH
连续性 = G0 - 位置，凸度幅值 = 0.5
选择要修补的曲面边或 <选择曲线>: 找到 1 个
选择要修补的曲面边或 <选择曲线>:↙//选择上步骤创建拉伸曲面边　线
按 Enter 键接受修补曲面或 [连续性(CON)/凸度幅值(B)/约束几何图形(CONS)]: con↙
修补曲面连续性 [G0(G0)/G1(G1)/G2(G2)] <G0>: g0↙
按 Enter 键接受修补曲面或 [连续性(CON)/凸度幅值(B)/约束几何图形(CONS)]: ↙//结果如图
17-28 所示
```

图 17-26　绘制凸台轮廓

图 17-27　创建拉伸曲面

图 17-28　修补曲面 2

**08** 选择菜单【修改】|【曲面编辑】|【修剪】命令，重复利用两次该命令，将拉伸曲面和修补曲面交合处多余的曲面修剪掉，结果如图 17-29 所示。

**09** 选择菜单【修改】|【实体编辑】|【并集】命令，将绘图区中的全部曲面合并为一个曲面。

**10** 选择菜单【修改】|【实体编辑】|【圆角边】命令，在绘图区中选择伸曲面和修补曲面相交的边缘线，以及凸台顶端的边缘线，创建半径为 2 的圆角，结果如图 17-30 所示。

**11** 选择菜单【工具】|【新建 UCS】|【X】命令，将坐标系绕 X 轴旋转 90º。并选择菜单【视图】|【三维视图】|【平面视图】|【当前 UCS】命令，将视图切换到当前的 XY 基准平面，绘制如图 17-31 所示的截面轮廓。

图 17-29  修剪曲面          图 17-30  创建圆角边          图 17-31  绘制轮廓线

**12** 选择菜单【修改】|【对象】|【多线段】命令，将绘图区中将上步骤绘制的截面合并为一条曲线。

**13** 将视图切换到西南等轴测视图，选择菜单【绘图】|【建模】|【拉伸】命令，创建拉伸距离为 30 的实体，结果如图 17-32 所示。

**14** 选择菜单【修改】|【实体编辑】|【差集】命令，在绘图区中选拉伸曲面为要减去的曲面，选择拉伸实体为剪切实体，结果如图 17-33 所示。其概念显示样式如图 17-34 所示。

图 17-32  创建拉伸实体          图 17-33  差集          图 17-34  概念显示样式

## 219  创建笔筒圆角曲面

<table>
<tr>
<td rowspan="3"></td>
<td colspan="2">本例通过创建笔筒曲面模型，重点练习了【三维移动】、【复制】、【放样】、【修补】、【修剪】和【圆角】等命令。</td>
</tr>
<tr>
<td>文件路径：</td>
<td>DVD\实例文件\第 17 章\实例 219.dwg</td>
</tr>
<tr>
<td>视频文件：</td>
<td>DVD\AVI\第 17 章\实例 219.avi</td>
</tr>
<tr>
<td></td>
<td>播放时长：</td>
<td>0:09:46</td>
</tr>
</table>

**01** 新建文件，利用【直线】、【矩形】等命令在 XY 平面上绘制如图 17-35 所示的二维轮廓曲线。

**02** 将视图切换到西南等轴测视图，选择菜单【修改】|【三维操作】|【三维移动】命令，选择上步骤绘制的小矩形，将其向 Z 轴方向移动 150，如图 17-36 所示。

**03** 选择菜单【修改】|【复制】命令，将大的矩形向 Z 轴方向移动 300。命令行操作过程如下：

```
命令: _copy
选择对象：找到 1 个 //在绘图区中选择大矩形
当前设置：复制模式 = 多个
```

指定基点或 [位移(D)/模式(O)] <位移>: 0,0,0↙

指定第二个点或 <使用第一个点作为位移>: 0,0,300↙

指定第二个点或 [退出(E)/放弃(U)] <退出>:↙//结果如图 17-37 所示

图 17-35 绘制轮廓线　　　　　图 17-36 三维移动矩形　　　　图 17-37 复制矩形

**04** 选择菜单【绘图】|【建模】|【放样】命令，依次选择工作区中的三个矩形，创建放样曲面。命令行操作过程如下：

命令: _loft

当前线框密度: ISOLINES=4, 闭合轮廓创建模式 = 曲面

按放样次序选择横截面或 [点(PO)/合并多条边(J)/模式(MO)]: _MO 闭合轮廓创建模式 [实体(SO)/曲面(SU)] <实体>: _SO

按放样次序选择横截面或 [点(PO)/合并多条边(J)/模式(MO)]: mo↙

闭合轮廓创建模式 [实体(SO)/曲面(SU)] <实体>: su↙

按放样次序选择横截面或 [点(PO)/合并多条边(J)/模式(MO)]: 找到 1 个, 总计 3 个//在绘图区中选择 3 个矩形, 结果如图 17-38 所示

**05** 选择菜单【绘图】|【建模】|【曲面】|【圆角】命令，在绘图区中分别选择相邻的两个放样曲面，创建 4 个圆角，结果如图 17-39 所示。

**06** 选择菜单【绘图】|【建模】|【修补】命令，在绘图区中选择放样曲面底端的边缘线，创建连续性为 **G0** 的修补面。命令行操作过程如下：

命令: _SURFPATCH

连续性 = G0 - 位置, 凸度幅值 = 0.5

选择要修补的曲面边或 <选择曲线>: 找到 4 个

选择要修补的曲面边或 <选择曲线>:↙//选择上步骤创建放样曲面的边　线

按 Enter 键接受修补曲面或 [连续性(CON)/凸度幅值(B)/约束几何图形(CONS)]: con↙

修补曲面连续性 [G0(G0)/G1(G1)/G2(G2)] <G0>: g0↙

按 Enter 键接受修补曲面或 [连续性(CON)/凸度幅值(B)/约束几何图形(CONS)]:↙//结果如图 17-40 所示

**07** 选择菜单【修改】|【实体编辑】|【并集】命令，将绘图区中的全部曲面合并为一个曲面。

图 17-38　创建放样曲面

图 17-39　圆角曲面

图 17-40　修补曲面

**08** 选择菜单【工具】|【新建 UCS】|【X】命令，将坐标系统绕 X 轴旋转 90°。并选择菜单【视图】|【三维视图】|【平面视图】|【当前 UCS】命令，将视图切换到当前的 XY 基准平面。绘制如图 17-41 所示的圆弧。

**09** 选择菜单【修改】|【曲面编辑】|【修剪】命令，将放样曲面上端多余的曲面修剪掉，如图 17-42 所示。其概念显示样式如图 17-43 所示。

图 17-41　绘制修剪曲线

图 17-42　修剪曲面

图 17-43　概念显示样式

## 220　创建灯罩偏移曲面

本例通过创建台灯罩曲面模型，重点学习了【圆】、【圆弧】、【修剪】、【偏移】和【过渡】等命令。

| | 文件路径： | DVD\实例文件\第 17 章\实例 220.dwg |
|---|---|---|
| | 视频文件： | DVD\AVI\第 17 章\实例 220.avi |
| | 播放时长： | 0:09:46 |

**01** 新建文件，利用【直线】、【圆弧】等命令在 XY 平面上绘制如图 17-44 所示的二维轮廓曲线。并选择菜单【修改】|【对象】|【多线段】命令，在绘图区中将上步骤绘制的截面合并为一条曲线。

**02** 选择菜单【工具】|【新建 UCS】|【Y】命令，将坐标系绕 Y 轴旋转 90º。并选择菜单【视图】|【三维视图】|【平面视图】|【当前 UCS】命令，将视图切换到当前的 XY 基准平面，绘制如图 17-45 所示的修剪线轮廓。

图 17-44　绘制轮廓曲线

图 17-45　绘制截面曲线

**03** 将视图切换到西南等轴测视图，选择菜单【修改】|【三维操作】|【三维移动】命令，选择上步骤绘制的圆弧，将其向 Z 轴方向移动 180，如图 17-46 所示。

图 17-46　三维移动曲线

图 17-47　创建拉伸曲面 1

**04** 选择菜单【绘图】|【建模】|【拉伸】命令，选择上步骤移动的圆弧为截面，创建拉伸距离为 360 的曲面，如图 17-47 所示。按同样的方法，创建拉伸距离为 60 的拉伸曲面，结果如图 17-48 所示。

图 17-48　创建拉伸曲面 2

图 17-49　修剪曲面 1

**05** 选择菜单【修改】|【曲面编辑】|【修剪】命令，将拉伸曲面和修补曲面交合处多余的曲面修剪掉，第一次修剪结果如图 17-49 所示。第二次修剪结果如图 17-50 所示。

**06** 选择菜单【修改】|【实体编辑】|【并集】命令，将绘图区中的全部曲面合并为一个曲面。

**07** 选择菜单【工具】|【新建 UCS】|【Y】命令，将坐标系统 Y 轴旋转-90°。并选择菜单【视图】|【三维视图】|【平面视图】|【当前 UCS】命令，将视图切换到当前的 XY 基准平面。

**08** 在当前 XY 基准平面上绘制如图 17-51 所示的修剪线轮廓。并选择菜单【修改】|【对象】|【多线段】命令，在绘图区中将上步骤绘制的截面合并为一条曲线。

图 17-50  修剪曲面 2

图 17-51  绘制剪切轮廓

**09** 选择菜单【修改】|【实体编辑】|【圆角边】命令，在绘图区中选择两个拉伸曲面相交的边缘线，创建半径为 20 的圆角，结果如图 17-52 所示。

**10** 将视图切换到当前的 XY 基准平面，选择菜单【修改】|【偏移】命令，选择剪切轮廓曲线将其向内偏置 3，如图 17-53 所示。并选择偏移曲线左端的直线，将其移动到原轮廓曲线外，结果如图 17-54 所示。

图 17-52  创建圆角边

图 17-53  偏置曲线

图 17-54  移动曲线

**11** 选择菜单【绘图】|【建模】|【曲面】|【偏移】命令，依次在工作区中选择拉伸曲面端面的封闭线，创建有界平面。命令行操作过程如下：

```
命令：_SURFOFFSET
连接相邻边 = 否
选择要偏移的曲面或面域：找到 1 个
选择要偏移的曲面或面域：↵//在绘图区中选择曲面
指定偏移距离或 [翻转方向(F)/两侧(B)/实体(S)/连接(C)] <0.0000>: 6↵
```

**12** 选择菜单【修改】|【曲面编辑】|【修剪】命令，选择偏置曲线为修剪曲线，将偏移曲面外侧修剪掉。选择原来的轮廓线为修剪曲线，将原曲面内侧修剪掉，结果如图 17-56 所示。

图 17-55　偏移曲面

图 17-56　修剪曲面

**13** 选择菜单【绘图】|【建模】|【曲面】|【过渡】命令，在绘图区中分别选择两个过渡曲面的边缘线，并设置与相邻曲线的连续性为 G2。命令操作过程如下：

```
命令：_SURFBLEND
连续性 = G1 - 相切，凸度幅值 = 0.5
选择要过渡的第一个曲面的边：找到 1 个，总计 8 个
选择要过渡的第一个曲面的边：↙//　　　　选择　　曲面的边
选择要过渡的第　个曲面的边：找到 1 个，总计 8 个
选择要过渡的第　个曲面的边：↙//　　　　选择　　曲面边　　的曲
　　Enter　　　　过渡曲面　[连续性(CON)/凸度幅值(B)]：con↙
第一　边的连续性 [G0(G0)/G1(G1)/G2(G2)] <G1>：g1↙
第　　边的连续性 [G0(G0)/G1(G1)/G2(G2)] <G1>：g1↙//　　　　17-57
　　17-58
```

图 17-57　创建过渡曲面

图 17-58　概念显示样式

## 221　创建雨伞模型

通过创建雨伞模型，主要练习了【直线】、【多段线】、【旋转网格】等命令。在操作过程中使用【UCS】命令来定位新的坐标系。

| | | |
|---|---|---|
| 文件路径： | DVD\实例文件\第 17 章\实例 221.dwg |
| 视频文件： | DVD\AVI\第 17 章\实例 221.avi |
| 播放时长： | 0:04:15 |

**01** 使用【文件】|【新建】命令，创建空白文件。

**02** 选择菜单【视图】|【三维视图】|【西南等轴测】命令，将当前视图调整为西南视图。

**03** 单击【绘图】工具栏上的 ✎ 按钮，以（0，0，0）为起点，绘制长度为 30 的垂直线段。

**04** 在命令行中输入 "UCS"，绕 X 轴旋转 90°，结果如图 17-59 所示。

**05** 选择菜单【绘图】|【圆弧】|【起点、圆心、半径】命令，以直线上端点为起点，下端点为圆心，绘制弦长为 20 的圆弧，结果如图 17-60 所示。

**06** 在命令行中输入 "surftabl"，设置其值为 10，再输入 "surftab2" 设置其值为 10。

**07** 选择菜单【绘图】|【建模】|【网格】|【旋转网格】命令，创建如图 17-61 所示的旋转曲面。

图 17-59　设置坐标系　　　　　图 17-60　绘制圆弧　　　　　图 17-61　旋转网格

**08** 单击【绘图】工具栏上的 ⊃ 按钮，激活【多段线】命令，绘制的多段线。命令行操作过程如下：

```
命令：PLINE
指定起点：//0，0，0↙
当前线宽为 0.0000
指定下一个点或 [圆弧(A)/半宽(H)/长度(L)/放弃(U)/宽度(W)]:@0,-2↙
指定下一点或 [圆弧(A)/闭合(C)/半宽(H)/长度(L)/放弃(U)/宽度(W)]:a↙
指定圆弧的端点或[角度(A)/圆心(CE)/闭合(CL)/方向(D)/半宽(H)/直线(L)/半径(R)/第二个
点(S)/放弃(U)/宽度(W)]:a↙
指定包含角:-180↙
指定圆弧的端点或 [圆心(CE)/半径(R)]: @-5,0↙
指定圆弧的端点或[角度(A)/圆心(CE)/闭合(CL)/方向(D)/半宽(H)/直线(L)/半径(R)/第二个
点(S)/放弃(U)/宽度(W)]: ↙ //按回车键，结束命令，结果如图 17-62 所示
```

**09** 使用快捷键 "PE" 激活【多段线】命令，将绘制的线段和绘制的多段线合并。

**10** 在命令输入 "UCS"，将坐标返回世界坐标系。

**11** 单击【绘图】工具栏上的 ⊚ 按钮，以刚闭合的多段线的端点为圆心，绘制半径为 0.4 的圆，结果如图 17-63 所示。

**12** 单击【建模】工具栏上的 ⒢ 按钮，将刚绘制的圆沿刚多段线拉伸，结果如图 17-64 所示。

**13** 最后使用【文件】|【保存】命令，将图形命名存储为 "实例 201.dwg"。

图 17-62　绘制结果

图 17-63　绘制圆

图 17-64　拉伸

# 222　创建化妆盒模型

本例主要综合使用【直线】、【圆弧】、【多线段】、【复制】、【偏移】、【拉伸】、【平面】、【过渡】、【并集】、【提取边】及【放样】等命令，综合学习曲面的创建方法和技巧。

| | |
|---|---|
| 文件路径： | DVD\实例文件\第 17 章\实例 222.dwg |
| 视频文件： | DVD\AVI\第 17 章\实例 222.avi |
| 播放时长： | 0:03:00 |

**01** 新建文件，利用【直线】、【圆弧】、【圆角】等命令在 XY 平面上绘制如图 17-65 所示的二维轮廓曲线。绘制方法为：先绘制辅助的梯形，然后采用"起点、端点、半径"的方式绘制 4 条圆弧，最后利用【圆角】工具绘制各个圆弧之间的圆角。

**02** 将视图切换到西南等轴测视图，选择菜单【修改】|【对象】|【多线段】命令，将绘图区中的曲线合并为一条曲线。命令行操作过程如下：

```
命令：_pedit 选择多段线或 [多条(M)]：
   选择多段线或 [多条(M)]：↙    //在绘图区中任意选
择一条轮廓曲线
   是否将其转换为多段线？<Y>↙
   输入选项 [闭合(C)/合并(J)/宽度(W)/编辑顶点(E)/
拟合(F)/样条曲线(S)/非曲线化(D)/线型生成(L)/反转
(R)/放弃(U)]：J↙    //在绘图区中选择全部的轮廓曲线
   选择对象：指定对角点：找到 8 个
   多段线已增加 7 条线段
```

图 17-65　绘制轮廓

**03** 选择菜单【修改】|【复制】命令，将上步骤合并的轮廓曲线向 Z 轴方向移动 10。命令行操作过程如下：

```
命令：_copy
选择对象：找到 1 个 //在绘图区中选择合并的轮廓线
当前设置：复制模式 = 多个
```

指定基点或 [位移(D)/模式(O)] <位移>: 0,0,0↵

指定第二个点或 <使用第一个点作为位移>: 0,0,10↵

指定第二个点或 [退出(E)/放弃(U)] <退出>:↵　　//复制结果如图 17-66 所示

**04** 选择菜单【修改】|【偏移】命令，将上步骤复制的轮廓线向内偏移 10，如图 17-67 所示。

**05** 重复【偏移】命令，将偏移 10 的轮廓线再次向内偏移 2，如图 17-68 所示。

图 17-66　复制轮廓线 1　　　　　　图 17-67　偏移轮廓线 1　　　　　　图 17-68　偏移轮廓线 2

**06** 选择菜单【修改】|【复制】命令，将上步骤偏移的轮廓曲线向 Z 轴负方向移动 1.5，并将其他多余的曲线隐藏。如图 17-69 所示。

**07** 选择菜单【绘图】|【建模】|【曲面】|【平面】命令，选择步骤 4 偏移的轮廓线创建有界平面。命令行操作过程如下：

命令: _Planesurf

指定第一个角点或 [对象(O)] <对象>: o↵

选择对象: 找到 1 个　　//在绘图区中选择步骤 4 偏移的轮廓线

选择对象: ↵　　　　　　　　//结果如图 17-70 所示

**08** 选择菜单【绘图】|【建模】|【拉伸】命令，选择步骤 1 绘制的轮廓线为截面，创建向 Z 轴负方向拉伸距离为 8 的曲面。命令行操作过程如下：

命令: _extrude

当前线框密度: ISOLINES=4，闭合轮廓创建模式 = 曲面

选择要拉伸的对象或 [模式(MO)]: _MO 闭合轮廓创建模式 [实体(SO)/曲面(SU)] <实体>: _SO

选择要拉伸的对象或 [模式(MO)]: mo↵

闭合轮廓创建模式 [实体(SO)/曲面(SU)] <实体>: su↵

选择要拉伸的对象或 [模式(MO)]: 找到 1 个　　　//在绘图区中选择步骤 1 绘制的轮廓线

指定拉伸的高度或 [方向(D)/路径(P)/倾斜角(T)]: -8↵//结果如图 17-71 所示

图 17-69　复制轮廓线 2　　　　　　图 17-70　创建平面　　　　　　图 17-71　创建拉伸曲面

**09** 选择菜单【绘图】|【建模】|【曲面】|【过渡】命令，在绘图区中选择上步骤创建平面的边缘线，以及在拉伸曲面上选择对应的边缘线。命令行操作过程如下：

命令：_SURFBLEND

连续性 = G1 - 相切，凸度幅值 = 0.5

选择要过渡的第一个曲面的边：找到 1 个 //在绘图区中选择上轮廓的一条曲线

选择要过渡的第二个曲面的边：找到 1 个 //在绘图区中选择下轮廓对应的曲线

按 Enter 键接受过渡曲面或 [连续性(CON)/凸度幅值(B)]：CON↙

第一条边的连续性 [G0(G0)/G1(G1)/G2(G2)] <G1>：G2↙

第二条边的连续性 [G0(G0)/G1(G1)/G2(G2)] <G1>：G2↙

按 Enter 键接受过渡曲面或 [连续性(CON)/凸度幅值(B)]：↙ //结果如图 17-72 所示，按照同样的方法创建其他的 7 个过渡曲面，结果如图 17-73 所示。

**10** 选择菜单【修改】|【实体编辑】|【并集】命令，在绘图区中选择上步骤创建的 8 个过渡曲面，将它们合并为一个曲面，并隐藏其他的多余曲面，如图 17-74 所示。

图 17-72　创建过渡曲面　　　　图 17-73　创建其他过渡曲面　　　　图 17-74　隐藏多余的曲面

**11** 选择菜单【修改】|【三维操作】|【提取边】命令，在绘图区中选择上步骤合并的曲面，抽取合并曲面的边缘线。

**12** 选择菜单【修改】|【对象】|【多线段】命令，将绘图区中上步骤创建的曲线合并为一条曲线。命令行操作过程如下：

命令：_pedit 选择多段线或 [多条(M)]： //在绘图区中选择上个命令提取边的任意一条曲线

是否将其转换为多段线？<Y>↙

输入选项 [闭合(C)/合并(J)/宽度(W)/编辑顶点(E)/拟合(F)/样条曲线(S)/非曲线化(D)/线型生成(L)/反转(R)/放弃(U)]：J↙

选择对象：找到 8 个 //在绘图区中选择上个命令提取边的所有曲线

选择对象：↙ //合并曲线后，隐藏其他的多余曲面，结果如图 17-75 所示

**13** 选择菜单【绘图】|【建模】|【放样】命令，依次选择工作区中的两条曲线，创建放样曲面。命令行操作过程如下：

命令：_loft

当前线框密度：ISOLINES=4，闭合轮廓创建模式 = 曲面

按放样次序选择横截面或 [点(PO)/合并多条边(J)/模式(MO)]：_MO 闭合轮廓创建模式 [实体(SO)/曲面(SU)] <实体>：_SO

按放样次序选择横截面或 [点(PO)/合并多条边(J)/模式(MO)]：mo↙

闭合轮廓创建模式 [实体(SO)/曲面(SU)] <实体>：su↙

按放样次序选择横截面或 [点(PO)/合并多条边(J)/模式(MO)]：找到 1 个，总计 2 个 //在绘图区中选择上个命令合并的曲线，结果如图 17-76 所示

**14** 选择菜单【绘图】|【建模】|【曲面】|【平面】命令，依次在工作区中选择放样曲面内侧的边缘线，

创建有界平面。命令行操作过程如下：

```
命令：_Planesurf
指定第一个角点或 [对象(O)] <对象>：o↙
选择对象：找到 1 个  //          选择
选择对象：↙//          17-77
```

图 17-75  提取边并合并曲线

图 17-76  创建放样曲面

图 17-77  创建平面 2

**15** 在工作区中显示化妆盒的全部曲面，选择菜单【修改】|【实体编辑】|【并集】命令，将绘图区中的化妆盒的全部曲面合并为一个曲面。其网格和概念显示样式分别如图 17-78 和图 17-79 所示。

图 17-78  显示化妆盒全部曲面

图 17-79  概念样式显示效果

## 223  创建花瓶模型

本例主要综合使用【直线】、【样条曲线】、【镜像】、【椭圆】、【三维旋转】、【新建 UCS】、【放样】、【平面】以及【并集】等命令，重点学习放样曲面的创建方法和技巧。

| | | |
|---|---|---|
| 文件路径： | DVD\实例文件\第 17 章\实例 223.dwg | |
| 视频文件： | DVD\AVI\第 17 章\实例 223.avi | |
| 播放时长： | 0:03:00 | |

**01** 新建文件，利用【直线】、【样条曲线】、【镜像】等命令在 XY 平面上绘制如图 17-80 所示的二维轮廓曲线。绘制方法为：先创建样条曲线的各个控制点，然后利用【样条曲线】命令依次连接各个控制点，最后利用【镜像】命令镜像另一侧轮廓。

**02** 将视图切换到西南等轴测视图，单击【绘图】工具栏中的 ◯ 按钮，激活【椭圆】命令，在绘图区中指定椭圆中心点和轴的端点，绘制花瓶两端的椭圆。命令操作过程如下：

```
命令：_ellipse
指定          点或 [     (A)/    点(C)]：c↙
```

指定椭圆的中心点: 0,-190,0↙

指定轴的端点: ↙　　　　　　　　　　　//在绘图区中选择样条曲线 X 轴下面的端点

指定另一条半轴长度或 [旋转(R)]: 55↙　　　//结果如图 17-81 所示

命令: ellipse　　　　　　　　　　　　　//按空格键重复绘制椭圆命令

指定椭圆的轴端点或 [圆弧(A)/中心点(C)]: c↙

指定椭圆的中心点: 0,190,0↙

指定轴的端点: ↙　　　　　　　　　　　//在绘图区中选择样条曲线 X 轴上面的端点

指定另一条半轴长度或 [旋转(R)]: 50↙　　　//结果如图 17-82 所示

图 17-80　绘制轮廓线

图 17-81　绘制椭圆 1

**03** 选择菜单【修改】|【三维操作】|【三维旋转】命令,将上步骤绘制的椭圆绕其长轴旋转 90°。命令行操作过程如下:

命令: _3drotate

UCS 当前的正角方向: ANGDIR=逆时针　ANGBASE=0

选择对象: 找到 1 个//在绘图区中选择椭圆

指定基点: ↙//指定椭圆中心为基点

拾取旋转轴: ↙//指定椭圆长轴为旋转轴

指定角的起点或键入角度: 90↙//按照同样的方法旋转另一个椭圆,结果如图 17-83 所示

图 17-82　绘制椭圆 2

图 17-83　三维旋转椭圆

图 17-84　旋转坐标系

**04** 选择菜单【工具】|【新建 UCS】|【Y】命令,将坐标系绕 Y 轴旋转-90°,命令行操作过程如下:

命令: _ucs

当前 UCS 名称: *世界*

指定 UCS 的原点或 [面(F)/命名(NA)/对象(OB)/上一个(P)/视图(V)/世界(W)/X/Y/Z/Z 轴(ZA)] <世界>: _y

指定绕 Y 轴的旋转角度 <90>: -90↙　　　　//旋转结果如图 17-84 所示

**05** 利用【样条曲线】、【镜像】等命令在 XY 平面上绘制如图 17-85 所示的二维轮廓曲线。绘制方法为:先创建样条曲线的各个控制点,然后利用【样条曲线】命令依次连接各个控制点,最后利用【镜像】命令镜

像另一侧轮廓。

**06** 选择菜单【绘图】|【建模】|【放样】命令，依次选择工作区中的2条截面曲线和4条导向曲线，创建放样曲面。命令行操作过程如下：

命令：_loft

当前线框密度：ISOLINES=4，闭合轮廓创建模式 = 实体

按放样次序选择横截面或 [点(PO)/合并多条边(J)/模式(MO)]：_MO 闭合轮廓创建模式 [实体(SO)/曲面(SU)] <实体>：_SO↙

按放样次序选择横截面或 [点(PO)/合并多条边(J)/模式(MO)]：mo↙

闭合轮廓创建模式 [实体(SO)/曲面(SU)] <实体>：su↙

按放样次序选择横截面或 [点(PO)/合并多条边(J)/模式(MO)]：找到 1 个，总计 2 个

选中了 2 个横截面　　　　　//在绘图区中依次选择2个椭圆

输入选项 [导向(G)/路径(P)/仅横截面(C)/设置(S)] <仅横截面>：G↙

选择导向轮廓或 [合并多条边(J)]：找到 1 个，总计 4 个//在工作区中依次选择4条样条曲线

选择导向轮廓或 [合并多条边(J)]：↙　　　//放样结果如图17-86所示

图17-85　绘制侧面轮廓　　　　　　　　　图17-86　创建放样曲面

**07** 选择菜单【修改】|【三维操作】|【提取边】命令，在绘图区中选择上步骤创建的放样曲面，抽取放样曲面的边缘线。

**08** 选择菜单【绘图】|【建模】|【曲面】|【平面】命令，依次在工作区中选择放样曲面内侧的边缘线，创建有界平面。命令行操作过程如下：

命令：_Planesurf

指定第一个角点或 [对象(O)] <对象>：o ↙

选择对象：找到 1 个//在绘图区中选择花瓶底面椭圆，结果如图17-87所示

**09** 选择菜单【修改】|【实体编辑】|【并集】命令，将绘图区中的花瓶的全部曲面合并为一个曲面。其概念显示样式如图17-88所示。

图17-87　创建底面平面　　　　　　　　　图17-88　概念样式显示效果

## 224 创建耳机曲面模型

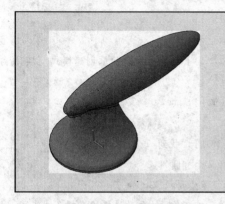

本例主要综合使用【直线】、【样条曲线】、【镜像】、【椭圆】、【三维旋转】、【新建 UCS】、【放样】、【平面】以及【并集】等命令，综合学习各种曲面的创建方法和技巧。

| | | |
|---|---|---|
| 文件路径： | DVD\实例文件\第 17 章\实例 224.dwg | |
| 视频文件： | DVD\AVI\第 17 章\实例 224.avi | |
| 播放时长： | 0:03:00 | |

**01** 新建文件，单击【绘图】工具栏中的 ⊘ 按钮，激活【圆】命令，在绘图区 XY 平面上以原点为中心绘制 φ14 圆，如图 17-89 所示。

**02** 将视图切换到西南等轴测视图，单击【绘图】工具栏中的 ⊘ 按钮，激活【椭圆】命令，在绘图区中指定椭圆中心点和轴的端点绘制圆上端的椭圆。命令操作过程如下：

```
命令：_ellipse
指定椭圆的轴端点或 [圆弧(A)/中心点(C)]：c↙
指定椭圆的中心点：0,0,8↙
指定轴的端点：4,0↙
指定另一条半轴长度或 [旋转(R)]：2↙ //结果如图 17-90 所示
```

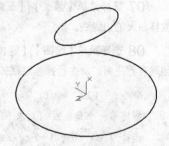

图 17-89  绘制 φ14 圆　　　　　　图 17-90  绘制椭圆　　　　　　图 17-91  旋转坐标系 1

**03** 选择菜单【工具】|【新建 UCS】|【Y】命令，将坐标系绕 Y 轴旋转-90°，如图 17-91 所示。并选择菜单【视图】|【三维视图】|【平面视图】|【当前 UCS】命令，将视图切换到当前的 XY 基准平面。

**04** 在当前的 XY 基准平面上，利用【直线】、【圆弧】、【标注约束】、【镜像】等命令绘制如图 17-92 所示的二维轮廓曲线。

**05** 选择菜单【修改】|【对象】|【多线段】命令，将绘图区中上步骤创建的一侧曲线合并为一条曲线，按同样方法合并另一侧曲线。

**06** 选择菜单【绘图】|【建模】|【放样】命令，依次选择工作区中的 2 条截面曲线和 2 条导向曲线，创建放样曲面。命令行操作过程如下：

```
命令：_loft
当前线框密度：ISOLINES=4，闭合轮廓创建模式 = 曲面
按放样次序选择横截面或 [点(PO)/合并多条边(J)/模式(MO)]：_MO 闭合轮廓创建模式 [实体
(SO)/曲面(SU)] <实体>：_SO
按放样次序选择横截面或 [点(PO)/合并多条边(J)/模式(MO)]：mo↙
闭合轮廓创建模式 [实体(SO)/曲面(SU)] <实体>：su↙
按放样次序选择横截面或 [点(PO)/合并多条边(J)/模式(MO)]：找到 1 个，总计 2 个
选中了 2 个横截面          //在绘图区中分别选择圆和椭圆曲线
输入选项 [导向(G)/路径(P)/仅横截面(C)/设置(S)] <仅横截面>：G↙
选择导向轮廓或 [合并多条边(J)]：找到 1 个，总计 2 个    //在绘图区中选择轮廓线，放样结果
```
如图 17-93 所示

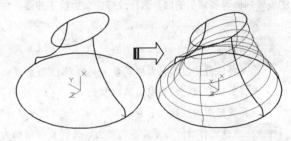

图 17-92　绘制轮廓线          图 17-93　创建放样曲面

**07** 选择菜单【工具】|【新建 UCS】|【X】命令，将坐标系统 X 轴旋转 90º，如图 17-94 所示。并选择菜单【视图】|【三维视图】|【平面视图】|【当前 UCS】命令，将视图切换到当前的 XY 基准平面。

**08** 单击【绘图】工具栏中的⬭按钮，激活【椭圆】命令，在绘图区中指定椭圆中心点和轴的端点绘制椭圆轮廓，并利用【直线】、【修剪】等命令修剪掉另一侧轮廓。命令操作过程如下：

```
命令：_ellipse
指定椭圆的轴端点或 [圆弧(A)/中心点(C)]：c↙
指定椭圆的中心点：8.4,-10↙
指定轴的端点：3↙
指定另一条半轴长度或 [旋转(R)]：15↙  //结果如图 17-95 所示
```

**09** 选择菜单【绘图】|【建模】|【旋转】命令，在绘图区中选择半个椭圆线为要旋转的对象，创建旋转曲面。命令操作过程如下：

```
命令：_revolve
当前线框密度：ISOLINES=4，闭合轮廓创建模式 = 实体
选择要旋转的对象或 [模式(MO)]：_MO 闭合轮廓创建模式 [实体(SO)/曲面(SU)] <实体>：_SO
选择要旋转的对象或 [模式(MO)]：mo↙
闭合轮廓创建模式 [实体(SO)/曲面(SU)] <实体>：su↙
选择要旋转的对象或 [模式(MO)]：找到 1 个//在绘图区中选择半个椭圆线
指定轴起点或根据以下选项之一定义轴 [对象(O)/X/Y/Z] <对象>：o↙
选择对象：//在绘图区中选择旋转中心线，结果如图 17-96 所示
```

图 17-94 旋转坐标系 2

图 17-95 绘制柄部轮廓

图 17-96 创建旋转曲面

**10** 将视图切换到【概念】显示样式，选择菜单【修改】|【曲面编辑】|【修剪】命令，选择绘图区中的旋转曲面为要修剪的面，选择放样曲面为剪切曲面。命令行操作过程如下：

命令：_SURFTRIM

延伸曲面 = 是，投影 = 自动

选择要修剪的曲面或面域或者 [延伸(E)/投影方向(PRO)]：找到 1 个//在绘图区中选择放样曲面

选择剪切曲线、曲面或面域：找到 1 个//在绘图区中选择旋转曲面

选择要修剪的区域 [放弃(U)]：↙ //用鼠标单击工作区中要修剪的区域，结果如图 17-77 所示按同样方法选择放样曲面为要修剪的曲面，选择旋转曲面为修剪面，结果如图 17-98 所示。

图 17-97 修剪曲面 1　　　　　　　　　　　　　　　　　图 17-98 修剪曲面 2

**11** 选择菜单【视图】|【三维视图】|【平面视图】|【当前 UCS】命令，利用【直线】、【圆弧】等命令在 XY 基准平面上绘制如图 17-99 所示的二维轮廓曲线。

**12** 选择菜单【绘图】|【建模】|【旋转】命令，在绘图区中选择上步骤绘制的轮廓线为旋转的对象，创建旋转曲面。命令操作过程如下：

命令：_revolve

当前线框密度：ISOLINES=4，闭合轮廓创建模式 = 曲面

选择要旋转的对象或 [模式(MO)]：_MO 闭合轮廓创建模式 [实体(SO)/曲面(SU)] <实体>：_SO

选择要旋转的对象或 [模式(MO)]：mo↙

闭合轮廓创建模式 [实体(SO)/曲面(SU)] <实体>：su↙

选择要旋转的对象或 [模式(MO)]：找到 1 个选择对象：//在绘图区中选择要旋转的轮廓线

指定轴起点或根据以下选项之一定义轴 [对象(O)/X/Y/Z] <对象>：o↙

选择对象：//在绘图区中选择旋转中心线，结果如图 17-100 所示

图 17-99　绘制机盖轮廓

图 17-100　创建旋转曲面

**13** 选择菜单【修改】|【实体编辑】|【并集】命令，将绘图区中的全部曲面合并为一个曲面。

**14** 选择菜单【修改】|【实体编辑】|【圆角边】命令，在绘图区中选择 3 个曲面的交线，创建半径为 0.5 的圆角。命令操作过程如下：

```
命令：_FILLETEDGE
半径 = 1.0000
选择边或 [链(C)/半径(R)]：r↵
输入圆角半径 <1.0000>：0.5↵
选择边或 [链(C)/半径(R)]：↵ //在绘图区
中选择曲面的交线，圆角结果如图 17-101 所示
已选定 3 个边用于圆角。
```

图 17-101　创建圆角

## 225 创建手机外壳模型

| | 本例主要综合使用【直线】、【样条曲线】、【镜像】、【圆角】、【三维镜像】、【新建 UCS】、【过渡】、【拉伸】以及【并集】等命令，重点学习过渡曲面的创建方法和技巧。 |
|---|---|
| 文件路径： | DVD\实例文件\第 17 章\实例 225.dwg |
| 视频文件： | DVD\AVI\第 17 章\实例 225.avi |
| 播放时长： | 0:03:00 |

**01** 新建文件，利用【直线】、【镜像】、【样条曲线】等命令在 XY 平面上绘制如图 17-102 所示的二维轮廓曲线。绘制方法为：先绘制中心线和各个截面的辅助直线，然后利用【样条曲线】命令，从最右端开始连接各个辅助直线的端点，绘制样条曲线。

**02** 选择菜单【修改】|【偏移】命令，将上步骤绘制的轮廓曲线向内偏移 2，结果如图 17-103 所示。

**03** 利用【矩形】、【圆角】、【标注约束】等命令在 XY 平面上绘制如图 17-104 所示的二维轮廓曲线。绘制方法为：先绘制一个矩形，然后利用【标注约束】命令约束矩形的大小和位置，最后绘制圆角。

图 17-102　手机外轮廓

图 17-103　偏移曲线

图 17-104　绘制屏幕轮廓

**04** 选择菜单【工具】|【新建 UCS】|【X】命令，将坐标系绕 X 轴旋转 90º，如图 17-105 所示。并选择菜单【视图】|【三维视图】|【平面视图】|【当前 UCS】命令，将视图切换到当前的 XY 基准平面。

**05** 利用【直线】、【样条】、【标注约束】等命令在 XY 平面上绘制如图 17-106 所示的二维轮廓曲线。绘制方法为：先绘制各个截面的辅助直线，并利用【标注约束】工具约束直线的长度和位置，最后绘制样条曲线。

图 17-105　旋转坐标系

图 17-106　绘制侧面轮廓

**06** 选择菜单【绘图】|【建模】|【拉伸】命令，选择上步骤绘制的轮廓线为截面，创建向 Z 轴方向拉伸距离为 40 的曲面。命令行操作过程如下：

```
命令：_extrude
当前线框密度：ISOLINES=4，闭合轮廓创建模式 = 曲面
选择要拉伸的对象或 [模式(MO)]：_MO 闭合轮廓创建模式 [实体(SO)/曲面(SU)] <实体>：_SO
选择要拉伸的对象或 [模式(MO)]：mo↙
闭合轮廓创建模式 [实体(SO)/曲面(SU)] <实体>：su↙
选择要拉伸的对象或 [模式(MO)]：找到 1 个//在绘图区中选择上步骤绘制的轮廓线
指定拉伸的高度或 [方向(D)/路径(P)/倾斜角(T)]：40↙//结果如图 17-107 所示
```

**07** 选择菜单【修改】|【曲面编辑】|【修剪】命令，选择绘图区中的拉伸曲面为要修剪的面，选择偏移曲线为剪切曲线。命令行操作过程如下：

```
命令：_SURFTRIM
延伸曲面 = 是，投影 = 自动
选择要修剪的曲面或面域或者 [延伸(E)/投影方向(PRO)]：找到 1 个//在绘图区中选择拉伸曲面
选择剪切曲线、曲面或面域：找到 1 个//在绘图区中选择偏移曲线
选择要修剪的区域 [放弃(U)]：↙//用鼠标单击工作区中要修剪的区域，结果如图 17-108 所示。
```

**08** 按同样方法选择拉伸曲面为要修剪的曲面，选择圆角矩形为修剪线，再次修剪曲面，结果如图 17-109 所示。

图 17-107　创建拉伸曲面 1

图 17-108　修剪曲面 1

图 17-109　修剪曲面 2

**09** 选择菜单【工具】|【新建 UCS】|【X】命令，将坐标系绕 X 轴旋转-90°。并选择菜单【视图】|【三维视图】|【平面视图】|【当前 UCS】命令，将视图切换到当前的 XY 基准平面。

**10** 单击【修改】工具栏中的 ✐ 按钮，激活【修剪】命令，在绘图区中将轮廓曲线的右侧曲线修剪掉，结果如图 17-110 所示。

**11** 选择菜单【绘图】|【建模】|【拉伸】命令，选择上步骤修剪的轮廓线为截面，创建向-Z 轴方向拉伸距离为 5 的曲面。命令行操作过程如下：

```
命令: _extrude
当前线框密度: ISOLINES=4，闭合轮廓创建模式 = 曲面
选择要拉伸的对象或 [模式(MO)]: _MO 闭合轮廓创建模式 [实体(SO)/曲面(SU)] <实体>: _SO
选择要拉伸的对象或 [模式(MO)]: mo↙
闭合轮廓创建模式 [实体(SO)/曲面(SU)] <实体>: su↙
选择要拉伸的对象或 [模式(MO)]: 找到 1 个//在绘图区中选择上步骤修剪的轮廓线
指定拉伸的高度或 [方向(D)/路径(P)/倾斜角(T)]: 5↙//结果如图 17-111 所示
```

图 17-110　修剪轮廓曲线

图 17-111　创建拉伸曲面 2

**12** 选择菜单【绘图】|【建模】|【曲面】|【过渡】命令，在绘图区中选择修剪曲面的边缘线，以及在拉伸曲面上选择对应的边缘线。命令行操作过程如下：

```
命令: _SURFBLEND
连续性 = G1 - 相切，凸度幅值 = 0.5
选择要过渡的第一个曲面的边: 找到 1 个 //在绘图区中选择上轮廓的一条曲线
选择要过渡的第二个曲面的边: 找到 1 个 //在绘图区中选择下轮廓对应的曲线
按 Enter 键接受过渡曲面或 [连续性(CON)/凸度幅值(B)]: CON↙
第一条边的连续性 [G0(G0)/G1(G1)/G2(G2)] <G1>: G2↙
第二条边的连续性 [G0(G0)/G1(G1)/G2(G2)] <G1>: G2↙
按 Enter 键接受过渡曲面或 [连续性(CON)/凸度幅值(B)]: ↙//结果如图 17-112 所示
```

**13** 选择菜单【修改】|【实体编辑】|【并集】命令，将绘图区中的全部曲面合并为一个曲面。

**14** 将显示方式选择为概念样式，选择菜单【修改】|【三维操作】|【三维镜像】命令，将绘图区中的手机曲面镜像到另一侧，如图 17-113 所示。

图 17-112　创建过渡曲面

图 17-113　镜像曲面

# 226 创建照相机外壳模型

本例主要综合使用【直线】、【样条曲线】、【圆弧】、【多线段】、【三维镜像】、【加厚】、【圆角边】、【修剪】以及【差集】等命令，学习曲面和实体综合建模的创建方法和技巧。

| | | |
|---|---|---|
| 文件路径： | DVD\实例文件\第 17 章\实例 226.dwg | |
| 视频文件： | DVD\AVI\第 17 章\实例 226.avi | |
| 播放时长： | 0:03:00 | |

**01** 新建文件，利用【直线】、【样条曲线】、【标注约束】等命令在 XY 平面上绘制如图 17-114 所示的二维轮廓曲线。绘制方法为：先绘制辅助直线，然后利用【标注约束】命令约束辅助直线的长度和位置，最后利用【样条曲线】命令依次连接各个曲线的端点。

**02** 将视图切换到西南等轴测视图，利用【直线】命令在绘图区中绘制如图 17-115 所示的 3 条直线。

图 17-114　绘制下轮廓曲线

图 17-115　绘制直线

**03** 选择菜单【工具】|【新建 UCS】|【原点】命令，将坐标系沿 Z 轴向上偏移 80，如图 17-116 所示。并选择菜单【视图】|【三维视图】|【平面视图】|【当前 UCS】命令，将视图切换到当前的 XY 基准平面。

**04** 在当前的 XY 基准平面上，利用【直线】、【样条曲线】、【标注约束】等命令绘制如图 17-117 所示的二维轮廓曲线。绘制方法为：先绘制辅助直线，然后利用【标注约束】命令约束辅助直线的长度和位置，最后利用【样条曲线】命令依次连接各个曲线的端点。

图 17-116　移动坐标系 1

图 17-117　绘制上轮廓曲线

**05** 选择菜单【工具】|【新建 UCS】|【X】命令，将坐标系绕 X 轴旋转 90º。并选择菜单【视图】|【三维视图】|【平面视图】|【当前 UCS】命令，将视图切换到当前的 XY 基准平面。在当前的 XY 基准平面上，利用【圆弧】命令绘制如图 17-118 所示的 2 条圆弧。

**06** 选择菜单【绘图】|【建模】|【曲面】|【网格】命令，在绘图区中选择两个圆弧为第一个方向的曲线，选择两个轮廓线为第二个方向的曲线，如图 17-119 所示。

图 17-118　绘制圆弧

图 17-119　创建网格曲面

**07** 选择菜单【绘图】|【建模】|【曲面】|【平面】命令，在工作区中选择网格曲面两端的封闭线，创建有界平面。命令行操作过程如下：

```
命令：_Planesurf
指定第一个角点或 [对象(O)] <对象>：o↙
选择对象：找到 1 个                //在绘图区中选择底面的轮廓线，然后重复平面命令，
创建另一个平面，结果如图 17-120 所示
```

**08** 选择菜单【修改】|【实体编辑】|【并集】命令，将绘图区中的全部曲面合并为一个曲面。

**09** 选择菜单【修改】|【实体编辑】|【圆角边】命令，在工作区中分别选择平面与网格曲面交界处的曲线，创建半径为 5 的圆角。命令行操作过程如下：

```
命令：_FILLETEDGE
选择边或 [链(C)/半径(R)]：r
指定半径：5↙
选择边或 [链(C)/半径(R)]：↙
已选定 2 个边用于圆角。
按 Enter 键接受圆角或 [半径(R)]：↙      //结果如图 17-121 所示
```

图 17-120　创建平面　　　　　　图 17-121　创建圆角 1　　　　　图 17-122　移动坐标系 2

**10** 选择菜单【工具】|【新建 UCS】|【原点】命令，将坐标系沿 Z 轴向下偏移-40，如图 17-122 所示。并选择菜单【视图】|【三维视图】|【平面视图】|【当前 UCS】命令，将视图切换到当前的 XY 基准平面。在当前的 XY 基准平面上，利用【圆弧】、【标注约束】等命令绘制如图 17-123 所示的圆。

**11** 选择菜单【绘图】|【建模】|【拉伸】命令，选择上步骤绘制的圆为截面，创建向 Z 轴方向拉伸距离为 50 的曲面。命令行操作过程如下：

```
命令：_extrude
当前线框密度：ISOLINES=4，闭合轮廓创建模式 = 曲面
选择要拉伸的对象或 [模式(MO)]：_MO 闭合轮廓创建模式 [实体(SO)/曲面(SU)] <实体>：_SO
选择要拉伸的对象或 [模式(MO)]：mo↙
闭合轮廓创建模式 [实体(SO)/曲面(SU)] <实体>：su↙
选择要拉伸的对象或 [模式(MO)]：找到 1 个　　　　　　//在绘图区中选择上步骤绘制的圆
指定拉伸的高度或 [方向(D)/路径(P)/倾斜角(T)]：50↙ //拉伸结果如图 17-124 所示
```

图 17-123　绘制圆　　　　　　　　　图 17-124　创建拉伸曲面

**12** 选择菜单【修改】|【曲面编辑】|【修剪】命令，选择绘图区中的网格曲面为要修剪的面，选择拉伸曲面为剪切曲面。命令行操作过程如下：

```
命令：_SURFTRIM
延伸曲面 = 是，投影 = 自动
选择要修剪的曲面或面域或者 [延伸(E)/投影方向(PRO)]：找到 1 个//在绘图区中选择网格曲面
选择剪切曲线、曲面或面域：找到 1 个//在绘图区中选择拉伸曲面
选择要修剪的区域 [放弃(U)]：↙ //用鼠标单击工作区中要修剪的区域，结果如图 17-125 所示。
```

**13** 按同样方法选择拉伸曲面为要修剪的曲面，选择网格曲面为剪切曲面，再次修剪曲面，结果如图 17-126 所示。

图 17-125 修剪曲面 1

图 17-126 修剪曲面 2

**14** 选择菜单【修改】|【实体编辑】|【并集】命令，将绘图区中的全部曲面合并为一个曲面。

**15** 选择菜单【修改】|【实体编辑】|【圆角边】命令，在工作区中分别选择平面与网格曲面交界处的曲线，创建半径为 5 的圆角，如图 17-127 所示。

**16** 选择菜单【视图】|【三维视图】|【平面视图】|【当前 UCS】命令，利用【矩形】、【圆】、【标注约束】等命令在当前 XY 平面上绘制如图 17-128 所示的二维轮廓曲线。

图 17-127 创建圆角 2

图 17-128 绘制矩形和圆

**17** 选择菜单【修改】|【曲面编辑】|【修剪】命令，选择绘图区中的网格曲面为要修剪的面，选择矩形和圆为剪切曲线，修剪出网格曲面上的孔，如图 17-129 所示。

**18** 选择菜单【工具】|【新建 UCS】|【Y】命令，将坐标系绕 Y 轴旋转-90º。并选择菜单【视图】|【三维视图】|【平面视图】|【当前 UCS】命令，将视图切换到当前的 XY 基准平面。

**19** 在当前的 XY 基准平面上，利用【圆弧】、【直线】、【标注约束】等命令绘制如图 17-130 所示的截面。

**20** 选择菜单【修改】|【对象】|【多线段】命令，将绘图区中将上步骤绘制的截面合并为一条曲线。命令行操作过程如下：

```
命令: _pedit 选择多段线或 [多条(M)]:        //在绘图区中选择上步骤绘制的任意一条曲线
是否将其转换为多段线？<Y>↙
输入选项 [闭合(C)/合并(J)/宽度(W)/编辑顶点(E)/拟合(F)/样条曲线(S)/非曲线化(D)/线型
生成(L)/反转(R)/放弃(U)]: J↙
选择对象: 找到 8 个                          //在绘图区中选择上步骤绘制的所有曲线
选择对象: ↙                                 //单击回车键完成合并曲线操作
```

**21** 选择菜单【绘图】|【建模】|【拉伸】命令，选择上步骤合并的曲线为截面，创建向 Z 轴方向拉伸距离为 72 的实体，结果如图 17-131 所示。

图 17-129　修剪曲面 3

图 17-130　绘制圆弧截面

图 17-131　创建拉伸体 1

**22** 选择菜单【修改】|【实体编辑】|【差集】命令，在绘图区中选网格曲面为要减去的曲面，选择拉伸实体为剪切实体，结果如图 17-132 所示。

**23** 选择菜单【工具】|【新建 UCS】|【X】命令，将坐标系绕 X 轴旋转 90º。并选择菜单【视图】|【三维视图】|【平面视图】|【当前 UCS】命令，将视图切换到当前的 XY 基准平面。

**24** 在当前的 XY 基准平面上，利用【圆弧】、【直线】、【标注约束】等命令绘制如图 17-133 所示的截面。选择菜单【修改】|【对象】|【多线段】命令，在绘图区中将上步骤绘制的截面合并为一条曲线。

图 17-132　差集 1

图 17-133　绘制截面

**25** 选择菜单【绘图】|【建模】|【拉伸】命令，选择上步骤合并的曲线为截面，创建向 Z 轴方向拉伸距离为 30 的实体，结果如图 17-134 所示。

**26** 选择菜单【修改】|【实体编辑】|【差集】命令，选择照相机上表面为要减去的曲面，选择拉伸实体为剪切实体，结果如图 17-135 所示。

**27** 选择菜单【修改】|【三维操作】|【加厚】命令，在绘图区中选择网格曲面为要加厚的曲面，创建厚度为 2 的壳体，结果如图 17-136 所示。

图 17-134　创建拉伸体 2

图 17-135　差集 2

图 17-136　加厚曲面

| **227** | 创建轿车方向盘曲面模型 |
|---|---|

本例主要综合使用【直线】、【样条曲线】、【多线段】、【复制】、【三维镜像】、【新建 UCS】、【放样】、【扫掠】以及【并集】等命令，综合学习了各种曲面的创建方法和技巧。

| 文件路径: | DVD\实例文件\第 17 章\实例 227.dwg |
|---|---|
| 视频文件: | DVD\AVI\第 17 章\实例 227.avi |
| 播放时长: | 0:03:00 |

**01** 新建文件，利用【直线】、【样条曲线】、【圆】、【标注约束】、【镜像】等命令在 XY 平面上绘制如图 17-137 所示的二维轮廓曲线。样条曲线的绘制方法为：先绘制样条曲线辅助直线，然后利用【标注约束】命令约束辅助直线的长度和位置，最后利用【样条曲线】命令依次连接各个曲线的端点，并编辑样条曲线与辅助直线相切。

**02** 选择菜单【修改】|【对象】|【多线段】命令，在绘图区中将上步骤绘制的样条曲线合并为一条曲线。

图 17-137　绘制截面 1

**03** 隐藏上步骤绘制的截面，选择菜单【工具】|【新建 UCS】|【原点】命令，将坐标系沿 Z 轴向上移动 64。并选择菜单【视图】|【三维视图】|【平面视图】|【当前 UCS】命令，将视图切换到当前的 XY 基准平面。在当前 XY 基准平面上绘制如图 17-138 所示的截面，并利用【多线段】命令将曲线合并。

**04** 先隐藏上步骤绘制的截面，按同样的方法将坐标系沿 Z 轴向上移动 110。在当前 XY 基准平面上绘制如图 17-139 所示的截面，并利用【多线段】命令将曲线合并。

图 17-138　绘制截面 2

图 17-139　绘制截面 3

**05** 选择菜单【工具】|【新建 UCS】|【X】命令，将坐标系绕 X 轴旋转 90º，结果如图 17-140 所示。选择菜单【视图】|【三维视图】|【平面视图】|【当前 UCS】命令，将视图切换到当前的 XY 基准平面。

**06** 使用【圆】和【修剪】命令，在当前 XY 基准平面上绘制如图 17-141 所示的引导线。

图 17-140　旋转坐标系

图 17-141　绘制引导线

**07** 选择菜单【修改】|【复制】命令，将步骤 4 合并的轮廓曲线向 Y 轴正方向移动 56，如图 17-142 所示。

**08** 选择菜单【绘图】|【建模】|【放样】命令，依次选择工作区中的 4 条截面曲线，创建放样实体。命令行操作过程如下：

```
命令：_loft
当前线框密度：ISOLINES=4，闭合轮廓创建模式 = 实体
按放样次序选择横截面或 [点(PO)/合并多条边(J)/模式(MO)]：_MO 闭合轮廓创建模式 [实体
(SO)/曲面(SU)] <实体>：_SO
按放样次序选择横截面或 [点(PO)/合并多条边(J)/模式(MO)]：找到 1 个，总计 4 个
按放样次序选择横截面或 [点(PO)/合并多条边(J)/模式(MO)]：↙//选择 4 条截面曲线
  选中了 4 个横截面
输入选项 [导向(G)/路径(P)/仅横截面(C)/设置(S)] <仅横截面>：S↙//在【放样设置】对话框
中选择【法线指向】单选框，并在下拉列表中选择【起点和端点横截面】选项，如图 17-143 所示。放样创
建结果如图 17-144 所示
```

图 17-142　复制曲线

图 17-143　放样设置

图 17-144　创建放样体

**09** 选择菜单【绘图】|【建模】|【扫掠】命令，依次选择绘图区中的圆和导向曲线，创建扫掠实体，如图 17-145 所示。

**10** 选择菜单【修改】|【三维操作】|【三维镜像】命令，将绘图区中的扫掠体和放样体镜像到另一侧，如图 17-146 所示。

**11** 选择菜单【修改】|【实体编辑】|【并集】命令，将绘图区中的全部实体合并为一个实体，其最终效果如图 17-146 所示。

图 17-145 创建扫掠体

图 17-146 最终效果

## 228 创建沙发网格模型

| | 本例主要综合使用【长方体】、【拉伸面】、【合并面】、【分割面】、【提高平滑度】等命令，综合学习网格的创建方法和技巧。 |
|---|---|
| 文件路径： | DVD\实例文件\第 17 章\实例 228.dwg |
| 视频文件： | DVD\AVI\第 17 章\实例 228.avi |
| 播放时长： | 0:03:00 |

**01** 新建文件，选择菜单【工具】|【选项】命令，打开【选项】对话框，在【三维建模】选项卡中单击【网格图元】按钮，打开【网格图元选项】对话框。在该对话框中选择【长方体】图元选项，设置长度细分为 5、宽度细分为 3、高度细分为 2，如图 17-147 所示。

图 17-147 设置长方体图元细分参数

**02** 选择菜单【绘图】|【建模】|【网格】|【图元】|【长方体】命令，在绘图区中绘制长宽高分别为 200、100、30 的长方体网格。命令行操作过程如下：

```
命令：_MESH
当前平滑度设置为：0
输入选项 [长方体(B)/圆锥体(C)/圆柱体(CY)/棱锥体(P)/球体(S)/楔体(W)/圆环体(T)/设置
(SE)] <长方体>：_BOX
指定第一个角点或 [中心(C)]：0,0,0↙
指定其他角点或 [立方体(C)/长度(L)]：200,100↙
指定高度或 [两点(2P)] <15.0000>：30↙//结果如图17-148所示
```

**03** 选择菜单【修改】|【网格编辑】|【拉伸面】命令，在绘图区中选择长方体网格上表面外围的9个平面，向上拉伸30。命令行操作过程如下：

```
命令：_MESHEXTRUDE
相邻拉伸面设置为：合并
选择要拉伸的网格面或 [设置(S)]：找到 1 个//选择长方体网格上表面外围的9个平面
择要拉伸的网格面或 [设置(S)]：找到 1 个，总计 9 个
选择要拉伸的网格面或 [设置(S)]：↙//平面选完后按回车键
指定拉伸的高度或 [方向(D)/路径(P)/倾斜角(T)]：30↙//结果如图17-149所示
```

图 17-148　创建长方体网格

图 17-149　拉伸面 1

图 17-150　合并面 1

**04** 选择菜单【修改】|【网格编辑】|【合并面】命令，在绘图区中选择沙发扶手侧面的两个平面，将它们合并，结果如图17-150所示。按照同样的方法合并其他的3组平面，结果如图17-151所示。

**05** 选择菜单【修改】|【网格编辑】|【分割面】命令，在绘图区中选择上步骤合并的平面，绘制连接矩形对角点和竖直边上的中点的分割线，结果如图17-152所示。按照同样的方法分割其他的3组平面，结果如图17-153所示。

图 17-151　合并其他面

图 17-152　分割面

图 17-153　分割其他面

**06** 选择菜单【修改】|【网格编辑】|【分割面】命令，在绘图区中选择扶手前端面，绘制平行底面的分割线，结果如图17-154所示。

**07** 选择菜单【修改】|【网格编辑】|【合并面】命令，在绘图区中选择沙发扶手上面2个平面、侧面

2个三角平面和前端面，将它们合并。按照同样的方法合并另一个扶手上不要的平面，结果如图17-155所示。

**08** 选择菜单【修改】|【网格编辑】|【拉伸面】命令，在绘图区中选择沙发靠背的5个平面，设置倾斜角为30，向上拉伸距离为15。命令行操作过程如下：

```
命令：_MESHEXTRUDE
相邻拉伸面设置为：合并
选择要拉伸的网格面或 [设置(S)]:找到 1 个，总计 5 个
选择要拉伸的网格面或 [设置(S)]: ↙
指定拉伸的高度或 [方向(D)/路径(P)/倾斜角(T)] <30.0000>: t↙
指定拉伸的倾斜角度 <30>: 30↙
指定拉伸的高度或 [方向(D)/路径(P)/倾斜角(T)] <30.0000>: 15↙//结果如图17-156所示
```

图 17-154　分割前端面

图 17-155　合并面 2

图 17-156　拉伸面 2

**09** 选择菜单【修改】|【网格编辑】|【提高平滑度】命令，在绘图区中选择沙发的所有网格，提高沙发网格的平滑度，第一次提高平滑度如图 17-157 所示。按同样的方法再次提高平滑度，线框显示结果如图 17-158 所示。图 17-159 为概念样式的显示结果。

图 17-157　第一次提高平滑度

图 17-158　第二次提高平滑度

图 17-159　概念样式显示